普通高等教育人工智能与机器人工程专业“十三五”规划教材

机器人学基础

主编　范　凯
参编　张　奔　王卓君　康　杰

机械工业出版社

本书详细地介绍了机器人的特点、机器人的运动学和动力学知识、机器人的控制、机器人常用的传感器、机器人视觉、机器人关节轨迹的生成、机器人编程方法、机器人焊接应用等内容。

本书内容精练，由浅入深。书中的公式只有小部分是需要读者理解记忆的，这在机器人运动学和动力学部分尤为明显。在控制部分，介绍了以机器人关节为对象建立控制模型的方法，这是当前的主流技术。在机器人轨迹规划部分，则以路径轨迹的产生为主，介绍了轨迹产生的方法。

本书可作为普通高等院校机械、自动化、人工智能等相关专业的教材，也适合从事机器人学研究、开发和应用的科技人士学习参考。

本书配有免费电子课件，选用本书作教材的老师可以登录 www. cmpedu. com 下载课件，或发邮件到 jinacmp@163. com 索取。

图书在版编目（CIP）数据

机器人学基础/范凯主编. —北京：机械工业出版社，2019. 8（2024. 2 重印）

普通高等教育人工智能与机器人工程专业“十三五”规划教材

ISBN 978-7-111-63385-3

Ⅰ. ①机…　Ⅱ. ①范…　Ⅲ. ①机器人学-高等学校-教材
Ⅳ. ①TP24

中国版本图书馆 CIP 数据核字（2019）第 168610 号

机械工业出版社（北京市百万庄大街 22 号　邮政编码 100037）
策划编辑：吉　玲　　　责任编辑：吉　玲　张亚捷　王小东
责任校对：潘　蕊　张晓蓉　封面设计：张　静
责任印制：单爱军
北京虎彩文化传播有限公司印刷
2024 年 2 月第 1 版第 5 次印刷
184mm × 260mm · 10. 5 印张 · 259 千字
标准书号：ISBN 978-7-111-63385-3
定价：28. 00 元

电话服务　　　　　　　网络服务
客服电话：010-88361066　机　工　官　网：www. cmpbook. com
　　　　　010-88379833　机　工　官　博：weibo. com/cmp1952
　　　　　010-68326294　金　书　网：www. golden-book. com
封底无防伪标均为盗版　机工教育服务网：www. cmpedu. com

前言 Preface

机器人是典型的机电一体化装置或设备。机器人技术是当今世界极为活跃的研究领域之一，它涉及计算机、机械、电工电子、自动化控制等技术。所以，机器人技术是一门涉及多学科，甚至是跨领域的综合性技术。其相关学科的交叉融合程度非常高，如机器人的视觉实现与计算机图形分析之间、机器人的路径规划与神经网络之间、机器人的机械结构与仿生学之间等，都体现了学科交叉融合的情况。

机器人已广泛应用于国民经济的诸多领域和行业。科技的发展促使了机器人技术的迅速发展，大量机器人已进入现代工业生产流程。为了满足社会发展的需求，当前越来越多的高校开设了有关机器人的课程，有些还开设了机器人工程专业。

作为机械、自动化、人工智能相关专业的本科学生，有必要对机器人学方面的知识进行学习。在从事机器人课程教学的过程中，我们根据学生的知识结构及教学需要编写了这本教材。

本书介绍机器人科学的基本原理及其应用，是一部较为系统和全面的机器人学教材。全书共8章，涉及机器人学的概况、运动学、动力学、控制、规划、编程、应用等内容。

第1章简述机器人的定义及机器人的特点与分类，介绍机器人的应用及机器人学的研究领域。第2章讨论机器人运动学的相关内容，包括空间质点的位姿描述、坐标变换、齐次坐标变换、坐标系的定义及标注，进一步讨论机器人运动方程的表示方法、连杆参数，变换方程和运动学方程，讨论驱动器空间、关节空间和笛卡儿空间，还针对PUMA560进行了运动学的分析和求解。第3章在对刚体动力学基础进行介绍后，利用牛顿-欧拉法建立机器人动力学方程，而后又利用拉格朗日方法建立机器人的拉格朗日方程，从而解决机器人动力学问题。第4章在介绍了机器人控制系统与控制方式后，对单关节机器人建立控制模型，针对机器人的位置与速度控制进行了讨论，分别介绍了基于关节坐标的控制、作业空间的伺服控制、末端执行器的力/力矩控制等当前机器人常用的控制方式，并介绍了工业机器人控制系统硬件的相关内容。第5章在对机器人常用传感器进行介绍后，具体介绍了机器人内部、外部传感器的种类和各自的使用方法及特点，特别讲解了机器人视觉的相关内容及多传感器信息融合在机器人上的应用。第6章在列明机器人轨迹规划应考虑的问题后，着重讲解了机器人关节轨迹的多种计算方法。第7章在对机器人编程系统、语言等做了介绍后，列举了常用的几种机器人编程语言以及机器人离线编程的特点和方法等。第8章介绍机器人在焊接行业的应用等相关问题。每章后都附有习题，供教师选用、学生练习。

本书由范凯主编，张奔、王卓君、康杰参编。在编写过程中，参考并引用了有关机器人方面的论著、资料，在此一并对相关作者致以衷心的感谢。

由于水平有限，书中内容难免存在不足和错误之处，恳请给予批评指正。

编　者

目 录 Contents

第1章

引　论

当人类进入21世纪时，除了致力于自身的发展外，还十分关注机器人、外星人和克隆人问题。机器人的出现及应用，将会使得人类的活动发生翻天覆地的变化，甚至是革命性地改变人类的生产方式，提高社会生产力。在本书中着重讨论机器人问题。

“机器人”是存在于多种语言和文字的新造词，它体现了人类长期以来的一种愿望，即创造出一种像人一样的机器或人造人，以便能够代替人去工作。

1.1　机器人的定义

要给机器人下个合适的定义是困难的，专家们用不同的方法来定义这个术语。现在，世界上对机器人还没有统一的定义，各国有自己的定义。这些定义之间差别较大。

1）英国简明牛津字典的定义，机器人是“貌似人的自动机，具有智力的和顺从于人的但不具人格的机器”。这一定义并不完全正确，它体现的是一种理想的机器人，因为还不存在与人类相似的机器人。

2）美国机器人协会（Robot Institute of America，RIA）的定义。机器人是“一种用于移动各种材料、零件、工具或专用装置的，通过可编程序动作来执行种种任务的，并具有编程能力的多功能机械手（manipulator）”。这一定义实用些，但并不全面，它实际上指的是工业机器人。

3）日本工业机器人协会（Japanese Industrial Robot Association，JIRA）的定义。工业机器人是“一种带有存储器件和末端执行器（end effector）的通用机械，它能够通过自动化的动作替代人类劳动”。显然这也是局限于对工业机器人的定义。

4）美国国家标准局（National Bureau of Standards，NBS）的定义。机器人是“一种能够进行编程并在自动控制下，执行某些操作和移动作业任务的机械装置”。这也是一种比较广义的工业机器人定义。

5）国际标准化组织（International Organization for Standardization，IOS）的定义。机器人是“一种自动的、位置可控的、具有编程能力的多功能机械手，这种机械手具有几个轴，能够借助于可编程序操作来处理各种材料、零件、工具和专用装置，以执行种种任务”。显然，这一定义与美国机器人协会的定义相似。

6）我国机器人的定义。按照GB/T12643—2013《机器人与机器人装备　词汇》，机器人是具有两个或两个以上可编程的轴，以及一定程度的自主能力，可在其环境内运动以执行预期的任务的执行机构。

上述各种定义有共同之处，即认为机器人：① 具有拟人功能，模仿人或动物肢体动作的机器，能像人那样使用工具的机械；② 具有可编程功能、智力或感觉与识别能力，可随工作环境变化的需要而再编程；③ 可以完成不同内容的工作，具有较好的通用性；④ 是机电一体化的自动化装置。

1.2 机器人的构成与分类

1.2.1 机器人的构成

机器人是一个系统，一般由机械系统、环境、任务和控制系统四个互相作用的部分组成，如图 1-1 所示。

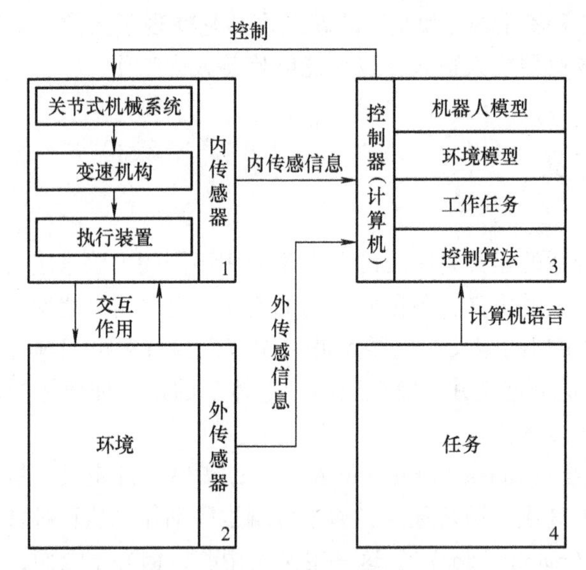

图 1-1 机器人的基本构成

机械系统是具有传动执行装置的机械结构，由臂、关节和末端执行装置（工具等）构成（简称机械手），组合为一个互相连接和互相依赖的运动机构。机械系统用于执行指定的作业任务，不同的机械手具有不同的结构类型。图 1-2 给出机械手的几何结构简图。

机械手也可为操作机、机械臂或操作手。大多数机械手是具有几个自由度的关节式机械结构，一般具有六个自由度。其中，前三个自由度引导夹手装置至所需位置，而后三个自由度用来决定末端执行装置的方向，如图 1-2 所示。其中，R_0 表示基旋转坐标系，C 为随部，D 为手爪。

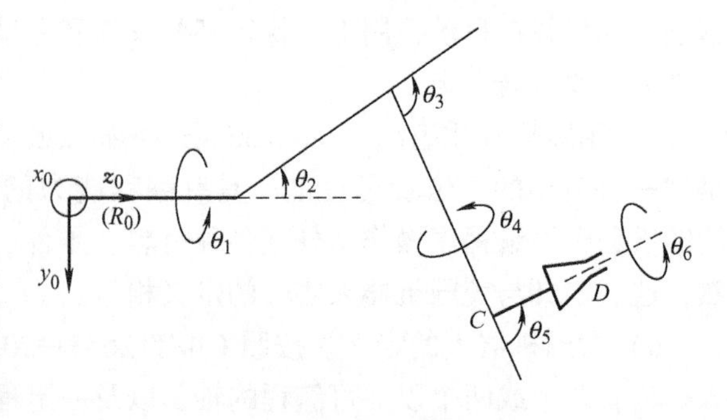

图 1-2 机械手结构简图

环境即机器人所处的周围环境。环境不仅由几何条件（可达空间）所决定，还由环境和它所包含的每个事物的全部自然特性所决定。机器人的固有特性，由这些自然特性及其环境间的互相作用所决定。

在环境中，机器人会遇到一些障碍物和其他物体，它必须避免与这些障碍物发生碰撞，并与这些物体发生作用。机器人系统中的一些传感器是设置在环境中某处，而不在机械手上面。这些传感器是环境的组成部分，称为外传感器。

环境信息一般是确定的和已知的，但在许多情况下，环境具有未知的和不确定的性质。

把任务定义为环境的两种状态（即初始状态和目标状态）间的差别，必须用适当的程序设计语言来描述这些任务，并把它们存入机器人系统的控制计算机中去。这种描述必须能为计算机所理解。随着所用系统的不同，语言描述方式可为图形的、口语的（语音的）或书面文字的。

控制系统主要就是系统中的计算机，它是机器人的大脑。控制器接收来自传感器的信号，对其进行数据处理，并按照预存信息、机器人的状态及其环境情况等，产生出控制信号去驱动机器人的各个关节。

具体说来，在计算机内存储有下列信息：

（1）机器人动作模型　表示执行装置在激发信号与随之发生的机器人运动之间的关系。

（2）环境模型　描述机器人在可达空间内的每一事物。例如，说明由于哪些区域存在障得物而不能对其起作用。

（3）任务程序　使计算机能够理解其所有执行的作业任务。

（4）控制算法　计算机指令的序列，它提供对机器人的控制。

1.2.2　机器人的分类

机器人的分类方法很多，这里首先介绍三种分类法，即分别按机器人的几何结构、机器人的控制方式以及机器人的信息输入方式来分。

1. 按机械手的几何结构来分

机器人机械手的机械配置形式多种多样。最常见的结构形式是用其坐标特性来描述的，这些坐标结构包括笛卡儿坐标结构、柱面坐标结构、极坐标结构、球面坐标结构和关节式球面坐标结构等。这里简单介绍柱面、球面和关节式球面坐标结构三种最常见的机器人。

（1）柱面坐标机器人　主要由垂直柱子、水平手臂（或机械手）和底座构成。水平机械手装在垂直柱子上，能自由伸缩，并可沿垂直柱子上下运动。垂直柱子安装在底座上，并与水平机械手一起（作为一个部件）能在底座上移动。这样，这种机器人的工作包迹（区间）就形成一段圆柱面，如图1-3所示。因此，把这种机器人称为柱面坐标机器人。

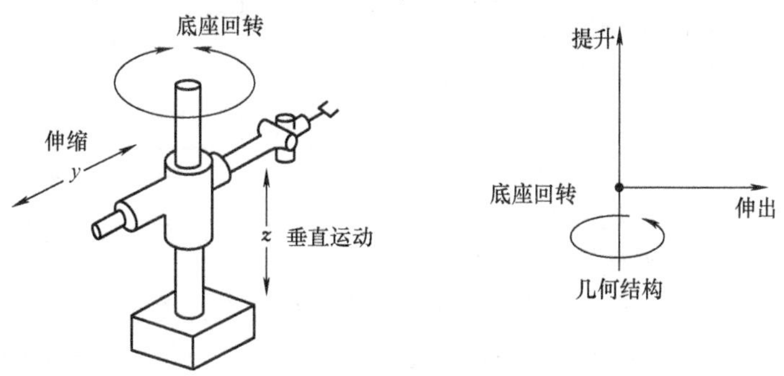

图1-3　柱面坐标机器人

(2) 球面坐标机器人　球面坐标机器人如图1-4所示。它像坦克的炮塔一样，机械手能够做里外伸缩移动、在垂直平面上摆动以及绕底座在水平面上转动。因此，这种机器人的工作包迹形成球面的一部分，并被称为球面坐标机器人。

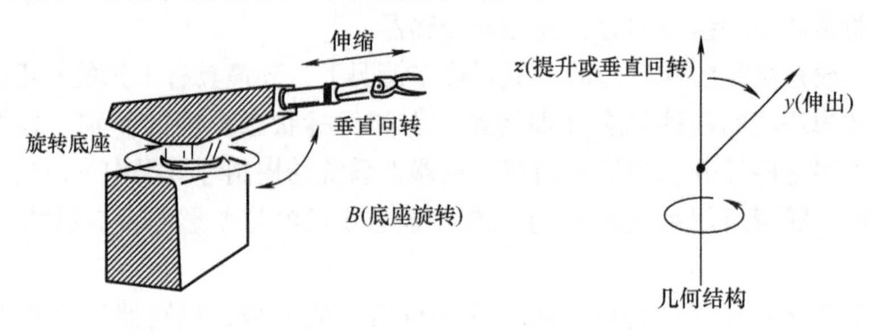

图1-4　球面坐标机器人

(3) 关节机器人　这种机器人主要由底座（或躯干）、上臂和前臂构成，上臂和前臂可在通过底座的垂直平面上运动，如图1-5所示，在前臂和上臂间，机械手有个肘关节；而在上臂和底座间，有个肩关节。在水平平面上的旋转运动，既可由肩关节进行，又可以绕底座旋转来实现。这种机器人的工作包迹形成球面的大部分，称为关节机器人。

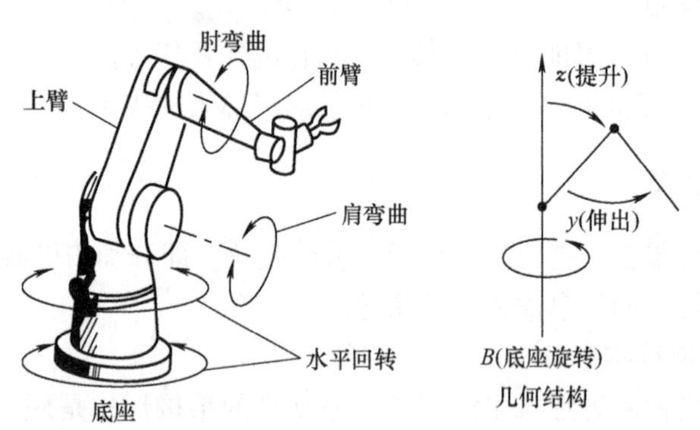

图1-5　关节机器人

2. 按机器人的控制方式分

按照控制方式可把机器人分为非伺服机器人和伺服控制机器人两种。

(1) 非伺服机器人（Non-Servo Robots）　非伺服机器人工作能力比较有限，它们往往涉及那些称为“终点”“抓放”或“开关”式机器人，尤其是有限顺序机器人。有限顺序机器人按照预先编好的程序顺序进行工作，使用终端限位开关、制动器、插销板和定序器来控制机器人机械手的运动，其工作原理如图1-6所示。图中，插销板用来预先规定机器人的工作顺序，而且往往是可调的；定序器是一种定序开关或步进装置，它能够按照预定的正确顺序接通驱动装置的能源，驱动装置接通能源后，就带动机器人的手臂、腕部和手

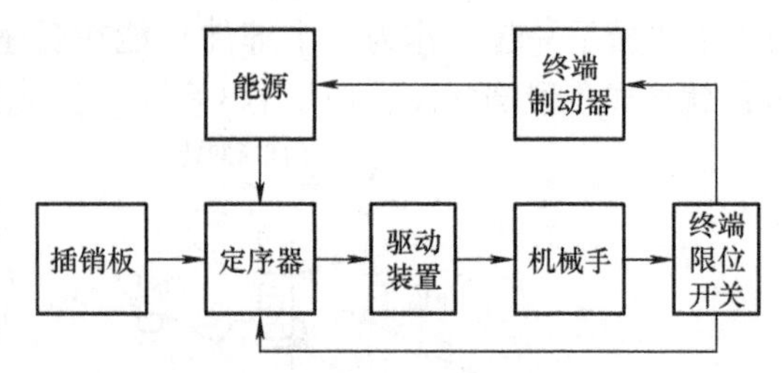

图1-6　有限顺序机器人方块图

爪等装置运动。当它们移动到由终端限位开关所规定的位置时，限位开关切换工作状态，给定序器送去一个“工作任务（或规定运动）已完成”的信号，并使终端制动器动作，切断驱动能源，使机械手停止运动。

（2）伺服控制机器人（Servo-Controlled Robots）　伺服控制机器人比非伺服机器人有更强的工作能力，因而价格较贵，而且在某些情况下不如简单的机器人可靠，其工作原理如图1-7所示。

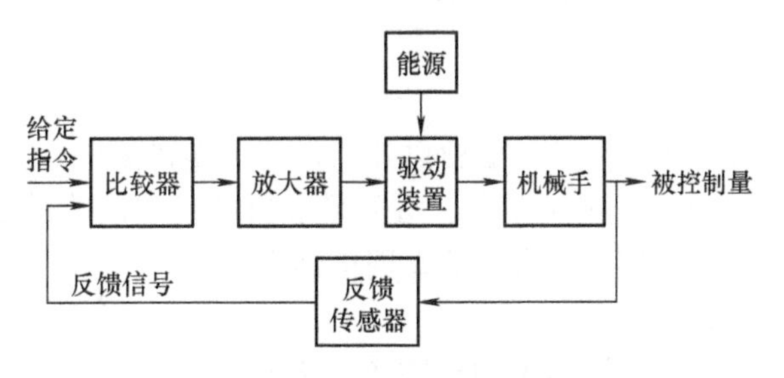

图1-7　伺服控制机器人框图

伺服系统的被控制量（即输出）可为机器人端部执行装置（或工具）的位置、速度、加速度和力等。通过反馈传感器取得的反馈信号与来自给定装置（如给定电位器）的综合信号，用比较器加以比较后，得到误差信号，经过放大后用以激发机器人的驱动装置，进而带动末端执行装置以一定规律运动，到达规定的位置或速度等。显然，这就是一个反馈控制系统。

3. 按机器人控制器的信息输入方式分

用这种分类法进行分类时，对于不同国家，也略有不同，但它们能够有统一的标准。这里主要介绍日本工业机器人协会（JIRA）、美国机器人协会（RIA）和法国工业机器人协会（AFRI）所采用的分类法。

（1）JIRA分类法　日本工业机器人协会把机器人分为六类。

第1类：手动操作手，是一种由操作人员直接进行操作的具有几个自由度的加工装置。

第2类：定序机器人，是按照预定的顺序、条件和位置，逐步地重复执行给定的作业任务的机械手，其预定信息（如工作步骤等）难以修改。

第3类：变序机器人，它与第2类一样，但其工作次序等信息易于修改。

第4类：复演式机器人，这种机器人能够按照记忆装置存储的信息来复现原先由人示教的动作，这些示教动作能够被自动地重复执行。

第5类：程控机器人，操作人员并不是对这种机器人进行手动示教，而是向机器人提供运动程序，使它执行给定的任务。其控制方式与数控机床一样。

第6类：智能机器人，它能够采用传感信息来独立检测其工作环境或工作条件的变化，并借助其自我决策能力，成功地进行相应的工作，而不管其执行任务的环境条件发生了什么变化。

（2）RIA分类法　美国机器人协会把JIRA分类法中的后四种机器当作机器人。

（3）AFRI分类法　法国工业机器人协会把机器人分为四种型号。

A型：第1类，手控或遥控加工设备。

B型：包括第2类和第3类，具有预编工作周期的自动加工设备。

C型：含第4类和第5类，程序可编和伺服机器人，具有点位或连续路径轨迹，称为第一代机器人。

D型：第6类，能获取一定的环境数据，称为第二代机器人。

4. 按机器人的用途分

(1) 工业机器人或产业机器人　应用在工农业生产中，主要应用在制造业部门，进行焊接、喷漆、装配、搬运、检验、农产品加工等作业。

(2) 探索机器人　用于进行太空和海洋探索，也可用于地面和地下探险和探索。

(3) 服务机器人　一种半自主或全自主工作的机器人，其所从事的服务工作可使人类生存得更好，使制造业以外的设备工作得更好。

(4) 军事机器人　用于军事目的，或进攻性的，或防御性的。它又可分为空军用机器人、海军用机器人、陆军用机器人。

1.3　机器人的应用与研究

1.3.1　机器人的应用

机器人的应用已经随着机器人技术的发展扩展到许多领域，在一些场合已经完全代替了人类的劳动，并且体现出高于人类的许多优点。

机器人可以在人类无法工作的环境下工作。它们已在许多工业部门获得了广泛应用。它们可以比人类工作得更好并且成本低廉。例如，焊接机器人能够更均匀一致地运动，可以比焊接工人焊得更好。此外，机器人焊接时无须使用护目镜、防护服、通风设备，也不需要考虑防护措施。因此，只要焊接工作设置成机器人自动操作并不再改变，且该焊接工作不太复杂，那么机器人就比较适合做这样的工作，并且使用机器人可以提高生产效率。同样，海底勘探机器人远不像人类潜水员工作时需要太多的关注，机器人可以在水下停留更长的时间，并承受更大的压力潜入更深的水底，且不需要氧气。

以下列举机器人的主要应用。

(1) 机器加载　指机器人为其他机器装卸工件。在这项工作中，机器人甚至不对工件做任何操作，而只是完成一系列操作中的工件处理任务。

(2) 取放操作　指机器人抓取零件并将它们放置到其他位置。这还包括码垛、添装弹药、将两物件装到一起的简单装配（如将药片装入药瓶）、将工件放入烤炉或从烤炉内取出处理过的工件或其他类似的例行操作。

(3) 焊接　这时机器人与焊接及相应配套装置将部件焊接在一起，这是机器人在自动化工业中最常见的一种应用。机器人连续运动时可以焊接得非常均匀和准确。通常焊接机器人的体积和功率均比较大。焊接机器人如图 1-8 所示。

(4) 喷漆　这是另一种常见的机器人应用，尤其是在汽车工业上。由于人工喷漆时要保持通风和清洁，因此创造适合人们工作的环境是十分困难的。不同于人工操作，机器人可以持续不断地工作。因此，喷漆机器人非常“称职”。

(5) 检测　对零部件、电路板以及其他类似产品的检测也是机器人比较常见的应用。一般来说，检测系统中还集成有其他一些设备，它们是视觉系统、X 射线装置、超声波探测仪或其他类似仪器。例如，在其中一种应用中，机器人配有一台超声波探测仪，并提供有飞机机身和机翼的计算机辅助设计（CAD）的数据。用这些来检查飞机机身轮廓的每一个连接处（焊点或铆接点）。在类似的另外一种应用中，机器人用来搜寻并找出每一个铆钉的位

图1-8　焊接机器人

置，对它们进行检查并在有裂纹的铆钉处做上记号，然后将它取出来，再移向下一颗铆钉的位置，最后由技术人员插入安装新的铆钉。机器人还广泛用于电路板和芯片的检测，在大多数这样的应用中，元器件的识别，元器件的特件（如电路板的电路图、元器件的铭牌等）等信息都存储在系统的数据库内。该系统利用检测到的信息与数据库中存储的元器件信息比较，并根据检测结果来决定接受还是拒绝元器件。

（6）抽样　在许多工业中（包括农业），都采用机器人做抽样试验。抽样只在一定量的产品中进行，除此之外它与取放和检测操作相类似。

（7）装配　装配是机器人的所有任务中最难的一种操作。通常，将元器件装配成产品需要很多操作。例如，必须首先定位和识别元器件，再以特定的顺序移动元器件到规定的位置（在元器件安装点附近可能还会有许多障碍），然后将元器件固定在一起进行装配。许多固定和装配任务也非常复杂，需要推压、旋拧、弯折、扭动、压挤及摘标牌等许多操作才能将元器件连接。元器件的微小变化以及由于较大的容许误差所导致的元器件直径的变化均可使得装配过程复杂化，所以机器人必须知道合格元器件与错误元器件之间的区别。

（8）机械制造　用机器人进行制造包含许多不同的操作。例如，去除材料、钻孔、去毛刺、涂胶、切削等，还包括插入零部件。又如将电子元器件插入电路板、电路板安装到VCR的电子设备上及其他类似操作。因此，机器人在电子工业中的应用也非常普遍。

（9）监视　曾尝试利用机器人执行监视任务，但不是很成功。然而，无论是在安全生产还是在交通控制方面，已广泛使用视觉系统来进行监视。例如，在南加利福尼亚高速公路系统中，有一段车道租给了一个私人企业，该企业对车道进行维护并提供服务，还有权向使用者收费。监视摄像机用来监测通过该路段的汽车的车牌号码，随后向他们收取通行费。

（10）医疗应用　机器人在医疗方面的应用现在也越来越常见。例如，Robodoc就是为协助外科医生完成全关节移植手术而设计的机器人。由于要求机器人完成的许多操作（如切开颅骨、在骨体上钻孔、精确铰孔以及安装人造植入关节等）比人工操作更为准确，因此手术中许多机械操作部分都由机器人来完成。此外，骨头的形状和位置可由CAT确定后传输给机器人控制器，从而指导机器人的动作，以使植入物得以放到最合适的位置。同样，还有许多其他机器人用于帮助外科医生完成微型手术，包括在巴黎和莱比锡进行的心脏瓣膜手术。另一台称为DaVinci的外科手术机器人已被美国食品与药物管理局（FDA）批准，用于执行腹部外科手术，如图1-9所示。

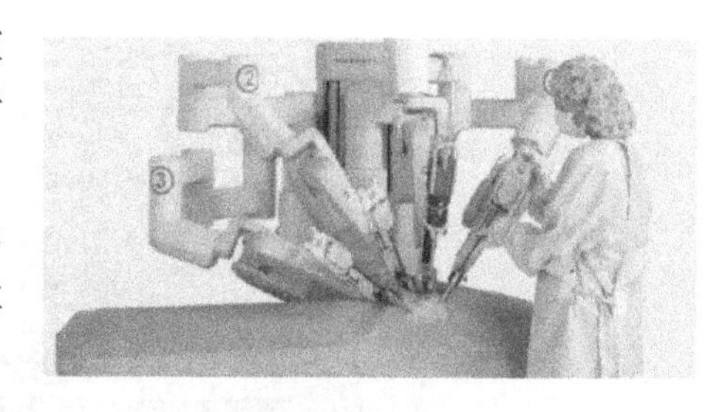

图1-9　医疗机器人

在另一项应用中，遥控机器人用于微型手术。此时遥控机器人的位置不是主要的，而主要是让遥控机器人重复外科医生的手在小范围内的动作，并尽可能减少手术中的颤抖。

（11）帮助残疾人　试验用机器人帮助残疾人已取得不错的成果。在日常生活中，机器人可以做很多事情来帮助残疾人。在其中一项研究中，一台小型的如桌子高的机器人可以与残疾人交流，并执行一些简单的任务，如将盛着食品的盘子放入微波炉，从微波炉中取出盘子，并且将盘子放到残疾人面前等。其他许多任务也可通过编程让机器人来执行。

（12）危险环境　机器人非常适合在危险的环境中使用。在这些危险的环境下工作，人类必须采取严密的保护措施。而机器人可以进入或穿过这些危险区域进行维护和探测等工作，并且不需要得到像人一样的保护。例如，在放射性环境中工作，机器人比人要容易得多。1993年，名为Dante的八腿机器人到达了南极洲常年喷发的Erebus火山熔岩湖，并对那里的气体进行了研究。

（13）水下、太空及远程　机器人也可以用于水下、太空及远程的服务或探测。虽然尚没有人被送到火星，但已有许多太空漫游车在火星登陆并对火星进行探测。在其他太空和水下也有同样的应用。例如，由于没人能进入很深的海底，因此在深海只探测到很少的沉船。然而水下机器人的出现使得许多坠机、沉船和潜艇被发现。我国自主研制的月球车如图1-10所示。

图1-10　月球车

除了以上应用外，目前还出现了其他应用。例如，为了清扫蒸气发生器排污管里的污物而设计的遥控机器人Cecil可以攀爬排污管，使用5000lb/in^2（约3515.4t/m^2）的水流冲洗污物。

此外，科学家和工程师们除了对设计类人机器人感兴趣外，他们还设计了模仿昆虫和其他动物的机器人，例如六脚和八脚机器人、蠕虫机器人、蛇形机器人、像鱼一样游动的机器人、行为像狗的机器人、虾形机器人以及其他未标定生命形式的机器人。这些机器人中，有的十分庞大而且功能强大，如Odex机器人，有的则小巧轻便。这些机器人多数是为科研目的而开发的，也有为军事、医疗或娱乐而设计开发的。例如，一种小型矿藏扫描机器人就是为了搜索和开采矿藏而开发的。开发理由是在勘探过程中，损失一台廉价的机器人远比有人员伤亡要好得多。

生命电子学是指设计并开发生动形象的机器人和机器的系统技术，这些机器人和机器具有类似人或其他动物的外观与行为。例如生命电子嘴唇、生命电子眼睛及生命电子手。随着更为复杂的生命电子部件的出现，它们所代替的行动也将越来越真实。

1.3.2　机器人的研究

1. 研究内容

机器人学的研究内容主要有以下几个方面：

（1）空间结构学　机器人的空间结构体现在机器人机身和臂部机构的设计、机器人手部机构的设计、机器人行走机构的设计、机器人关节部机构的设计，即机器人机构的型综合和尺寸综合。

（2）机器人运动学　机器人的执行机构实际上是一个多刚体系统，研究要涉及组成这一系统的各杆件之间以及系统与对象之间的相互关系，为此需要一种有效的数学描述方法。

（3）机器人静力学　机器人与环境之间的接触会在机器人与环境之间引起相互的作用力和力矩，而机器人的输入关节转矩由各个关节的驱动装置提供，通过手臂传至手部，使力和力矩作用在环境的接触面上。这种力和力矩的输入、输出关系在机器人控制中是十分重要的。静力学主要讨论机器人手部端点力与驱动器输入力矩的关系。

（4）机器人动力学　机器人是一个复杂的动力学系统，要研究和控制这个系统，首先必须建立它的动力学方程。动力学方程是指作用于机器人各机构的力或力矩及其位置，速度、加速度关系的方程。

（5）机器人控制技术　机器人的控制技术是在传统机械系统的控制技术的基础之上发展起来的，两者之间无根本的不同。但机器人控制系统也有许多特殊之处。它是有耦合的、非线性的多变量的控制系统。其负载、惯量、重心随时间都可能变化，不仅要考虑运动学关系，还要考虑动力学因素，其模型为非线性而工作环境又是多变的等。主要研究的内容有机器人控制方式和机器人控制策略。

（6）机器人传感器　人类具有视觉、听觉、触觉、味觉及嗅觉等五种感觉。机器人的感觉主要通过传感器来实现。机器人所研究的传感器分为两大类：外部传感器和内部传感器。外部传感器又包括远距离传感器（如视觉传感器、听觉传感器等）、非接触传感器和接触传感器（如触觉传感器、力传感器等）。使用外部传感器的目的是对环境产生相适应的动作而取得环境信息。内部传感器包括加速度传感器、速度传感器、位置传感器、姿态传感器等。它根据指令而进行动作，检测机器人各部状态。

（7）机器人语言　机器人语言分为通用机器人语言和专用机器人语言。通用机器人语言的种类很多，主要采用计算机语言。例如汇编语言、FORTRAN、FORTH、BASIC、C 等。随着作业内容的复杂化，利用程序来控制机器人显得越来越困难。为了寻求用简单的方法描述作业、控制机器人动作，人们开发了一些机器人专用语言，如 AL、VAL、IML、PART、AUTOPASS 等。作为机器人语言，首先要具有作业内容的描述性，不管作业内容如何复杂，都能准确加以描述；其次要具有环境模型的描述性，要能用简单的模型描述复杂的环境，要能适应操作情况的变化改变环境模型的内容；再次要求具有人机对话的功能，以便及时描述新的作业及修改作业内容；最后要求在出现危险情况时，能及时报警并停止机器人动作。

2. 机器人学的国内外研究现状

目前，机器人的发展已经由单纯的工业机器人走向多样化、高智能方向。机器人技术正逐步向着具有行走能力、多种感觉能力以及对作业环境的较强自适应能力的方面发展。对全球机器人技术发展最有影响的国家应该是美国和日本。美国在机器人技术的综合研究水平上仍处于领先地位。而日本生产的机器人在数量、种类方面则居世界首位。机器人技术的发展推动了机器人学的建立，许多国家成立了机器人协会，美国、日本、英国、瑞典等国家设立了机器人学学位。

20 世纪 70 年代以来，许多大学开设了机器人课程，开展了机器人学的研究工作。如美国的 MIT、Carnegie-Mellon、Purdue 等，日本的东京大学、早稻田大学等都是在机器人学方面富有成果的著名学府。随着机器人学的发展，相关的国际学术交流活动也日渐增多。目前最有影响的国际会议是 IEEE 每年举行的机器人学与自动化国际会议（International Conference on Robotics and Automation，ICRA），此外还有国际工业机器人会议（International Symposium on Industrial Robots，ISIR）和国际工业机器人技术会议（Conference on Industrial Robot Technology，CIRT）等。出版的相关刊物有“*IEEE Transactions on Robotics*”“*Robotics Research*”“*Robotics and Automation*”等多种。

我国的机器人技术起步较晚，大约从 20 世纪 70 年代末 80 年代初开始。20 世纪 90 年代中期，6000m 以下深水作业机器人试验成功。以后的近十年中，我国在步行机器人、精密装配机器人、多自由度关节机器人的研制等国际前沿领域逐渐缩小了与世界先进水平的差距。

第 2 章

机器人运动学

本章主要讨论以关节型机器人为代表的工业机器人机械手臂的运动学分析，涉及机械手位置变换、运动分析和矩阵运算的关系，介绍齐次坐标变换和机器人位姿分析，机械手正向和逆向运动学分析，并以 PUMA560 机器人为实例进行具体分析。

2.1 位姿描述与齐次变换

2.1.1 刚体的位姿描述

在描述物体（如零件、工具或机械手）间关系时，要用到位置矢量、坐标系等概念。首先建立这些概念及其表示法。

1. 位置描述

一旦建立了一个坐标系，就能够用某个 3×1 的位置矢量来确定该空间内任一点的位置，对于直角坐标系 $\{A\}$，空间任一点 p 的位置可用 3×1 的列矢量

$$^{A}\boldsymbol{P}=\begin{pmatrix} p_x \\ p_y \\ p_z \end{pmatrix} \tag{2-1}$$

式中，p_x、p_y、p_z 是点 p 在坐标系 $\{A\}$ 中的三个坐标分量。$^{A}\boldsymbol{P}$ 的上标 A 代表参考坐标系 $\{A\}$。称 $^{A}\boldsymbol{P}$ 为位置矢量，如图 2-1 所示。

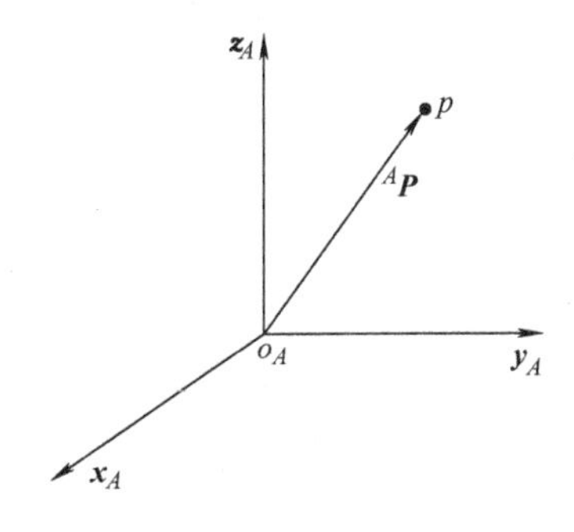

图 2-1　位置表示

2. 方位描述

为了研究机器人的运动与操作，往往不仅要表示空间某个点的位置，还需要表示物体的方位（orientation）。物体的方位可由某个固接于此物体的坐标系描述。为了规定空间某刚体

B 的方位，设置一直角坐标系 $\{B\}$ 与此刚体固接。用坐标系 $\{B\}$ 的三个单位主矢量 $\boldsymbol{x}_B$、$\boldsymbol{y}_B$、$\boldsymbol{z}_B$ 相对于参考坐标系 $\{A\}$ 的方向余弦组成的 3×3 矩阵来表示刚体 B 相对于坐标系 $\{A\}$ 的方位。

$$
{}_B^A\boldsymbol{R} = \begin{pmatrix} {}^A\boldsymbol{x}_B & {}^A\boldsymbol{y}_B & {}^A\boldsymbol{z}_B \end{pmatrix} = \begin{pmatrix} r_{11} & r_{12} & r_{13} \\ r_{21} & r_{22} & r_{23} \\ r_{31} & r_{32} & r_{33} \end{pmatrix} \tag{2-2}
$$

${}_B^A\boldsymbol{R}$ 称为旋转矩阵，式中上标 A 代表参考坐标系 $\{A\}$，下标 B 代表被描述的坐标系 $\{B\}$。${}_B^A\boldsymbol{R}$ 共有 9 个元素，但只有 3 个是独立的。由于 ${}_B^A\boldsymbol{R}$ 的三个列矢量 ${}^A\boldsymbol{x}_B$、${}^A\boldsymbol{y}_B$ 和 ${}^A\boldsymbol{z}_B$ 都是单位矢量，且双双相互垂直，因而它的 9 个元素满足 6 个约束条件（正交条件）

$$
{}^A\boldsymbol{x}_B \cdot {}^A\boldsymbol{x}_B = {}^A\boldsymbol{y}_B \cdot {}^A\boldsymbol{y}_B = {}^A\boldsymbol{z}_B \cdot {}^A\boldsymbol{z}_B = 1 \tag{2-3}
$$

$$
{}^A\boldsymbol{x}_B \cdot {}^A\boldsymbol{y}_B = {}^A\boldsymbol{y}_B \cdot {}^A\boldsymbol{z}_B = {}^A\boldsymbol{z}_B \cdot {}^A\boldsymbol{x}_B = 0 \tag{2-4}
$$

是正交的，并且满足

$$
{}_B^A\boldsymbol{R}^{-1} = {}_B^A\boldsymbol{R}^{\mathrm{T}} \tag{2-5}
$$

$$
\left| {}_B^A\boldsymbol{R} \right| = 1 \tag{2-6}
$$

式中，上标 T 表示转置；$|\ |$ 为行列式符号，对应于轴 x、y 或 z，做转角为 θ 的旋转变换，其旋转矩阵分别为

$$
\boldsymbol{R}(x,\theta) = \begin{pmatrix} 1 & 0 & 0 \\ 0 & c\theta & -s\theta \\ 0 & s\theta & c\theta \end{pmatrix} \tag{2-7}
$$

$$
\boldsymbol{R}(y,\theta) = \begin{pmatrix} c\theta & 0 & s\theta \\ 0 & 1 & 0 \\ -s\theta & 0 & c\theta \end{pmatrix} \tag{2-8}
$$

$$
\boldsymbol{R}(z,\theta) = \begin{pmatrix} c\theta & -s\theta & 0 \\ s\theta & c\theta & 0 \\ 0 & 0 & 1 \end{pmatrix} \tag{2-9}
$$

式中，s 表示 sin，c 表示 cos。以后将一律采用此约定。

图 2-2 表示一物体（这里为手爪）的方位。此物体与坐标系 $\{B\}$ 固接，并相对于参考坐标系 $\{A\}$ 运动。

3. 位姿描述

上面已经讨论了采用位置矢量描述点的位置，用旋转矩阵描述物体的方位。要完全描述刚体 B 在空间的位姿（位置和姿态），通常将物体 B 与某一坐标系 $\{B\}$ 相固连。$\{B\}$ 的坐标原点一般选在物体 B 的特征点上，如质心等。相对参考系 $\{A\}$，坐标系 $\{B\}$ 的原点位置和坐标轴的方位分别由位置矢量 ${}^A\boldsymbol{P}_{B_o}$ 和旋转矩阵 ${}_B^A\boldsymbol{R}$ 描述。这样刚体 B 的位姿可由坐标系 $\{B\}$ 来描述，即有

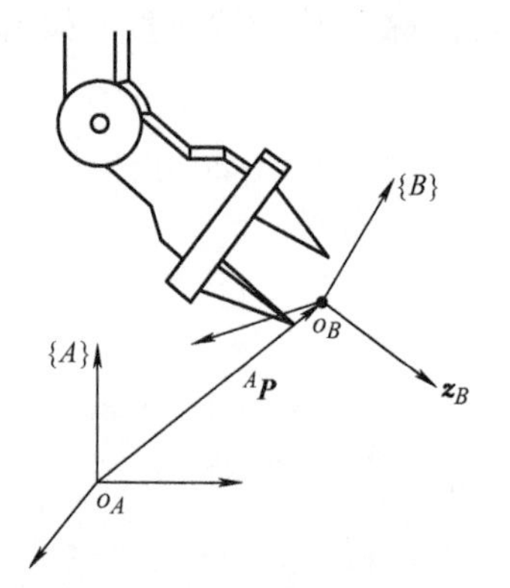

图 2-2　方位表示

$$
\{B\} = \{{}_B^A\boldsymbol{R}\,{}^A\boldsymbol{P}_{B_o}\} \tag{2-10}
$$

当表示位置时，式(2-10) 中的旋转矩阵 ${}_B^A\boldsymbol{R} = \boldsymbol{I}$（单位矩阵）；当表示方位时，式(2-10) 中

的位置矢量${}^{A}\boldsymbol{P}_{B_o}=0$。

2.1.2 坐标变换

空间中任意点p在不同坐标系中的描述是不同的，为了阐明从一个坐标系的描述到另一个坐标系的描述关系，需要讨论这种变换的数学问题。

1. 平移坐标变换

设坐标系{B}与{A}具有相同的方位，但{B}坐标系的原点与{A}的原点不重合，用位置矢量${}^{A}\boldsymbol{P}_{B_o}$描述它相对于{$A$}的位置，如图2-3所示。称${}^{A}\boldsymbol{P}_{B_o}$为{$B$}相对于{$A$}的平移矢量。如果点$p$在坐标系{$B$}中的位置为${}^{B}\boldsymbol{P}$，那么它相对于坐标系{$A$}的位置矢量${}^{A}\boldsymbol{P}$可由矢量相加得出，即

$$
{}^{A}\boldsymbol{P}={}^{B}\boldsymbol{P}+{}^{A}\boldsymbol{P}_{B_o} \tag{2-11}
$$

称式(2-11)为坐标平移方程。

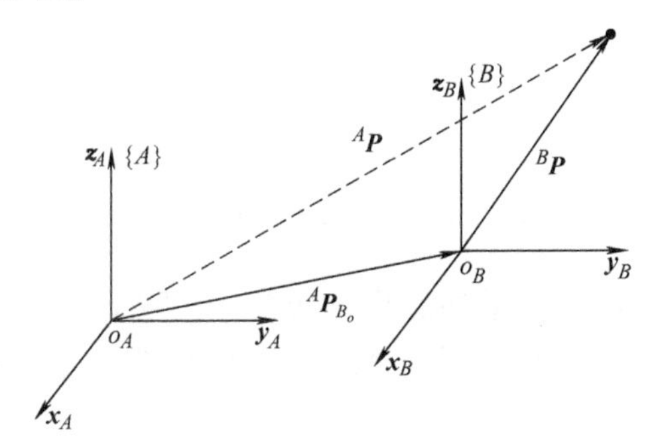

图2-3　平移变换

2. 旋转坐标变换

设坐标系{B}与{A}有共同的坐标原点，但两者的方位不同，如图2-4所示，用旋转矩阵${}^{A}_{B}\boldsymbol{R}$描述{B}相对于{A}的方位。同一点p在两个坐标系{A}和{B}中的描述${}^{A}\boldsymbol{P}$和${}^{B}\boldsymbol{P}$具有如下变换关系

$$
{}^{A}\boldsymbol{P}={}^{A}_{B}\boldsymbol{R}\,{}^{B}\boldsymbol{P} \tag{2-12}
$$

称式(2-12)为坐标旋转变换。

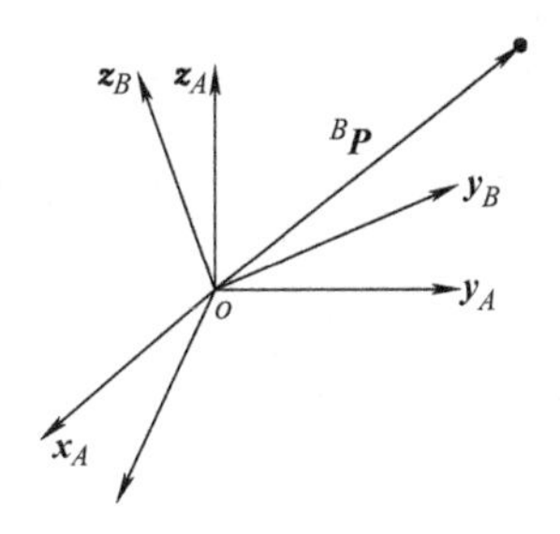

图2-4　旋转变换

我们可以类似${}^{B}_{A}\boldsymbol{R}$描述坐标系{A}相对于{B}的方位。${}^{B}_{A}\boldsymbol{R}$和${}^{A}_{B}\boldsymbol{R}$都是正交矩阵，两者互逆。根据正交矩阵的性质，式(2-5)和式(2-6)可得

$$ {}^{B}_{A}\boldsymbol{R} = {}^{A}_{B}\boldsymbol{R}^{-1} = {}^{A}_{B}\boldsymbol{R}^{\mathrm{T}} \tag{2-13}$$

对于最一般的情形：坐标系 $\{B\}$ 的原点与 $\{A\}$ 的原点既不重合，$\{B\}$ 的方位与 $\{A\}$ 的方位又不相同。用位置矢量 ${}^{A}\boldsymbol{P}_{B_o}$ 描述 $\{B\}$ 的坐标原点相对于 $\{A\}$ 的位置；用旋转矩阵 ${}^{A}_{B}\boldsymbol{R}$ 描述 $\{B\}$ 相对于 $\{A\}$ 的方位，如图 2-5 所示。对于任一点 p 在两坐标系 $\{A\}$ 和 $\{B\}$ 中的描述，${}^{A}\boldsymbol{P}$ 和 ${}^{B}\boldsymbol{P}$ 具有以下变换关系

$$ {}^{A}\boldsymbol{P} = {}^{A}_{B}\boldsymbol{R}\,{}^{B}\boldsymbol{P} + {}^{A}\boldsymbol{P}_{B_o} \tag{2-14}$$

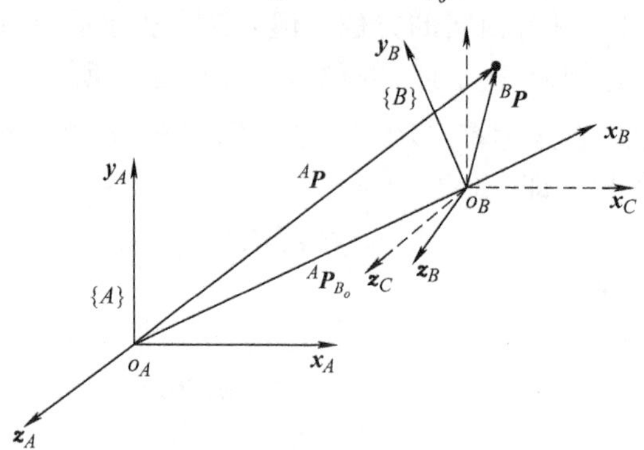

图 2-5　复合变换

可把上式看成坐标旋转和坐标平移的复合变换。实际上，规定一个过渡坐标系 $\{C\}$，使 $\{C\}$ 的坐标原点与 $\{B\}$ 的原点重合，而 $\{C\}$ 的方位与 $\{A\}$ 的相同。据式(2-11) 可得向过渡坐标系的变换

$$ {}^{C}\boldsymbol{P} = {}^{C}_{B}\boldsymbol{R}\,{}^{B}\boldsymbol{P} = {}^{A}_{B}\boldsymbol{R}\,{}^{B}\boldsymbol{P} \tag{2-15}$$

再由式(2-11)，可得复合变换

$$ {}^{A}\boldsymbol{P} = {}^{C}\boldsymbol{P} + {}^{A}\boldsymbol{P}_{C_o} = {}^{A}_{B}\boldsymbol{R}\,{}^{B}\boldsymbol{P} + {}^{A}\boldsymbol{P}_{B_o} \tag{2-16}$$

例 2.1　已知坐标系 $\{B\}$ 的初始位姿与 $\{A\}$ 重合，首先 $\{B\}$ 相对于坐标系 $\{A\}$ 的 z_A 轴转 30°，再沿 $\{A\}$ 的 x_A 轴移动 12 单位，并沿 $\{A\}$ 的 y_A 轴移动 6 单位，求位置矢量 ${}^{A}\boldsymbol{P}_{B_o}$ 和旋转矩阵 ${}^{A}_{B}\boldsymbol{R}$。假设点 p 在坐标系 $\{B\}$ 的描述为 ${}^{B}\boldsymbol{P} = (5,\ 9,\ 0)^{\mathrm{T}}$，求它在坐标系 $\{A\}$ 中的描述 ${}^{A}\boldsymbol{P}$。

据式(2-9) 和式(2-1)，可得 ${}^{A}_{B}\boldsymbol{R}$ 和 ${}^{A}\boldsymbol{P}_{B_o}$ 分别为

$$ {}^{A}_{B}\boldsymbol{R} = \boldsymbol{R}(z,\ 30°) = \begin{pmatrix} c\,30° & -s\,30° & 0 \\ s\,30° & c\,30° & 0 \\ 0 & 0 & 1 \end{pmatrix} = \begin{pmatrix} 0.866 & -0.5 & 0 \\ 0.5 & 0.866 & 0 \\ 0 & 0 & 1 \end{pmatrix} $$

$$ {}^{A}\boldsymbol{P}_{B_o} = \begin{pmatrix} 12 \\ 6 \\ 0 \end{pmatrix} $$

由式(2-14) 得

$$ {}^{A}\boldsymbol{P} = {}^{A}_{B}\boldsymbol{R}\,{}^{B}\boldsymbol{P} + {}^{A}\boldsymbol{P}_{B_o} = \begin{pmatrix} -0.902 \\ 7.562 \\ 0 \end{pmatrix} + \begin{pmatrix} 12 \\ 6 \\ 0 \end{pmatrix} = \begin{pmatrix} 11.098 \\ 13.562 \\ 0 \end{pmatrix} $$

2.1.3 齐次坐标和齐次变换

齐次坐标是指在原有三维坐标的基础上，增加一维坐标而形成四维坐标，如空间点 p 的齐次坐标为 $p=(4,6,8,w)$，4、6、8 分别对应 p 点在空间坐标系中的 x、y、z 坐标，w 为其对应的比例因子。p 点的齐次坐标的形式是不唯一的。例如，$p=(4,6,8,1)$ 和 $p=(8,12,16,2)$ 表示的是同一个 p 点。当比例因子 $w=0$ 时，该齐次坐标表示某一矢量。例如，$\boldsymbol{x}=(1000)$ 表示坐标系的 x 轴单位矢量，$\boldsymbol{y}=(0100)$ 表示坐标系的 y 轴单位矢量，$\boldsymbol{z}=(0010)$ 表示坐标系的 z 轴单位向量。

空间某点 p 在不同的参考系中有不同的描述，空间某向量以及空间某坐标系坐标轴的三个单位矢量在不同的坐标系中的描述也各不相同，寻找这些不同描述的关系就要用到齐次变换的方法。

1. 平移齐次坐标变换

空间某点由矢量 $a\boldsymbol{i}+b\boldsymbol{j}+c\boldsymbol{k}$ 描述。其中 $\boldsymbol{i}$、$\boldsymbol{j}$、$\boldsymbol{k}$ 为轴 x、y、z 上的单位矢量，此点可用平移齐次变换表示为

$$\mathrm{Trans}(a,b,c)=\begin{pmatrix}1&0&0&a\\0&1&0&b\\0&0&1&c\\0&0&0&1\end{pmatrix} \tag{2-17}$$

式中 Trans 表示平移变换。

对已知矢量 $\boldsymbol{u}=(x,y,z,w)^{\mathrm{T}}$ 进行平移变换所得的矢量 $\boldsymbol{v}$ 为

$$\boldsymbol{v}=\begin{pmatrix}1&0&0&a\\0&1&0&b\\0&0&1&c\\0&0&0&1\end{pmatrix}\begin{pmatrix}x\\y\\z\\w\end{pmatrix}=\begin{pmatrix}x/w+a\\y/w+b\\z/w+c\\1\end{pmatrix} \tag{2-18}$$

即可把此变换看成矢量 $(x/w)\boldsymbol{i}+(y/w)\boldsymbol{j}+(z/w)\boldsymbol{k}$ 与矢量 $a\boldsymbol{i}+b\boldsymbol{j}+c\boldsymbol{k}$ 之和。

2. 旋转齐次坐标变换

对应于轴 x、y、z 做转角位 θ 的旋转变换，分别可得

$$\mathrm{Rot}(x,\theta)=\begin{pmatrix}1&0&0&0\\0&c\theta&-s\theta&0\\0&s\theta&c\theta&0\\0&0&0&1\end{pmatrix} \tag{2-19}$$

$$\mathrm{Rot}(y,\theta)=\begin{pmatrix}c\theta&0&s\theta&0\\0&1&0&0\\-s\theta&0&c\theta&0\\0&0&0&1\end{pmatrix} \tag{2-20}$$

$$\mathrm{Rot}(z,\theta)=\begin{pmatrix}c\theta&-s\theta&0&0\\s\theta&c\theta&0&0\\0&0&1&0\\0&0&0&1\end{pmatrix} \tag{2-21}$$

式中，Rot 表示旋转矩阵。

例 2.2 已知点 $\boldsymbol{u}=7\boldsymbol{i}+3\boldsymbol{j}+2\boldsymbol{k}$，对它进行绕轴 z 旋转 90°的变换后可得

$$\boldsymbol{v}=\begin{pmatrix}0&-1&0&0\\1&0&0&0\\0&0&1&0\\0&0&0&1\end{pmatrix}\begin{pmatrix}7\\3\\2\\1\end{pmatrix}=\begin{pmatrix}-3\\7\\2\\1\end{pmatrix}$$

图 2-6a 表示旋转变换前后点矢量在坐标系中的位置，从图可见，点 u 绕 z 轴旋转 90°至点 v，如果点 v 绕 y 轴旋转 90°，即得点 w，这一变换也可以从图 2-6a 中看出，并可由式(2-20) 求出。

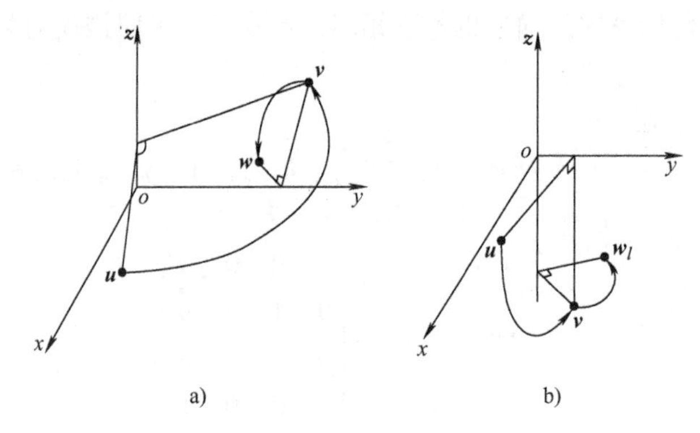

图 2-6 旋转次序对结果的影响

a) Rot(y,90°) Rot(z,90°) b) Rot(z,90°) Rot(y,90°)

$$\boldsymbol{w}=\begin{pmatrix}0&0&1&0\\0&1&0&0\\-1&0&0&0\\0&0&0&1\end{pmatrix}\begin{pmatrix}-3\\7\\2\\1\end{pmatrix}=\begin{pmatrix}2\\7\\3\\1\end{pmatrix}$$

如果把上述两旋转变换 $\boldsymbol{v}=\text{Rot}(z,90°)\ \boldsymbol{u}$ 与 $\boldsymbol{w}=\text{Rot}(y,90°)\ \boldsymbol{v}$ 组合在一起可得

$$\boldsymbol{w}=\text{Rot}(y,90°)\text{Rot}(z,90°)\boldsymbol{u}$$

最终可得

$$\boldsymbol{w}=\begin{pmatrix}0&0&1&0\\1&0&0&0\\0&1&0&0\\0&0&0&1\end{pmatrix}\begin{pmatrix}7\\3\\2\\1\end{pmatrix}=\begin{pmatrix}2\\7\\3\\1\end{pmatrix}$$

所得结果与前一样，如果改变旋转次序，首先使 $\boldsymbol{u}$ 绕 y 轴旋转 90°，那么就会使 $\boldsymbol{u}$ 变换至与 $\boldsymbol{w}$ 不同的位置 $\boldsymbol{w}_l$，如图 2-6b 所示。从计算也可得出 $\boldsymbol{w}_l\neq\boldsymbol{w}$ 的结果。这个结果是必然的，因为矩阵的乘法不具有交换性质。变换矩阵的左乘和右乘的运动解释是不同的：变换顺序“从右向左”，指明运动是相对固定坐标系而言的；变换顺序“从左向右”，指明运动是相对运动坐标系而言的。

例 2.3 下面举例说明把旋转变换与平移变换结合起来的情况。如果在图 2-6a 所示旋转变换的基础上，再进行平移变换 $4\boldsymbol{i}-3\boldsymbol{j}+7\boldsymbol{k}$。

$$t=\mathrm{Trans}(4,-3,7)\mathrm{Rot}(y,90°)\mathrm{Rot}(z,90°)\boldsymbol{u}=\begin{pmatrix}0&0&1&4\\1&0&0&-3\\0&1&0&7\\0&0&0&1\end{pmatrix}\boldsymbol{u}=\begin{pmatrix}6\\4\\10\\1\end{pmatrix}$$

结果如图 2-7 所示。

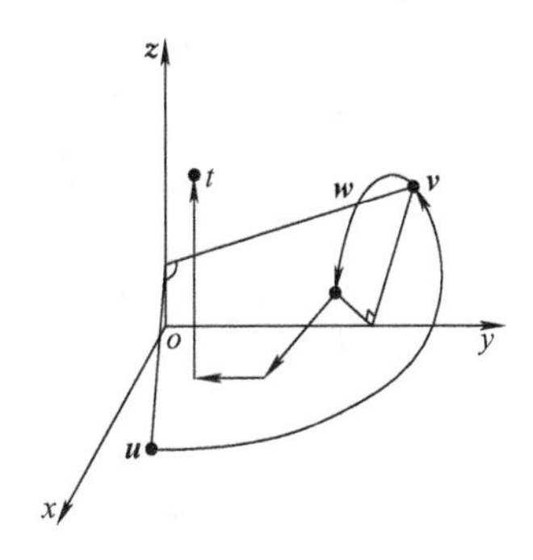

图 2-7　复合齐次坐标变换

2.1.4　变换方程

图 2-8 表示坐标系 $\{D\}$ 可以用两种不同的方式表达成变换相乘的形式。第一个

$$ {}_{D}^{U}\boldsymbol{T}={}_{A}^{U}\boldsymbol{T}{}_{D}^{A}\boldsymbol{T} \tag{2-22}$$

第二个

$$ {}_{D}^{U}\boldsymbol{T}={}_{B}^{U}\boldsymbol{T}{}_{C}^{B}\boldsymbol{T}{}_{D}^{C}\boldsymbol{T} \tag{2-23}$$

将两个表达式构造成一个变换方程

$$ {}_{A}^{U}\boldsymbol{T}{}_{D}^{A}\boldsymbol{T}={}_{B}^{U}\boldsymbol{T}{}_{C}^{B}\boldsymbol{T}{}_{D}^{C}\boldsymbol{T} \tag{2-24}$$

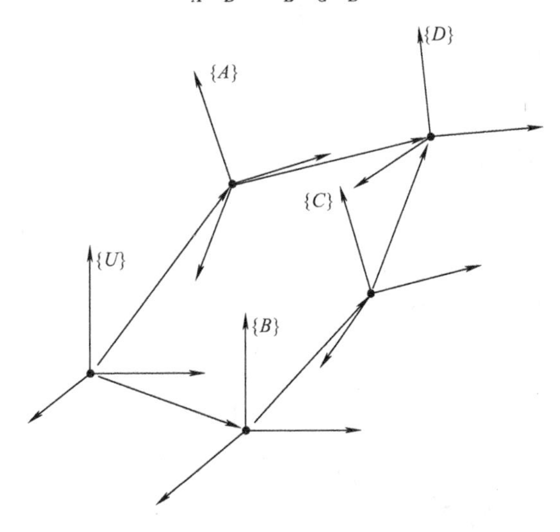

图 2-8　坐标变换方程

如有 n 个未知变换和 n 个变换方程，这个变换可由变换方程解出。设式(2-24) 中的所有变换除了${}_{C}^{B}\boldsymbol{T}$ 外均已知。这里有一个变换方程和一个未知变换，如图 2-9 所示，很容易

解出

$$ {}^{B}_{C}\boldsymbol{T} = {}^{U}_{B}\boldsymbol{T}^{-1}\,{}^{U}_{A}\boldsymbol{T}\,{}^{A}_{D}\boldsymbol{T}\,{}^{C}_{D}\boldsymbol{T}^{-1} \tag{2-25}$$

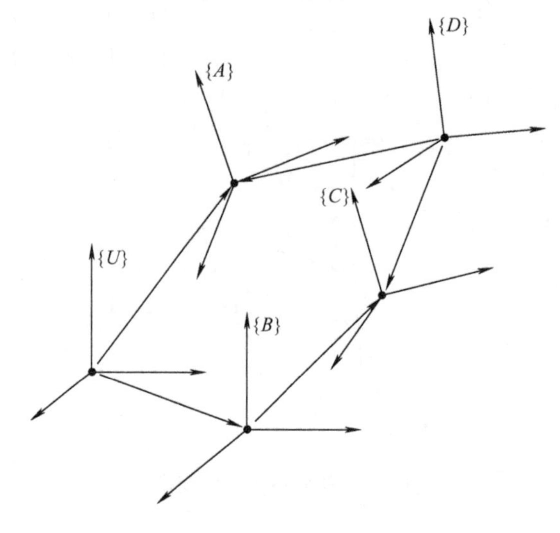

图 2-9　坐标方程示例

注意，在所有的图中，均采用了坐标系的图形表示法，即用一个坐标系的原点指向另一个坐标系的原点的箭头来表示。箭头的方向指明了坐标系定义的方式。在图 2-8 中，相对于 $\{A\}$ 定义坐标系 $\{D\}$；在图 2-9 中，相对于 $\{D\}$ 定义坐标系 $\{A\}$。将箭头串联起来，通过简单的变换相乘就可得到混合坐标系。如果有一个箭头的方向与串联的方向相反，就先求出它的逆。在图 2-9 中，$\{C\}$ 的两个可能的描述为

$$ {}^{U}_{C}\boldsymbol{T} = {}^{U}_{A}\boldsymbol{T}\,{}^{D}_{A}\boldsymbol{T}^{-1}\,{}^{D}_{C}\boldsymbol{T} \tag{2-26}$$

$$ {}^{U}_{C}\boldsymbol{T} = {}^{U}_{B}\boldsymbol{T}\,{}^{B}_{C}\boldsymbol{T} \tag{2-27}$$

根据式(2-26) 和式(2-27)，进一步可以求出

$$ {}^{U}_{A}\boldsymbol{T} = {}^{U}_{B}\boldsymbol{T}\,{}^{B}_{C}\boldsymbol{T}\,{}^{D}_{C}\boldsymbol{T}^{-1}\,{}^{D}_{A}\boldsymbol{T} \tag{2-28}$$

2.1.5　坐标系的标注命名

为了规范起见，有必要给机器人和工作空间专门命名和确定专门的标准坐标系。图 2-10 所示为一典型的情况，机器人抓持某种工具，并把工具末端移动到操作者指定的位置。图 2-10 中所示的五个坐标系就是需要进行命名的坐标系。这五个坐标系的命名以及随后在机器人的编程和控制系统中的应用都以简单易懂的特点提供了一种通用性。所有机器人的运动都将按照这些坐标系描述。

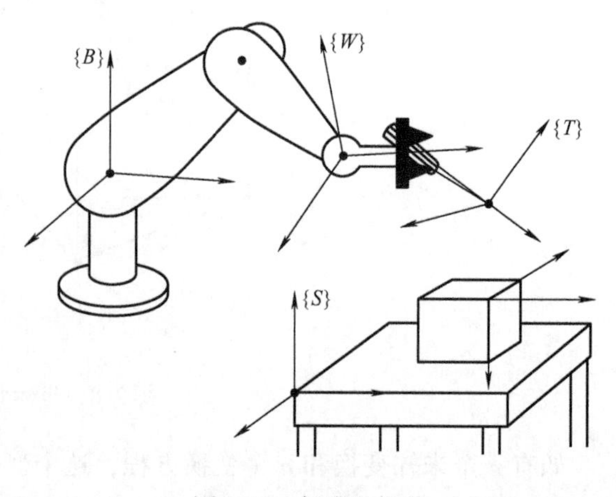

图 2-10　标准坐标系

基坐标系 $\{B\}$ 位于操作臂的基座上。

它仅是赋予坐标系 {0} 的另一个名称。因为它固连在机器人的静止部位，所以有时称为连杆 0。

工作台坐标系 {S} 的位置与任务相关。在图 2-11 中，它位于机器人工作台的一个角上。对机器人系统的用户来说，工作台坐标系 {S} 是一个通用坐标系，机器人所有的运动都是相对于它来执行的。有时称它为任务坐标系、世界坐标系或通用坐标系。工作台坐标系通常根据基坐标系确定，即${}^B_S\boldsymbol{T}$。

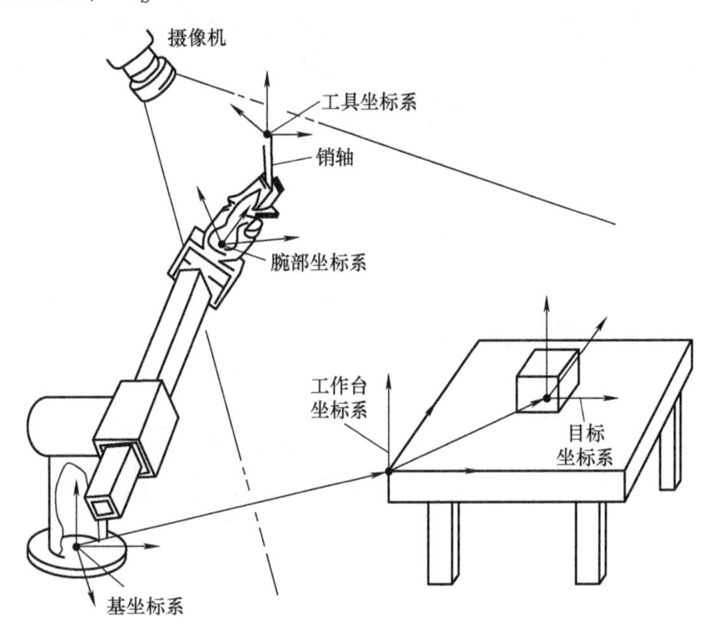

图 2-11 标准坐标系示例

腕部坐标系 {W} 附于操作臂的末端连杆。这个固连在机器人末端连杆上的坐标系也可以称为坐标系 {N}。大多数情况，腕部坐标系 {W} 的原点位于操作臂手腕上，它随着操作臂的末端连杆移动。它相对于基坐标系定义，即 {W} $={}^B_W\boldsymbol{T}={}^0_N\boldsymbol{T}$。

工具坐标系 {T} 附于机器人所夹持工具的末端。当手部没有夹持工具时，工具坐标系 {T} 的原点位于机器人的指端之间。工具坐标系通常根据腕部坐标系来确定。在图 2-11 中，工具坐标系的原点定义在机器人抓持销轴的末端。

目标坐标系 {G} 是机器人移动工具时对工具位置的描述。特指在机器人运动结束时，工具坐标系应当与目标坐标系重合。目标坐标系 {G} 通常根据工作台坐标系来确定。在图 2-11 中，目标坐标系位于将要插入销轴的轴孔处。

一般而言，所有机器人的运动都可以按照这些坐标系描述，它们为描述机器人的操作提供了一个标准语言。

机器人的首要功能是能够计算它所夹持的工具（或未夹持工具）相对于规范坐标系的位姿，也就是说需要计算工具坐标系 {T} 相对于工作台坐标系 {S} 的变换矩阵。只要通过运动学方程计算出${}^B_W\boldsymbol{T}$，就可以应用笛卡儿变换计算 {T} 相对于 {S} 的变换矩阵。求解一个简单的变换方程，得出

$$ {}^S_T\boldsymbol{T}={}^B_S\boldsymbol{T}^{-1}\,{}^B_W\boldsymbol{T}\,{}^W_T\boldsymbol{T} \tag{2-29}$$

式(2-29) 在某些机器人系统中称为 WHERE 函数，用它可计算手臂的位置。对于图 2-11中情况，WHERE 的输出是销轴相对于工作台顶角处的位姿。

式(2-29) 是广义运动学方程。根据连杆的几何形状，由基座端（可看成一个固定连杆）的广义变换矩阵${}_S^B\boldsymbol{T}$和另一端的执行器坐标变换矩阵${}_T^W\boldsymbol{T}$可以计算运动学方程。这些附加变换可以包括工具的偏距和转角，且适用于任意固定坐标系。

例 2.4 假定已知图 2-12 中变换${}_T^B\boldsymbol{T}$描述了操作臂指端的坐标系 $\{T\}$，它是相对于操作臂基座的坐标系 $\{B\}$ 的，又已知工作台相对于操作臂基座的空间位置（因为已知与工作台相连的坐标系 $\{S\}$ 是${}_S^B\boldsymbol{T}$)，并且已知工作台上螺栓的坐标系相对于工作台坐标系的位置，即${}_G^S\boldsymbol{T}$。计算螺栓相对操作臂的位姿，即${}_G^T\boldsymbol{T}$。

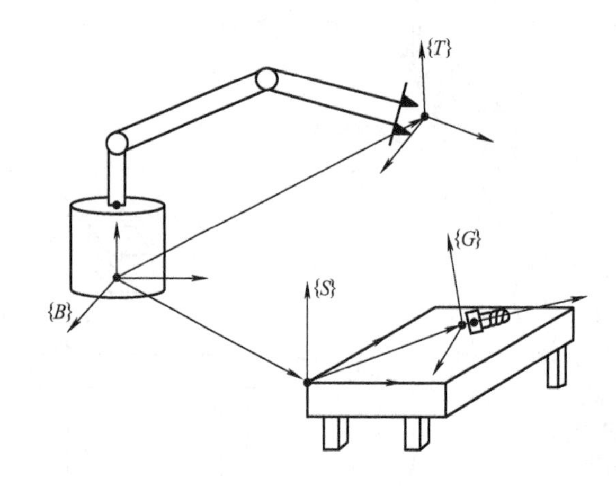

图 2-12 操作臂坐标系描述

由公式推导（按照要求和我们的理解）得到相对于操作手坐标系的螺栓坐标系为

$$
{}_G^T\boldsymbol{T} = {}_T^B\boldsymbol{T}^{-1}\,{}_S^B\boldsymbol{T}\,{}_G^S\boldsymbol{T}
$$

2.2 机器人运动方程的表示

2.2.1 操作臂运动学

操作臂运动学研究操作臂的运动特性，而不考虑使操作臂产生运动时施加的力。在操作臂运动学中，将要研究操作臂的位置、速度、加速度以及位置变量的所有高阶导数（对于时间或其他变量)。因此，操作臂运动学涉及所有与运动有关的几何参数和时间参数。操作臂的运动和使之运动而施加的力和力矩之间的关系称为操作臂动力学，将在第 3 章进行研究。

为了便于处理操作臂的复杂几何参数，首先需要在操作臂的每个连杆上分别固接一个连杆坐标系，然后再描述这些连杆坐标系之间的关系。除此之外，操作臂运动学还研究当各个连杆通过关节连接起来后，连杆坐标系之间的相对关系。本章的研究重点是把操作臂关节变量作为自变量，描述操作臂末端执行器的位姿与操作臂基座之间的函数关系。

2.2.2 连杆参数和连杆坐标系

操作臂可以看成由一系列刚体通过关节连接而成的一个运动链，将这些刚体称为连杆。通过关节将两个相邻的连杆连接起来。当两个刚体之间的相对运动是两个平面之间的相对滑动时，连接相邻两个刚体的运动副称为低副。

在进行操作臂的结构设计时，通常优先选择仅具有一个自由度的关节作为连杆的连接方式，大部分操作臂中包括转动关节或移动关节。在极少数情况下，采用具有 n 个自由度的关节，这种关节可以看成是用 n 个单自由度的关节与 $n-1$ 个长度为 0 的连杆连接而成的。因此，不失一般性，这里仅对只含单自由度关节的操作臂进行研究。

从操作臂的固定基座开始为连杆进行编号，可以称固定基座为连杆 0。第一个可动连杆为连杆 1，以此类推，操作臂最末端的连杆为连杆 n。为了确定末端执行器在三维空间的位姿，操作臂至少需要 6 个关节。典型的操作臂具有 5 或 6 个关节。有些机器人实际上不是一个单独的运动链（其中含有平行四边形机构或其他的闭式运动链）。

设计人员在进行机器人设计时，需要考虑典型机器人中单个连杆的许多特性：材料特性、回连杆的强度和刚度、关节轴承的类型和安装位置、外形、重量和转动惯量及其他因素。

然而在建立机构运动学方程时，为了确定操作臂两个相邻关节轴的位置关系，可把连杆看作是一个刚体。用空间的直线来表示关节轴。关节轴可用空间的一条直线，即用一个矢量来表示，连杆 i 绕关节轴 i 相对于连杆 $i-1$ 转动。由此可知，在描述连杆的运动时，一个连杆的运动可用两个参数描述，这两个参数定义了空间两个关节轴之间的相对位置。

三维空间中的任意两个轴之间的距离均为一个确定值，两个轴之间的距离即为两轴之间公垂线的长度。两轴之间的公垂线总是存在的，当两轴不平行时，两轴之间的公垂线只有一条。当两关节轴平行时，则存在无数条长度相等的公垂线。在图 2-13 中，关节轴 $i-1$ 和关节轴 i 之间公垂线的长度为 a_{i-1}，a_{i-1} 即为连杆长度。也可以用另一种方法来描述 a_{i-1}，以关节轴 $i-1$ 为轴线作一个圆柱，并且把该圆柱的半径向外扩大，直到该圆柱与关节轴 i 相交时，这时圆柱的半径即等于 a_{i-1}。

用来定义两关节轴相对位置的第二个参数为连杆转角。假设作一个平面，并使该平面与两关节轴之间的公垂线垂直，然后把关节轴 $i-1$ 和关节轴 i 投射到该平面上，在平面内轴 $i-1$ 按照右手法则绕 a_{i-1} 转向轴 i，测量两轴线之间的夹角，用转角 α_{i-1} 定义连杆 $i-1$ 的扭转角。在图 2-13 中，α_{i-1} 表示关节轴 $i-1$ 和关节轴 i 之间的夹角（上面带有三条短划线的两条线为平行线）。当两个关节轴线相交时，两轴线之间的夹角可以在两者所在的平面中测量，但是 α_{i-1} 没有意义。在这种特殊情况下，α_{i-1} 的大小和符号可以任意选取。

在机器人中把各个连杆连接起来时，设计人员还要考虑和解决许多问题，包括：关节的强度、关节的润滑方式、轴承的类型及轴承的装配方法。然而在研究机器人的运动学问题时，仅需要考虑两个参数，这两个参数完全确定了所有连杆的连接方式。

相邻两个连杆之间有一个公共的关节轴。沿两个相邻连杆公共轴线方向的距离可以用一个参数描述，该参数称为连杆偏距。在关节轴 i 上的连杆偏距记为 d_i。用另一个参数描述两相邻连杆绕公共轴线旋转的夹角，该参数称为关节角，记为 θ_i。图 2-13 表示相互连接的连杆 $i-1$ 和连杆 i。描述相邻两连杆连接关系的第一个参数是从公垂线 a_{i-1} 与关节轴 i 的交点

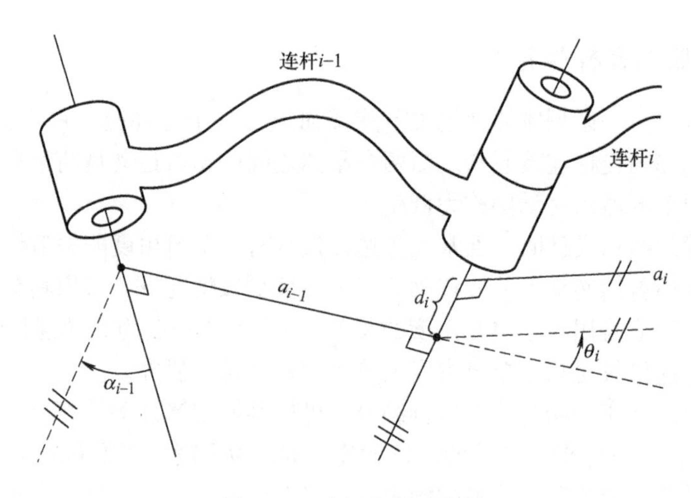

图 2-13　连杆参数示意图

到公垂线 a_i 与关节轴 i 的交点的有向距离，即连杆偏距 d_i。当关节 i 为移动关节时，连杆偏距 d_i 是一个变量。描述相邻两连杆连接关系的第二个参数是 a_{i-1} 的延长线和 a_i 之间绕关节轴 i 旋转所形成的夹角，即关节角 θ_i。图中标有双斜线的直线为平行线。当关节 i 为转动关节时，关节角 θ_i 是一个变量。

1. 连杆链中的首尾连杆

连杆的长度 a_i 和转角 α_i 取决于关节轴线 i 和 $i+1$。对于运动链中的末端连杆，其参数习惯设定为0，即 $a_0=a_n=0$，$\alpha_0=\alpha_n=0$。在本节中，按照上面的规定对关节 2 到关节 $n-1$ 的连杆偏距 d_i 和关节角 θ_i 进行了定义。若关节 1 为转动关节，则 θ_1 的零位可以任意选取，并且规定 $d_1=0$。同样，若关节 1 为移动关节，则 d_1 的零位可以任意选取，并且规定 $\theta_1=0$。这种规定适用于关节 n。

之所以采用这样规定，是因为当一个参数可以任意选取时，把另一个参数设定为 0，可以使以后的计算尽可能地简单。

2. 连杆参数

由上可知，机器人的每个连杆都可以用四个运动学参数来描述，其中两个参数用于描述连杆本身，另外两个参数用于描述连杆之间的连接关系。通常，对于转动关节，θ_i 为关节变量，其他三个连杆参数是固定不变的；对于移动关节，d_i 为关节变量，其他三个连杆参数是固定不变的。这种用连杆参数描述机构运动关系的规则称为 Denavit- Hartenberg 参数。还有其他一些描述机构运动参数的方法，在此不做介绍。

根据上述方法，可以确定任意机构的 Denavit- Hartenberg 参数，并用这些参数来描述该机构。例如，对于一个 6 关节机器人，用 18 个参数就可以完全描述这些固定的运动学参数。如果 6 关节机器人的 6 个关节均为转动关节，这时 18 个固定参数可以用 6 组（a_i，α_i, d_i）表示。

为了描述每个连杆与相邻连杆之间的相对位置关系，需要在每个连杆上定义一个固连坐标系。根据固连坐标系所在连杆的编号对固连坐标系进行命名，因此固连在连杆 i 上的固连坐标系称为坐标系 $\{i\}$。

3. 连杆链中的中间连杆

通常按照下面的方法确定连杆上的固连坐标系：坐标系｛i｝的 Z 轴为 Z_i并与关节轴 i 重合，坐标系｛i｝的原点位于公垂线 a_i与关节轴的交点处。X_i沿 a_i方向由关节 i 指向关节$i+1$。当 $a_i=0$ 时，X_i垂直于 Z_i和 Z_{i+1}所在的平面。按右手定则绕 X_i轴的转角定义为 α_i，由于轴 X_i的方向可以有两种选择，因此 α_i的符号也有两种选择。Y_i轴由右手定则确定，从而完成了对坐标系｛i｝的定义。图2-14 所示为一般操作臂上坐标系｛$i-1$｝和｛i｝的位置。

4. 连杆链中的首尾连杆

固连于机器人基座（即连杆0）上的坐标系为坐标系｛0｝。这个坐标系是一个固定不动的坐标系，因此在研究操作臂运动学问题时，可以把该坐标系作为参考坐标系。可以在这个参考坐标系中描述操作臂所有其他连杆坐标系的位置。参考坐标系｛0｝可以任意设定，但是为了使问题简化，通常设定 Z_0沿关节轴 1 的方向，并且当关节变量 1 为 0 时，设定参考坐标系｛0｝与坐标系｛1｝重合。按照这个规定，总有 $a_0=0$ 和 $\alpha_0=0$。另外，当关节 1 为转动关节时，$d_1=0$；当关节 1 为移动关节时，$\theta_1=0$。

对于转动关节 n，设定 $\theta_n=0$，此时 X_n 轴与 X_{n-1}轴的方向相同，选取坐标系｛N｝的原点位置，使之满足 $d_n=0$。对于移动关节 n，设定 X_n 轴的方向使之满足 $\theta_n=0$。当 $d_n=0$ 时，选取坐标系｛N｝的原点位于 $d_n=0$ 轴与关节轴 n 的交点位置。

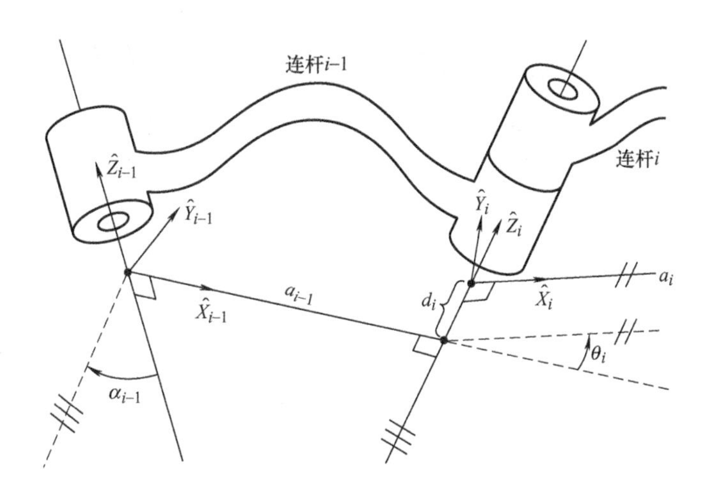

图2-14　连杆坐标系

5. 在连杆坐标系中对连杆参数的归纳

当按照上述规定将连杆坐标系（图2-14）固连于连杆上时，连杆参数可以定义如下：a_i为沿 X_i轴，从 Z_i移动到 Z_{i+1}的距离；α_i为绕 X_i轴，从 Z_i移动到 Z_{i+1}的角度；d_i为沿 Z_i轴，从 X_{i-1}移动到 X_i的距离；θ_i为绕 Z_i轴，从 X_{i-1}移动到 X_i的角度。

因为 a_i对应的是距离，所以通常设定 $a_i>0$。然而 α_i、d_i和 θ_i的值可以为正，也可以为负。最后需要声明，按照上述方法建立的连杆固连坐标系并不是唯一的。首先，当选取 Z_i轴与关节轴 i 重合时，Z_i轴的指向有两种选择。此外，在关节轴相交的情况下（这时，$a_i=0$），由于 X_i

轴垂直于 Z_i轴与 Z_{i+1}轴所在的平面，因此 X_i轴的指向也有两种选择。当关节轴 i 与 $i+1$ 平行时，坐标系 $\{i\}$ 的原点位置可以任意选择（通常选取该原点，使之满足 $d_i=0$）。另外，当关节为移动关节时，坐标系的选取也有一定的任意性。

对于一个新机构，可以按照下面的步骤正确地建立连杆坐标系。

1）找出各关节轴，并标出（或画出）这些轴线的延长线。在下面的步骤2）～步骤5）中，仅考虑两个相邻的轴线（关节轴 i 和 $i+1$）。

2）找出关节轴 i 和 $i+1$ 之间的公垂线或关节轴 i 和 $i+1$ 的交点，以关节轴 i 和 $i+1$ 的交点或公垂线与关节轴 i 的交点作为连杆坐标系 $\{i\}$ 的原点。

3）规定 Z_i轴沿关节轴 i 的指向。

4）规定 X_i沿公垂线的指向。若关节轴 i 和 $i+1$ 相交，则规定 X_i轴垂直于关节轴 i 和 $i+1$ 所在的平面。

5）按照右手定则确定 Y_i轴。

6）当第一个关节变量为 0 时，规定坐标系 $\{0\}$ 和 $\{1\}$ 重合。对于坐标系 $\{N\}$，其原点和 i 的方向可以任意选取。但是在选取时，通常尽量使连杆参数为 0。

例 2.5 图 2-15a 所示为一个平面三杆操作臂。由于三个关节均为转动关节，因此有时称该操作臂为 RRR（或 3R）机构。图 2-15b 所示为该操作臂的简图。注意：在三个关节轴上均标有双斜线，表示这些关节轴线平行。在此机构上，建立连杆坐标系并写出 Denavit-Hartenberg 参数。

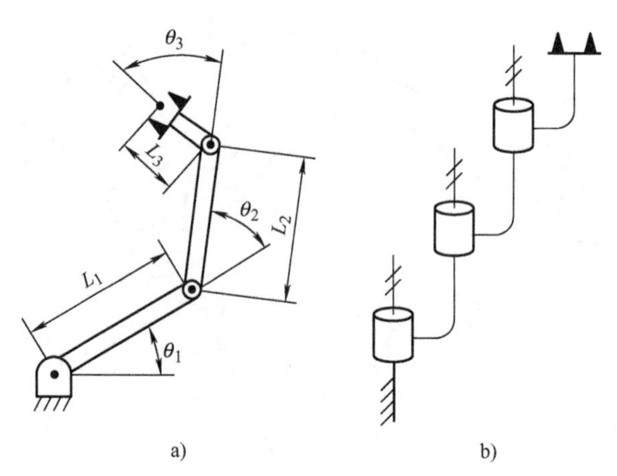

图 2-15　例 2.5 图 3R 机构

首先定义参考坐标系，即坐标系 $\{0\}$，它固定在基座上。当第一个关节变量值（θ_1）为 0 时，坐标系 $\{0\}$ 与坐标系 $\{1\}$ 重合，且 Z_0轴与关节 1 轴线重合。这个操作臂所有的关节轴线都与操作臂所在的平面垂直。由于该操作臂位于一个平面上，因此所有的 Z 轴相互平行，没有连杆偏距，所有的 d_i都为 0。所有关节都是旋转关节，因此当转角都为 0 时，所有的 X 轴一定在一条直线上。

由上面的分析很容易确定如图 2-16 所示的各坐标系。表 2-1 给出了相应的连杆参数。注意到由于所有的关节轴都是平行的，且所有的 Z 轴都垂直纸面向外，因此 α_i都为 0。这显然是一个非常简单的机构。

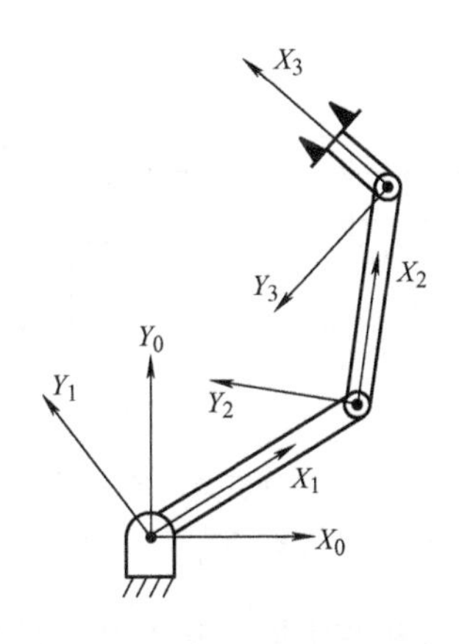

图 2-16　连杆坐标系建立

表 2-1　三连杆平面操作臂的连杆参数表

i	α_{i-1}	a_{i-1}	d_i	θ_i
1	0	0	0	θ_1
2	0	L_1	0	θ_2
3	0	L_2	0	θ_3

同样注意到，运动学分析最后总是归结到一个坐标系里，这个坐标系的原点位于最后一个关节轴上，因此在连杆参数里没有 l_3。关于末端执行器的连杆偏距将在后面分别予以讨论。

例 2.6　图 2-17a 所示为一个三自由度机器人，其中包括一个移动关节。该操作臂称为“RPR 型机构”（一种定义关节类型和顺序的表示方法）。它是一种“柱坐标”机器人，俯视时前两个关节可看作是极坐标形式，最后一个关节（关节 3）可提供机械手的转动。图 2-17b为该操作臂的简图。注意表示移动关节的符号，还要注意“点”表示两个相邻关节轴的交点。实际上关节轴 1 与关节轴 2 是相互垂直的。

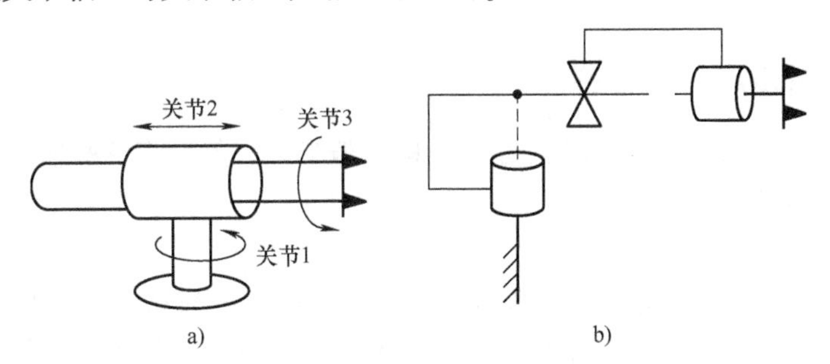

图 2-17　三连杆非平面操作臂
a) RPR 机构　b) 机构简图

图 2-18a 所示是操作臂的移动关节处于最小伸展状态时的情况。图 2-18b 表示连杆坐标系的布局。

注意到在该图中机器人所处的位置 $\theta_1=0$，所以坐标系 {0} 和坐标系 {1} 在图中完全

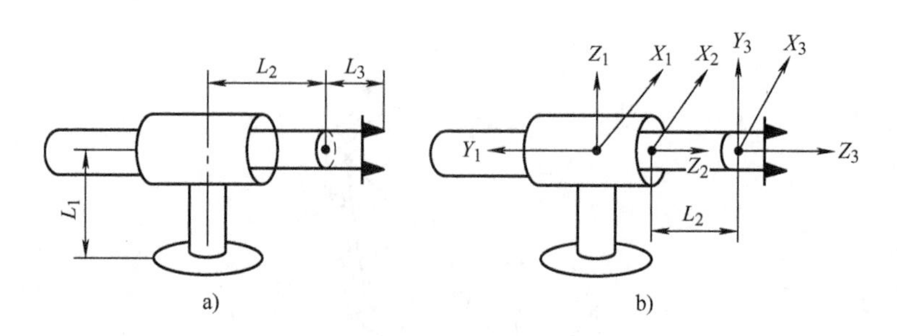

图 2-18　三连杆坐标系的建立

a) 连杆长度　b) 连杆坐标系

重合。注意，坐标系 {0} 虽然没有建在机器人法兰基座的最底部，但仍然刚性地固连于连杆 0 上，即机器人固定不动的部分。正如同在进行运动学分析时，并不需要将连杆坐标系一直向上描述到机械手的外部一样，反过来也不必将连杆坐标系固连于机器人基座的最底端。只要把坐标系 {0} 建立在固定连杆 0 的任意位置，把坐标系 {N} （即最后一个坐标系）建立在操作臂的末端连杆的任意位置就行了。之后，其他连杆偏距可用一般方法进行处理。

注意到转动关节绕相连坐标系的 Z 轴旋转，而移动关节沿 Z 轴平动。对于移动关节 i，θ_i是常量，d_i是变量。当连杆处于最小伸展状态时，d_i为 0，这时连杆距 d_2是一个实数。表 2-2 给出了相应的连杆参数。

注意到对于该机器人 θ_2值为 0，d_2是变量。由于关节轴 1 和关节轴 2 相交，所以 a_1为 0。为使 Z_1与 Z_2重合，Z_1需旋转（绕 Z_1轴）的角度 α_1必为 90°。

表 2-2　RPR 型操作臂的连杆参数表

i	α_{i-1}	a_{i-1}	d_i	θ_i
1	0	0	0	θ_1
2	90°	0	d_2	0
3	0	0	L_2	θ_3

2.2.3　变换方程和运动学方程

在这一节，将导出相邻连杆间坐标系变换的一般形式，然后将这些独立的变换联系起来求出连杆 n 相对于连杆 0 的位姿。

1. 连杆变换的推导

希望建立坐标系 {i} 相对于坐标系 {$i-1$} 的变换。一般这个变换是由四个连杆参数构成的函数。对任意给定的机器人，这个变换是只有一个变量的函数，另外三个参数是由机械系统确定的。通过对每个连杆逐一建立坐标系，把运动学问题分解成 n 个子问题。为了求解每个子问题，即${}_{i}^{i-1}\boldsymbol{T}$，将每个子问题再分解成四个次子问题。四个变换中的每一个变换都是仅有一个连杆参数的函数，通过观察能够很容易写出它的形式。首先为每个连杆定义三个中间坐标系，即 {P}、{Q} 和 {R}。

图 2-19 所示是与前述一样的一对关节，图中定义了坐标系 {P}、{Q} 和 {R}。注意：为了表示简洁起见，在每一个坐标系中仅给出了 X 轴和 Z 轴。由于旋转 α_{i-1}，因此坐标系

$\{R\}$ 与坐标系 $\{i-1\}$ 不同；由于位移 a_{i-1}，因此坐标系 $\{Q\}$ 与坐标系 $\{R\}$ 不同；由于转角 θ_i，因此坐标系 $\{P\}$ 与坐标系 $\{Q\}$ 不同；由于位移 d_i，因此坐标系 $\{i\}$ 与坐标系 $\{P\}$ 不同。如果想把在坐标系 $\{i\}$ 中定义的矢量变换成在坐标系 $\{i-1\}$ 中的描述，这个变换矩阵可以写成

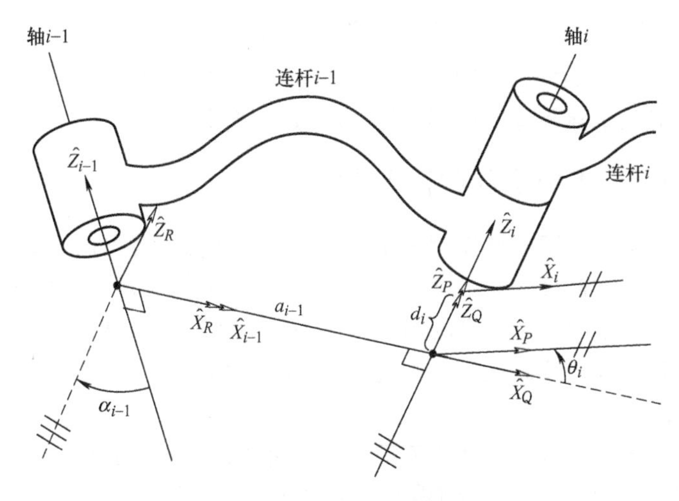

图 2-19　连杆中间坐标系

$$ {}^{i-1}\boldsymbol{P} = {}^{i-1}_{R}\boldsymbol{T}{}^{R}_{Q}\boldsymbol{T}{}^{Q}_{P}\boldsymbol{T}{}^{P}_{i}\boldsymbol{T}{}^{i}\boldsymbol{P} \tag{2-30} $$

即

$$ {}^{i-1}\boldsymbol{P} = {}^{i-1}_{i}\boldsymbol{T}{}^{i}\boldsymbol{P} \tag{2-31} $$

这里

$$ {}^{i-1}_{i}\boldsymbol{T} = {}^{i-1}_{R}\boldsymbol{T}{}^{R}_{Q}\boldsymbol{T}{}^{Q}_{P}\boldsymbol{T}{}^{P}_{i}\boldsymbol{T} \tag{2-32} $$

考虑每一个变换矩阵，式(2-31) 可以写成

$$ {}^{i-1}_{i}\boldsymbol{T} = R_X(\alpha_{i-1})D_X(a_{i-1})R_Z(\theta_i)D_Z(d_i) \tag{2-33} $$

$$ 即\ {}^{i-1}_{i}\boldsymbol{T} = \mathrm{Screw}_X(a_{i-1},\alpha_{i-1})\mathrm{Screw}_Z(d_i,\theta_i) \tag{2-34} $$

式中 $\mathrm{Screw}_Q(r,\phi)$ 代表沿 Q 轴平移 r、再绕 Q 轴旋转角度 ϕ 的组合变换。由矩阵连乘计算出式(2-32)，得到${}^{i-1}_{i}\boldsymbol{T}$ 的一般表达式

$$ {}^{i-1}_{i}\boldsymbol{T} = \begin{pmatrix} c\theta_i & -s\theta_i & 0 & a_{i-1} \\ s\theta_i c\alpha_{i-1} & c\theta_i c\alpha_{i-1} & -s\alpha_{i-1} & -s\alpha_{i-1}d_i \\ s\theta_i s\alpha_{i-1} & c\theta_i s\alpha_{i-1} & c\alpha_{i-1} & c\alpha_{i-1}d_i \\ 0 & 0 & 0 & 1 \end{pmatrix} \tag{2-35} $$

例 2.7　表 2-2 是图 2-17 所示机器人对应的连杆参数，试计算各连杆变换矩阵。代入式(2-35)，得

$$ {}^{0}_{1}\boldsymbol{T} = \begin{pmatrix} c\theta_1 & -s\theta_1 & 0 & 0 \\ s\theta_1 & c\theta_1 & 0 & 0 \\ 0 & 0 & 1 & 0 \\ 0 & 0 & 0 & 1 \end{pmatrix},\quad {}^{1}_{2}\boldsymbol{T} = \begin{pmatrix} 1 & 0 & 0 & 0 \\ 0 & 0 & -1 & -d_2 \\ 0 & 1 & 0 & 0 \\ 0 & 0 & 0 & 1 \end{pmatrix},\quad {}^{2}_{3}\boldsymbol{T} = \begin{pmatrix} c\theta_3 & -s\theta_3 & 0 & 0 \\ s\theta_3 & c\theta_3 & 0 & 0 \\ 0 & 0 & 1 & l_2 \\ 0 & 0 & 0 & 1 \end{pmatrix} $$

2. 连续的连杆变换

如果已经定义了连杆坐标系和相应的连杆参数，就能直接建立运动学方程。分别计算出各个连杆变换矩阵就能得出各个连杆参数的值，把这些连杆变换矩阵连乘就能得到一个坐标系 $\{N\}$ 相对于坐标系 $\{0\}$ 的变换矩阵

$$ {}_{N}^{0}\boldsymbol{T} = {}_{1}^{0}\boldsymbol{T}{}_{2}^{1}\boldsymbol{T}{}_{3}^{2}\boldsymbol{T}\cdots{}_{N}^{N-1}\boldsymbol{T} \tag{2-36}$$

变换矩阵${}_{N}^{0}\boldsymbol{T}$是关于 n 个关节变量的函数。如果能得到机器人关节位置传感器的值，机器人末端连杆在笛卡儿坐标系里的位姿就能通过${}_{N}^{0}\boldsymbol{T}$计算出来。

2.2.4 驱动器空间、关节空间和笛卡儿空间

对于一个具有 n 个自由度的操作臂来说，它的所有连杆位置可由一组 n 个关节变量加以确定。这样的一组变量常被称为 $n\times1$ 的关节矢量。所有关节矢量组成的空间称为关节空间。至此，关心的是如何将已知的关节空间描述转化为笛卡儿空间的描述。当位置是在空间相互正交的轴上测量，且姿态是按照任何一种规定测量时，称这个空间为笛卡儿空间，有时称为任务空间和操作空间。

到目前为止，一直假设每个运动关节都是直接由某种驱动器驱动。然而，对于许多工业机器人来说并非如此。例如有时用两个驱动器以差动的方式驱动一个关节，有时候用直线驱动器通过四连杆机构来驱动旋转关节。在这些情况下，就需要考虑驱动器位置。由于测量操作臂位置的传感器常常安装在驱动器上，因此进行某些计算时必须把关节矢量表示成一组驱动器函数，即驱动器矢量。

如图 2-20 所示，一个操作臂的位姿描述有三种表示方法：驱动器空间描述、关节空间描述和笛卡儿空间描述。

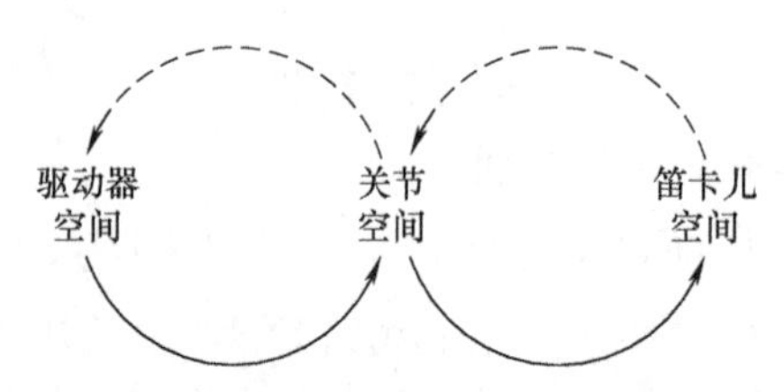

图 2-20　不同运动学描述的映射关系

关节驱动器的连接方式有很多种，可以列出一个目录，在这里不予以考虑。在进行机器人设计或分析时，都必须确定驱动器位置和关节位置的对应关系。在下一节中，我们将以工业机器人为对象求解一个典型问题。

2.3 PUMA560 机器人运动学方程

2.3.1 PUMA560 运动学分析

常用的工业机器人可以有很多不同的运动构形。在本节中，将分析一种典型工业机器人的运动学问题。PUMA560 机器人（图 2-21）是一个六自由度的转动关节操作臂。将求解以关节角度为变量的运动学方程。

图2-21　PUMA560机器人

PUMA560所有关节均为转动关节（即这是一个6R机构）。图2-22所示是所有关节角为零位时连杆坐标系的分布情况。图2-23所示是机器人前臂的一些详细情况。

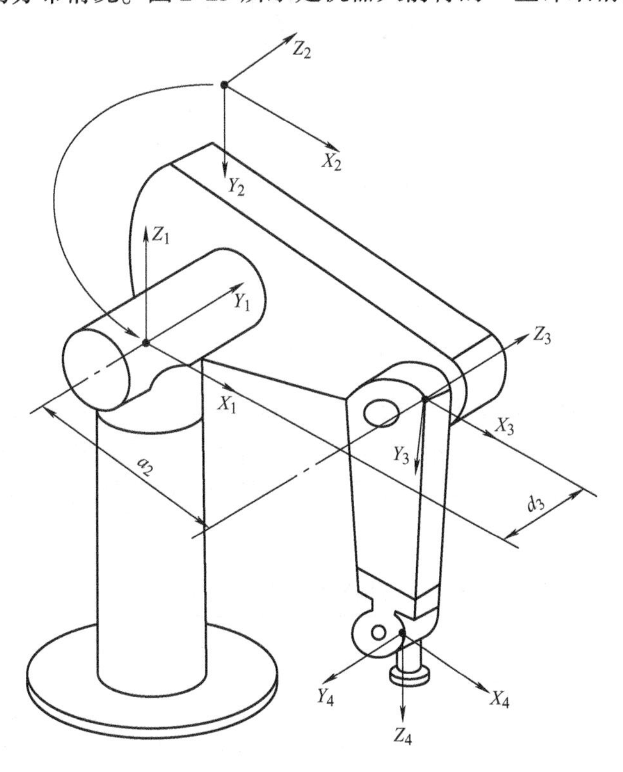

图2-22　PUMA560操作臂运动参数和坐标系分布

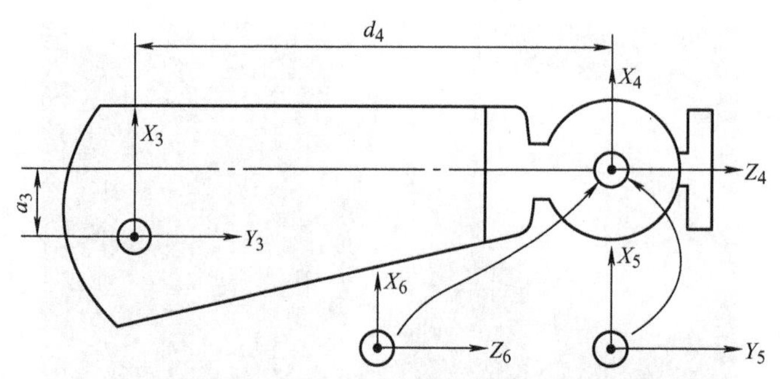

图 2-23　PUMA560 前臂运动参数和坐标系分布

注意：当 θ_1 为 0 时，坐标系 {0} 与坐标系 {1} 重合。还要注意：这台机器人与许多工业机器人一样，关节 4、5 和 6 的轴线相交于同一点，并且交点与坐标系 {4}、{5}、{6} 的原点重合，而且关节轴 4、5、6 相互垂直。图 2-24 所示为 3R 腕部机构简图，图中三个轴相互垂直并相交于一点，PUMA560 和很多机器人均采用此种类型的设计。

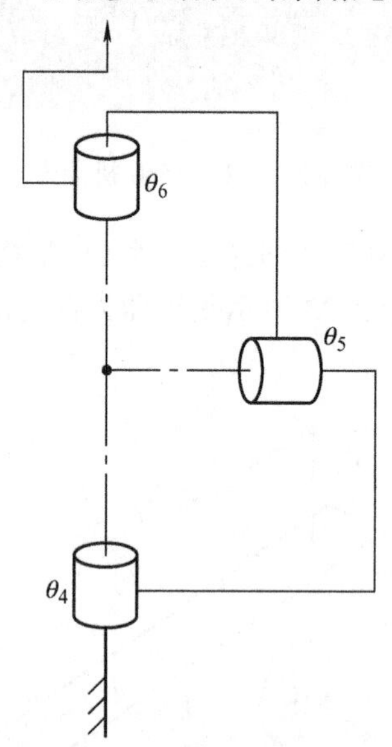

图 2-24　3R 腕部机构简图

PUMA560 的连杆参数见表 2-3。对于 PUMA560 机器人，在操作臂的腕部有一个轮系将关节 4、5、6 的运动耦合在一起，因此针对这 3 个关节，需要对关节空间和驱动器空间加以区分，并分两步求出完整的运动学解。但是，在此例中只讨论从关节空间到笛卡儿空间的运动学问题。

表 2-3　PUMA560 的连杆参数

i	α_{i-1}	a_{i-1}	d_i	θ_i
1	0	0	0	θ_1
2	-90°	0	0	θ_2
3	0	a_2	d_3	θ_3
4	-90°	a_3	d_4	θ_4
5	90°	0	0	θ_5
6	-90°	0	0	θ_6

2.3.2 PUMA560 逆运动学求解

根据式(2-34)，可以求出每一个连杆变换矩阵

$$
\begin{aligned}
{}^0_1\boldsymbol{T} &= \begin{pmatrix} c\theta_1 & -s\theta_1 & 0 & 0 \\ s\theta_1 & c\theta_1 & 0 & 0 \\ 0 & 0 & 1 & 0 \\ 0 & 0 & 0 & 1 \end{pmatrix} \\
{}^1_2\boldsymbol{T} &= \begin{pmatrix} c\theta_2 & -s\theta_2 & 0 & 0 \\ 0 & 0 & 1 & 0 \\ -s\theta_2 & -c\theta_2 & 0 & 0 \\ 0 & 0 & 0 & 1 \end{pmatrix} \\
{}^2_3\boldsymbol{T} &= \begin{pmatrix} c\theta_3 & -s\theta_3 & 0 & a_2 \\ s\theta_3 & c\theta_3 & 0 & 0 \\ 0 & 0 & 1 & d_3 \\ 0 & 0 & 0 & 1 \end{pmatrix} \\
{}^3_4\boldsymbol{T} &= \begin{pmatrix} c\theta_4 & -s\theta_4 & 0 & a_3 \\ 0 & 0 & 1 & d_4 \\ -s\theta_4 & -c\theta_4 & 0 & 0 \\ 0 & 0 & 0 & 1 \end{pmatrix} \\
{}^4_5\boldsymbol{T} &= \begin{pmatrix} c\theta_5 & -s\theta_5 & 0 & 0 \\ 0 & 0 & -1 & 0 \\ s\theta_5 & c\theta_5 & 0 & 0 \\ 0 & 0 & 0 & 1 \end{pmatrix} \\
{}^5_6\boldsymbol{T} &= \begin{pmatrix} c\theta_6 & -s\theta_6 & 0 & 0 \\ 0 & 0 & 1 & 0 \\ -s\theta_6 & -c\theta_6 & 0 & 0 \\ 0 & 0 & 0 & 1 \end{pmatrix}
\end{aligned} \tag{2-37}
$$

将各个连杆矩阵连乘得到

$$
{}^0_6\boldsymbol{T} = \begin{pmatrix} r_{11} & r_{12} & r_{13} & p_x \\ r_{21} & r_{22} & r_{23} & p_y \\ r_{31} & r_{32} & r_{33} & p_z \\ 0 & 0 & 0 & 1 \end{pmatrix} \tag{2-38}
$$

式中

$$r_{11} = c_1[c_{23}(c_4c_5c_6 - s_4s_5) - s_{23}s_5c_5] + s_1(s_4c_5c_6 + c_4s_6)$$

$$r_{21} = s_1[c_{23}(c_4c_5c_6 - s_4s_6) - s_{23}s_5c_6] - c_1(s_4c_5c_6 + c_4s_6)$$

$$r_{31} = -s_{23}(c_4c_5c_6 - s_4s_6) - c_{23}s_5c_6$$

$$r_{12}=c_1[c_{23}(-c_4c_5s_6-s_4c_6)+s_{23}s_5s_6]+s_1(c_4c_6-s_4c_5s_6)$$
$$r_{22}=s_1[c_{23}(-c_4c_5s_6-s_4c_6)+s_{23}s_5s_6]-c_1(c_4c_6-s_4c_5s_6)$$
$$r_{32}=-s_{23}(-c_4c_5s_6-s_4c_6)+c_{23}s_5s_6$$
$$r_{13}=-c_1(c_{23}c_4c_5+s_{23}c_5)-s_1s_4s_5$$
$$r_{23}=-s_1(c_{23}c_4s_5+s_{23}c_5)+c_1s_4s_5$$
$$r_{33}=s_{23}c_4s_5-c_{23}c_5$$
$$p_x=c_1(a_2c_2+a_3c_{23}-d_4s_{23})-d_3s_1$$
$$p_y=s_1(a_2c_2+a_3c_{23}-d_4s_{23})+d_3c_1$$
$$p_z=-a_3s_{23}-a_2s_2-d_4c_{23}$$

习　　题

2-1　一矢量${}^A\boldsymbol{P}$绕 Z 轴旋转 θ_1，然后绕 X 轴旋转 θ_2，求按上述顺序旋转后得到的旋转矩阵。

2-2　坐标系 $\{B\}$ 最初与坐标系 $\{A\}$ 重合，将坐标系 $\{B\}$ 绕 Z_B旋转 θ_1，接着再将上一步旋转得到的坐标系绕 X_B旋转 θ_2，求从${}^B\boldsymbol{P}$到${}^A\boldsymbol{P}$矢量变换的旋转矩阵。

2-3　已知矢量 $\boldsymbol{u}=3\boldsymbol{i}+2\boldsymbol{j}+2\boldsymbol{k}$ 和坐标系 $\boldsymbol{F}=\begin{pmatrix}0&-1&0&10\\1&0&0&20\\0&0&1&1\\0&0&0&1\end{pmatrix}$，$\boldsymbol{u}$ 为 $\boldsymbol{F}$ 所描述的一点。

1）确定表示同一点但由基坐标系描述的矢量 $\boldsymbol{u}$。

2）首先让 $\boldsymbol{F}$ 绕极坐标系的 Y 轴旋转 90°，然后沿基坐标系 X 轴方向平移 20。求变换所得新坐标系 $\boldsymbol{F}'$。

3）确定表示同一点但由坐标系 $\boldsymbol{F}'$所描述的矢量 $\boldsymbol{v}'$。

4）作图表示 $\boldsymbol{u}$、$\boldsymbol{v}$、$\boldsymbol{v}'$、$\boldsymbol{F}$ 和 $\boldsymbol{F}'$之间的关系。

2-4　已知齐次变换矩阵 $\boldsymbol{H}=\begin{pmatrix}0&1&0&0\\0&0&-1&0\\-1&0&0&0\\0&0&0&1\end{pmatrix}$，要求 $\mathrm{Rot}(f,\theta)=\boldsymbol{H}$，确定 f 和 θ 值。

2-5　一个与 PUMA560 相似的操作臂，其中关节 3 由移动关节代替。假定图 2-21 中移动关节可沿 X_1 方向滑移，但是这里仍有一个等效偏距 d_3需要考虑，给出一个必要的附加条件，求解运动学方程。

2-6　图 2-25 所示为 3R 非平面操作臂，轴 1 和轴 2 之间的夹角为 90°，求解连杆参数和运动学方程${}^B_W\boldsymbol{T}$。注意不需要定义 l_3。

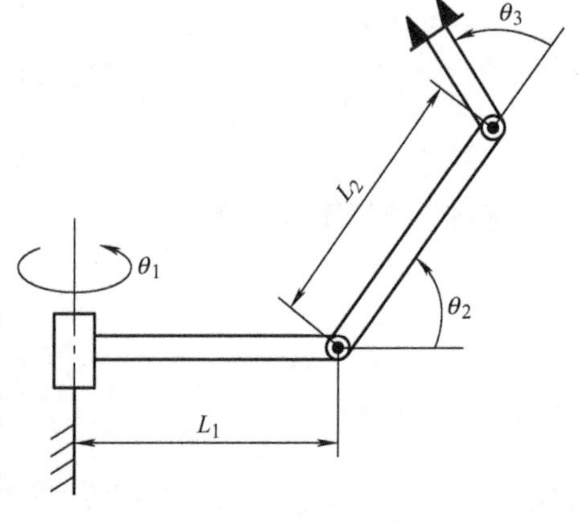

图 2-25　3R 非平面操作臂

2-7　图 2-26 所示为 3R 操作臂（三自由度机械

臂)，关节1和关节2相互垂直，关节2和关节3相互平行。所有关节都处于初始位置。关节转角的正方向都已标出。在这个操作臂的简图中定义了连杆坐标系｛0｝～｛3｝，并表示在图中。求变换矩阵${}_1^0\boldsymbol{T}$、${}_2^1\boldsymbol{T}$和${}_3^2\boldsymbol{T}$。

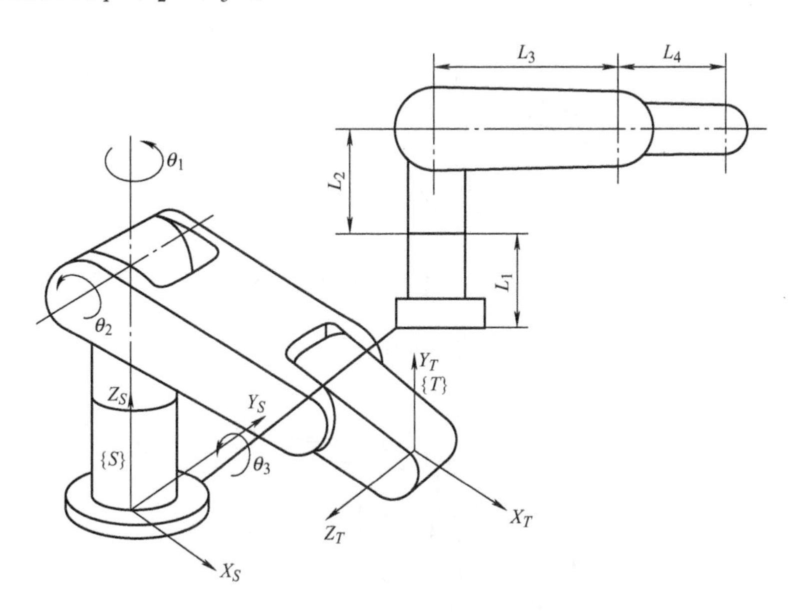

图2-26　3R操作臂

2-8　在图2-27中，没有确知工具的位置${}_T^W\boldsymbol{T}$。机器人利用力控制对工具末端进行检测，直到把工件插入位于${}_G^S\boldsymbol{T}$的孔中（即目标）。在这个“标定”过程中（坐标系｛G｝和坐标系｛T｝是重合的），通过读取关节角度传感器，进行运动学计算得到机器人的位置${}_W^B\boldsymbol{T}$。假定已知${}_S^B\boldsymbol{T}$和${}_G^S\boldsymbol{T}$，求计算未知工具坐标系${}_T^W\boldsymbol{T}$的变换方程。

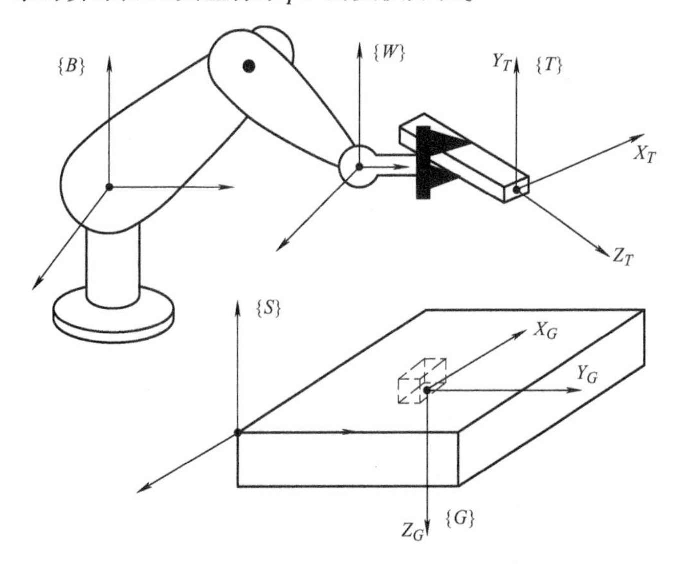

图2-27　坐标系转换

2-9　建立如图 2-28 所示三连杆机器人的连杆坐标系。

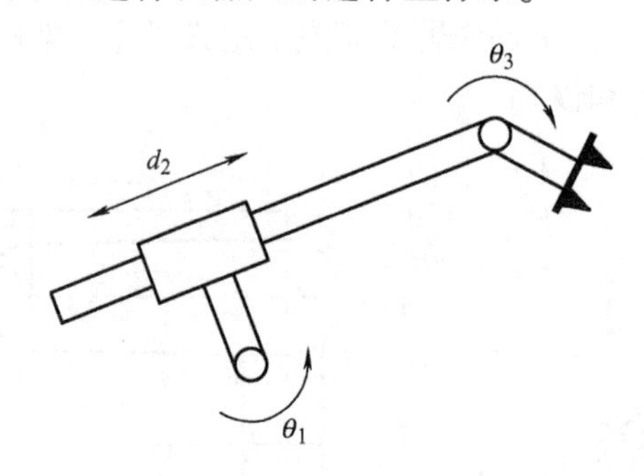

图 2-28　三连杆 RPR 操作臂图

2-10　建立如图 2-29 所示三连杆机器人的连杆坐标系。

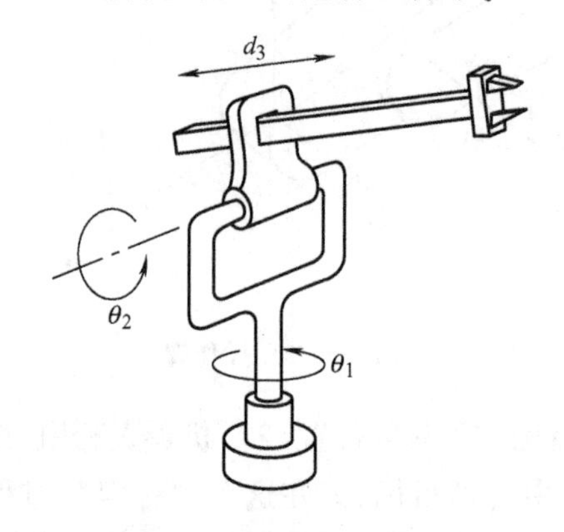

图 2-29　三连杆 RRP 操作臂

第 3 章 机器人动力学

到目前为止，只研究了操作臂的运动学。已研究了静态位置，但是从未考虑引起运动所需的力。在本章中，将考虑操作臂的运动方程——由驱动器施加的力矩或施加在操作臂上的外力使操作臂运动。

与操作臂动力学有关的两个问题有待解决。第一个问题是已知一组轨迹点 $\boldsymbol{\Theta}$、$\dot{\boldsymbol{\Theta}}$和 $\ddot{\boldsymbol{\Theta}}$，希望求出期望的关节力矩矢量 $\boldsymbol{\tau}$。这个动力学公式对操作臂控制问题很有用。第二个问题是计算在施加一组关节力矩的情况下机构如何运动。也就是已知一个力矩矢量 $\boldsymbol{\tau}$，计算出操作臂运动的 $\boldsymbol{\Theta}$、$\dot{\boldsymbol{\Theta}}$和 $\ddot{\boldsymbol{\Theta}}$。这对操作臂的仿真很有用。

本书主要采用两种理论来分析机器人操作的动态数学模型。第一种是动力学基本理论，包括牛顿-欧拉方程；第二种是拉格朗日力学，特别是二阶拉格朗日方程。

3.1 刚体动力学基础

3.1.1 质量分布

在单自由度系统中，常常要考虑刚体的质量。对于定轴转动的情况，经常用到惯量矩这个概念。对一个可以在三维空间自由运动的刚体来说，可能存在无穷个旋转轴。当一个刚体绕任意轴做旋转运动时，需要一种能够表征刚体质量分布的方法。在这里引入惯性张量，它可以被看作是对一个物体惯量的广义度量。

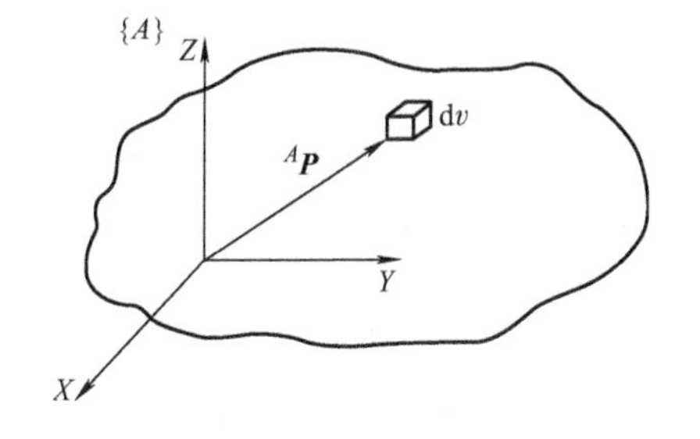

图 3-1 惯性张量

现在定义一组参量，给出刚体质量在参考坐标系中分布的信息。图 3-1 表示一个刚体，坐标系建立在刚体上。惯性张量可以在任何坐标系中定义，但一般在固连于刚体上的坐标系中定义惯性张量。这里，重要的是用左上标表明已知惯性张量所在的参考坐标系。坐标系 $\{A\}$ 中的惯性张量可用 3×3 矩阵表示如下

$$
{}^{A}\boldsymbol{I}=\begin{pmatrix} I_{xx} & -I_{xy} & -I_{xz} \\ -I_{xy} & I_{yy} & I_{yz} \\ -I_{xz} & -I_{yz} & I_{zz} \end{pmatrix} \tag{3-1}
$$

矩阵中各元素为

$$
\begin{aligned}
I_{xx} &= \iiint_V (y^2 + z^2)\rho \mathrm{d}v \\
I_{xy} &= \iiint_V (x^2 + z^2)\rho \mathrm{d}v \\
I_{xz} &= \iiint_V (x^2 + y^2)\rho \mathrm{d}v \\
I_{xy} &= \iiint_V xy\rho \mathrm{d}v \\
I_{xz} &= \iiint_V xz\rho \mathrm{d}v \\
I_{yz} &= \iiint_V yz\rho \mathrm{d}v
\end{aligned}
\tag{3-2}
$$

式中刚体由单元体 $\mathrm{d}v$ 组成，单元体的密度为 ρ。每个单元体的位置由矢量 ${}^A\boldsymbol{P} = (x, y, z)^{\mathrm{T}}$ 确定，如图 3-1 所示。

I_{xx}、I_{yy} 和 I_{zz} 称为惯性矩。它们是单元体质量 $\rho\mathrm{d}v$ 乘以单元体到相应转轴垂直距离的二次方在整个刚体上的积分。其余三个交叉项称为惯量积。对于一个刚体来说，这六个相互独立的参量取决于所在坐标系的位姿。当任意选择坐标系的方位时，可能会使刚体的惯量积为零。此时，参考坐标系的轴被称为主轴，而相应的惯量矩被称为主惯量矩。

3.1.2 刚体的动能和位能

首先讨论操作臂动能的表达式。第 i 根连杆的动能 k_i 可以表示为

$$k_i = \frac{1}{2} m_i v_{C_i}^{\mathrm{T}} v_{C_i} + \frac{1}{2} {}^i\omega_i^{\mathrm{T}} {}^{C_i}I_i {}^i\omega_i \tag{3-3}$$

式中第一项是由连杆质心线速度产生的动能，第二项是由连杆的角速度产生的动能。整个操作臂的动能是各个连杆动能之和，即

$$k = \sum_{i=1}^{n} k_i \tag{3-4}$$

式(3-3) 中的 v_{C_i} 和 ${}^i\omega_i$ 是 Θ 和 $\dot{\Theta}$ 的函数。由此可知操作臂的动能 $k(\Theta, \dot{\Theta})$ 可以描述为关节位置和速度的标量函数。事实上，操作臂的动能可以写成

$$\boldsymbol{K}(\Theta, \dot{\Theta}) = \frac{1}{2} \dot{\Theta}^{\mathrm{T}} \boldsymbol{M}(\Theta) \dot{\Theta} \tag{3-5}$$

这里 $\boldsymbol{M}(\Theta)$ 是在 $\boldsymbol{n} \times \boldsymbol{n}$ 操作臂的质量矩阵。式(3-5) 的表达是一种二次型。而且由于总动能永远是正的，因此操作臂质量矩阵一定是正定矩阵。正定矩阵的二次型永远是正值。实际上操作臂的质量矩阵一定是正定的，这类似于质量总是正数这一事实。

第 i 根连杆的势能 u_i 可以表示为

$$u_i = -m_i {}^0\boldsymbol{g}^{\mathrm{T}} {}^0\boldsymbol{P}_{C_i} + u_{ref_i} \tag{3-6}$$

式中，${}^0\boldsymbol{g}$ 是 3×1 的重力矢量；${}^0\boldsymbol{P}_{C_i}$ 是位于第 i 根连杆质心的矢量；u_{ref_i} 是使 u_i 的最小值为零的常数。操作臂的总势能为各个连杆势能之和，即

$$u = \sum_{i=1}^{n} u_i \tag{3-7}$$

因为式(3-6)中的${}^{0}\boldsymbol{P}_{C_i}$是$\Theta$的函数，由此可以看出操作管的势能$u(\Theta)$可以描述为关节位置的标量函数。

3.2 牛顿-欧拉迭代动力学方程

3.2.1 牛顿方程和欧拉方程

把组成操作臂的连杆都看作是刚体。如果知道了连杆质心的位置和惯性张量，那么它的质量分布特征就完全确定了。要使连杆运动，必须对连杆进行加速和减速。连杆运动所需的力是关于连杆期望加速度及其质量分布的函数。牛顿方程以及描述旋转运动的欧拉方程描述了力、惯量和加速度之间的关系。

刚体质心正以加速度 $\dot{\boldsymbol{v}}_c$ 做加速运动。此时，由牛顿方程可得作用在质心上的力 F 引起刚体的加速度为$\boldsymbol{F}=m\dot{\boldsymbol{v}}_c$(式中 m 代表刚体的总质量)。而作为一个选择刚体，其角速度和角加速度分别为ω、$\dot{\omega}$。此时，由欧拉方程可得作用在刚体上的力矩$\boldsymbol{N}$引起刚体的转动为

$$\boldsymbol{N}={}^{C}\boldsymbol{I}\dot{\omega}+\omega\times{}^{C}\boldsymbol{I}\omega \tag{3-8}$$

式中，${}^{C}\boldsymbol{I}$是刚体在坐标系$\{C\}$中的惯性张量。刚体的质心在坐标系$\{C\}$的原点上。

3.2.2 牛顿-欧拉迭代动力学方程

现在讨论对应于操作臂给定运动轨迹的力矩计算问题。假设已知关节的位置、速度和加速度，结合机器人运动学和质量分布方面的知识，可以计算出驱动关节运动所需的力矩。

1. 计算速度和加速度的向外迭代法

为了计算作用在连杆上的惯性力，需要计算操作臂每个连杆在某一时刻的角速度、线加速度和角加速度。可应用迭代方法完成这些计算。首先对连杆1进行计算，接着计算下一个连杆，这样一直向外迭代到连杆n。

现在讨论计算机器人连杆间线速度和角速度的问题。操作臂是一个链式结构，每一个连杆的运动都与它的相邻杆有关。由于这种结构的特点，可以由基坐标系依次计算各连杆的速度。连杆$i+1$的速度就是连杆的速度加上那些附加到关节$i+1$上的新的速度分量。将机构的每一个连杆看作为一个刚体，可以用线速度矢量和角速度矢量描述其运动。进一步，可以用连杆坐标系本身描述这些速度，而不用基坐标系。图3-2所示为连杆i和$i+1$，以及在连杆坐标系中定义的速度矢量。当两个ω矢量都是相对于同一个坐标系时，这些角速度能够相加。因此，连杆$i+1$的角速度就等于连杆i的角速度加上一个由于关节$i+1$的角速度引起的分量。参照坐标系$\{i\}$，上述关系可写成

$$^{i+1}\boldsymbol{\omega}_{i+1}={}^{i}\boldsymbol{\omega}_i+{}^{i}_{i+1}\boldsymbol{R}\,\dot{\boldsymbol{\theta}}_{i+1}\,{}^{i+1}\boldsymbol{Z}_{i+1} \tag{3-9}$$

曾利用坐标系$\{i\}$与坐标系$\{i+1\}$之间的旋转变换矩阵表达坐标系$\{i\}$中由于关节运动引起的附加旋转分量。这个旋转矩阵绕关节$i+1$的旋转轴进行旋转变换，变换为在坐标系$\{i\}$中的描述后，这两个角速度分量才能够相加。

在式(3-9)两边同时左乘${}^{i+1}_{i}\boldsymbol{R}$，可以得到连杆$i+1$的角速度相对于坐标系$\{i+1\}$的表达式

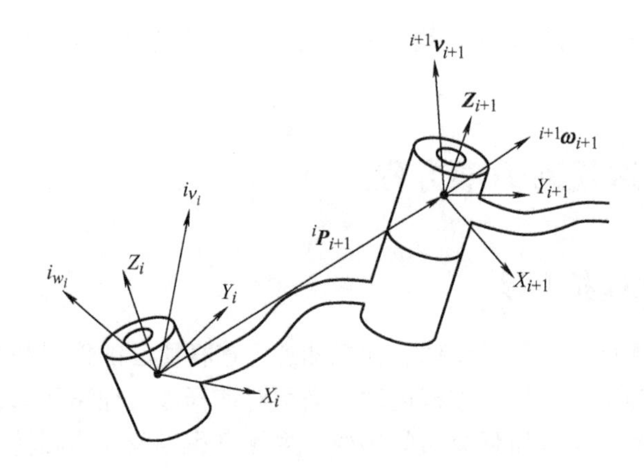

图 3-2　相邻连杆的速度矢量

$$ {}^{i+1}\boldsymbol{\omega}_{i+1} = {}^{i+1}_{i}R^{i}\boldsymbol{\omega}_i + \dot{\boldsymbol{\theta}}_{i+1}{}^{i+1}\boldsymbol{Z}_{i+1} \tag{3-10} $$

由角加速度的公式可得

$$ {}^{i+1}\dot{\boldsymbol{\omega}}_{i+1} = {}^{i+1}_{i}\boldsymbol{R}^{i}\dot{\boldsymbol{\omega}}_i + {}^{i+1}_{i}\boldsymbol{R}^{i}\boldsymbol{\omega}_i \times \dot{\boldsymbol{\theta}}_{i+1}{}^{i+1}\boldsymbol{Z}_{i+1} + \ddot{\boldsymbol{\theta}}_{i+1}{}^{i+1}\boldsymbol{Z}_{i+1} \tag{3-11} $$

当第 $i+1$ 个关节是移动关节时，上式可简化为

$$ {}^{i+1}\dot{\boldsymbol{\omega}}_{i+1} = {}^{i+1}_{i}\boldsymbol{R}^{i}\dot{\boldsymbol{\omega}}_i \tag{3-12} $$

由线速度的公式可得每个连杆原点的线加速度为

$$ {}^{i+1}\dot{\boldsymbol{v}}_{i+1} = {}_{i+1}^{i}\boldsymbol{R}[{}^{i}\boldsymbol{\omega}_i \times {}^{i}\boldsymbol{P}_{i+1} + {}^{i}\boldsymbol{\omega}_i \times ({}^{i}\boldsymbol{\omega}_i \times {}^{i}\boldsymbol{P}_{i+1}) + {}^{i}\dot{\boldsymbol{v}}_i] \tag{3-13} $$

当第 $i+1$ 个关节是移动关节时，式(3-13) 可简化为

$$ {}^{i+1}\dot{\boldsymbol{v}}_{i+1} = {}_{i+1}^{i}\boldsymbol{R}[{}^{i}\boldsymbol{\omega}_i \times {}^{i}\boldsymbol{P}_{i+1} + {}^{i}\boldsymbol{\omega}_i \times ({}^{i}\boldsymbol{\omega}_i \times {}^{i}\boldsymbol{P}_{i+1}) + {}^{i}\dot{\boldsymbol{v}}_i] + 2{}^{i+1}\boldsymbol{\omega}_{i+1} \times \dot{\boldsymbol{d}}_{i+1}\boldsymbol{Z}_{i+1} + \ddot{\boldsymbol{d}}_{i+1}\boldsymbol{Z}_{i+1} \tag{3-14} $$

进而可以得到每个连杆质心的线加速度为

$$ {}^{i}\dot{\boldsymbol{v}}_{C_i} = {}^{i}\dot{\boldsymbol{\omega}}_i \times {}^{i}\boldsymbol{P}_{C_i} + {}^{i}\boldsymbol{\omega}_i \times ({}^{i}\boldsymbol{\omega}_i + {}^{i}\boldsymbol{P}_{C_i}) + {}^{i}\dot{\boldsymbol{v}}_i \tag{3-15} $$

假定坐标系 $\{C_i\}$ 固连于连杆 i 上，坐标系原点位于连杆质心，且各坐标轴方位与原连杆坐标系 $\{i\}$ 方位相同。由于式(3-15) 与关节的运动无关，因此无论是旋转关节还是移动关节，式(3-15) 对于第 $i+1$ 个连杆来说都是有效的。

计算出每个连杆质心的线加速度和角加速度之后，运用牛顿-欧拉公式便可以计算出作用在连杆质心上的惯性力和力矩，即

$$ \boldsymbol{F} = m\dot{\boldsymbol{v}}_{C_i} \tag{3-16} $$

$$ \boldsymbol{N}_i = {}^{C_i}\boldsymbol{I}\dot{\boldsymbol{\omega}}_i + \boldsymbol{\omega}_i \times {}^{C_i}\boldsymbol{I}\boldsymbol{\omega}_i \tag{3-17} $$

式中坐标系 $\{C_i\}$ 的原点位于连杆质心，各坐标轴方位与原连杆坐标系 $\{i\}$ 方位相同。

2. 计算力和力矩的向内迭代法

计算出作用在每个连杆上的力和力矩之后，需要计算关节力矩，它们是实际施加在连杆上的力和力矩。根据典型连杆在无重力状态下的受力图（图 3-3），列出力平衡方程和力矩平衡方程。每个连杆都受到相邻连杆的作用力和力矩以及附加的惯性力和力矩。这里定义了

一些专用符号，用来表示相邻连杆的作用力和力矩：

$\boldsymbol{f}_i$ = 连杆 $i-1$ 作用在连杆 i 上的力。

$\boldsymbol{n}_i$ = 连杆 $i-1$ 作用在连杆 i 上的力矩。

将所有作用在连杆 i 上的力相加，得到力平衡方程

$$^{i}\boldsymbol{F}_i = {}^{i}\boldsymbol{f}_i - {}_{i+1}^{\ i}\boldsymbol{R}^{i+1}\boldsymbol{f}_{i+1} \tag{3-18}$$

将所有作用在质心上的力矩相加，并且令它们的和为零，得到力矩平衡方程

$$^{i}\boldsymbol{N}_i = {}^{i}\boldsymbol{n}_i - {}^{i}\boldsymbol{n}_{i+1} + (-{}^{i}\boldsymbol{P}_{C_i}) \times {}^{i}\boldsymbol{f}_i - ({}^{i}\boldsymbol{P}_{i+1} - {}^{i}\boldsymbol{P}_{C_i}) \times {}^{i}\boldsymbol{f}_{i+1} \tag{3-19}$$

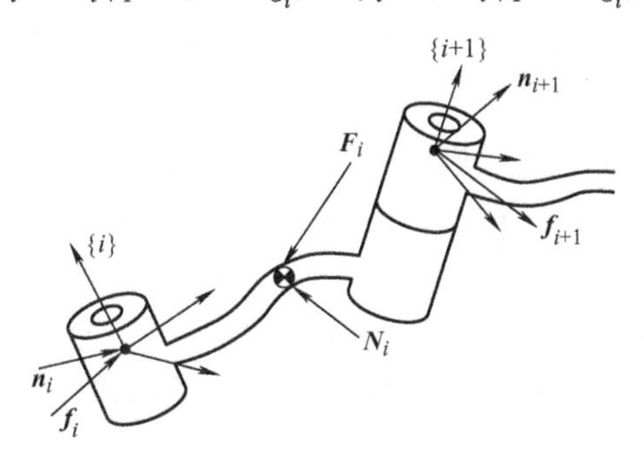

图 3-3　单个连杆的力平衡、力矩平衡

将式(3-18) 的结果以及附加旋转矩阵的方法代入式(3-19)，可得

$$^{i}\boldsymbol{N}_i = {}^{i}\boldsymbol{n}_i - {}_{i+1}^{\ i}\boldsymbol{R}^{i}\boldsymbol{n}_{i+1} - {}^{i}\boldsymbol{P}_{C_i} \times {}^{i}\boldsymbol{F}_i - {}^{i}\boldsymbol{P}_{i+1} \times {}_{i+1}^{\ i}\boldsymbol{R}^{ii+1}\boldsymbol{f}_{i+1} \tag{3-20}$$

对式(3-18) 和式(3-20) 按照相邻连杆从高到低序号排列，得到迭代关系

$$^{i}\boldsymbol{f}_i = {}^{i}\boldsymbol{F}_i + {}_{i+1}^{\ i}\boldsymbol{R}^{i+1}\boldsymbol{f}_{i+1} \tag{3-21}$$

$$^{i}\boldsymbol{n}_i = {}^{i}\boldsymbol{N}_i + {}_{i+1}^{\ i}\boldsymbol{R}^{i}\boldsymbol{n}_{i+1} - {}^{i}\boldsymbol{P}_{C_i} \times {}^{i}\boldsymbol{F}_i - {}^{i}\boldsymbol{P}_{i+1} \times {}_{i+1}^{\ i}\boldsymbol{R}^{ii+1}\boldsymbol{f}_{i+1} \tag{3-22}$$

应用这些方程对连杆依次求解，从连杆 n 开始向内迭代一直到机器人基座。在静力学中，可通过计算一个连杆施加于相邻连杆的力矩在 Z 方向的分量，求得关节力矩

$$^{i}\boldsymbol{\tau}_i = {}^{i}\boldsymbol{n}_i^{\mathrm{T}\,i}\boldsymbol{Z}_i \tag{3-23}$$

对于移动关节 i，有

$$^{i}\boldsymbol{\tau}_i = {}^{i}\boldsymbol{f}_i^{\mathrm{T}\,i}\boldsymbol{Z}_i \tag{3-24}$$

式中，符号 $\boldsymbol{\tau}$ 表示线性驱动力。注意：对一个在自由空间中运动的机器人来说，$^{N+1}\boldsymbol{f}_{N+1}$ 和 $^{N+1}\boldsymbol{n}_{N+1}$ 等于零，因此应用这些方程首先计算连杆 n 时是很简单的。如果机器人与环境接触，$^{N+1}\boldsymbol{f}_{N+1}$ 和 $^{N+1}\boldsymbol{n}_{N+1}$ 不为零，力平衡方程中就包含了接触力和力矩。

3. 牛顿-欧拉迭代动力学算法

关节运动计算关节力矩的完整算法由两部分组成：第一部分是对每个连杆应用牛顿-欧拉方程，从连杆 1 到连杆 n 向外迭代计算连杆的速度和加速度；第二部分是从连杆 n 到连杆 1 向内迭代计算连杆间的相互作用力和力矩以及关节驱动力矩。对于转动关节来说，这个算法归纳如下

外推　i：0→5

$$^{i+1}\boldsymbol{\omega}_{i+1} = {}_{i}^{i+1}\boldsymbol{R}^{i}\boldsymbol{\omega}_i + \dot{\theta}_{i+1}{}^{i+1}\boldsymbol{Z}_{i+1} \tag{3-25}$$

$$^{i+1}\dot{\boldsymbol{\omega}}_{i+1} = {}_{i}^{i+1}\boldsymbol{R}^{i}\dot{\boldsymbol{\omega}}_i + {}_{i}^{i+1}\boldsymbol{R}^{i}\boldsymbol{\omega}_i \times \dot{\theta}_{i+1}{}^{i+1}\boldsymbol{Z}_{i+1} + \ddot{\theta}_{i+1}{}^{i+1}\boldsymbol{Z}_{i+1} \tag{3-26}$$

$$ {}^{i+1}\dot{\boldsymbol{v}}_{i+1} = {}_{i+1}^{\ \ i}\boldsymbol{R}[{}^{i}\boldsymbol{\omega}_i \times {}^{i}\boldsymbol{P}_{i+1} + {}^{i}\boldsymbol{\omega}_i \times ({}^{i}\boldsymbol{\omega}_i \times {}^{i}\boldsymbol{P}_{i+1}) + {}^{i}\dot{\boldsymbol{v}}_i] \tag{3-27} $$

$$ {}^{i}\dot{\boldsymbol{v}}_{C_{i+1}} = {}^{i+1}\dot{\boldsymbol{\omega}}_{i+1} \times {}^{i+1}\boldsymbol{P}_{C_{i+1}} + {}^{i+1}\boldsymbol{\omega}_{i+1} \times ({}^{i+1}\boldsymbol{\omega}_{i+1} + {}^{i+1}\boldsymbol{P}_{C_{i+1}}) + {}^{i+1}\dot{\boldsymbol{v}}_{i+1} \tag{3-28} $$

$$ {}^{i+1}\boldsymbol{F}_{i+1} = m_{i+1}\,{}^{i+1}\dot{\boldsymbol{v}}_{C_{i+1}} \tag{3-29} $$

$$ {}^{i+1}\boldsymbol{N}_{i+1} = {}^{C_{i+1}}\boldsymbol{I}_{i+1}\,{}^{i+1}\dot{\boldsymbol{\omega}}_{i+1} + {}^{i+1}\boldsymbol{\omega}_{i+1} \times {}^{C_{i+1}}\boldsymbol{I}_{i+1}\,{}^{i+1}\boldsymbol{\omega}_{i+1} \tag{3-30} $$

内推　i：6→1

$$ {}^{i}\boldsymbol{f}_i = {}^{i}\boldsymbol{F}_i + {}_{i+1}^{\ \ i}\boldsymbol{R}\,{}^{i+1}\boldsymbol{f}_{i+1} \tag{3-31} $$

$$ {}^{i}\boldsymbol{n}_i = {}^{i}\boldsymbol{N}_i + {}_{i+1}^{\ \ i}\boldsymbol{R}\,{}^{i}\boldsymbol{n}_{i+1} - {}^{i}\boldsymbol{P}_{C_i} \times {}^{i}\boldsymbol{F}_i - {}^{i}\boldsymbol{P}_{i+1} \times {}_{i+1}^{\ \ i}\boldsymbol{R}^{ii+1}\boldsymbol{f}_{i+1} \tag{3-32} $$

$$ {}^{i}\boldsymbol{\tau}_i = {}^{i}\boldsymbol{n}_i^{\mathrm{T}\,i}\boldsymbol{Z}_i \tag{3-33} $$

已知关节位置、速度和加速度，应用式(3-25)　~式(3-33)　就可以计算所需的关节力矩。这些方程主要应用于两个方面：进行数值计算或作为一种分析算法用于符号方程的推导。

将这些方程用于数值计算是很有用的，因为这些方程适用于任何机器人。只要将待求操作臂的惯性张量、连杆质量、矢量 $\boldsymbol{P}_{C_i}$ 及矩阵 ${}_i^{i+1}\boldsymbol{R}$ 代入到这些方程中，就可以直接计算出任何运动情况下的关节力矩。

例 3.1　计算图 3-4 所示平面二连杆操作臂的封闭形式动力学方程。为简便，假设操作臂的质量分布非常简单：每个连杆的质量都集中在连杆的末端，设其质量分别为 m_1 和 m_2。

首先，确定牛顿-欧拉迭代公式中各参量的值。每个连杆质心的位置矢量

$$ {}^{1}\boldsymbol{P}_{C_1} = l_1\boldsymbol{X}_1 $$

$$ {}^{2}\boldsymbol{P}_{C_2} = l_2\boldsymbol{X}_2 $$

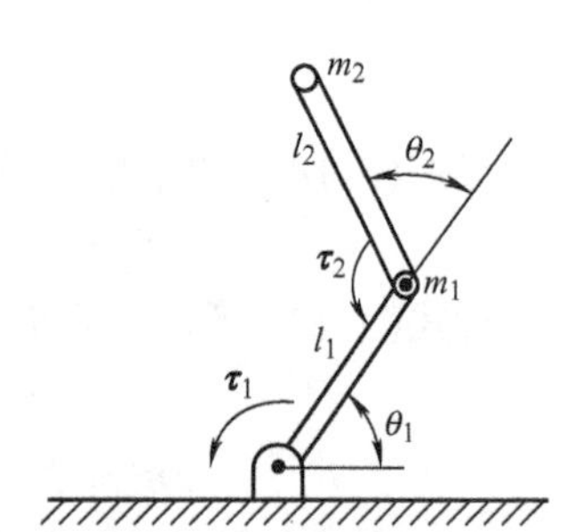

图 3-4　平面二连杆操作臂

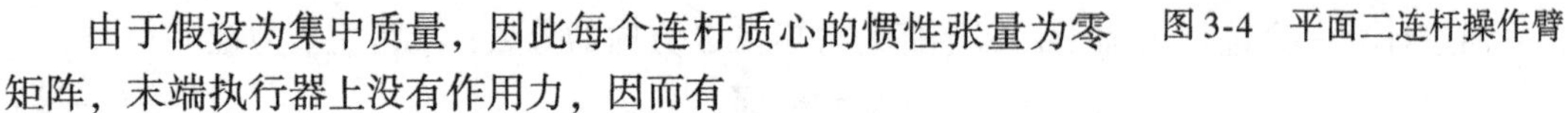

由于假设为集中质量，因此每个连杆质心的惯性张量为零矩阵，末端执行器上没有作用力，因而有

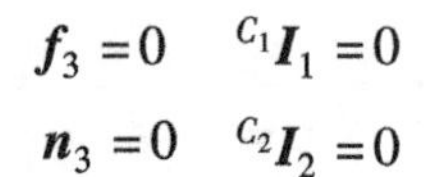

$$ \boldsymbol{f}_3 = 0 \quad {}^{C_1}\boldsymbol{I}_1 = 0 $$

$$ \boldsymbol{n}_3 = 0 \quad {}^{C_2}\boldsymbol{I}_2 = 0 $$

机器人基座不旋转，因此有

$$ \boldsymbol{\omega}_0 = 0 $$

$$ \dot{\boldsymbol{\omega}}_0 = 0 $$

包括重力因素，有 ${}^{0}\dot{\boldsymbol{v}}_0 = \boldsymbol{g}\boldsymbol{Y}_0$

相邻连杆坐标系直接的相对转动由下式给出

$$ {}_{i+1}^{\ \ i}\boldsymbol{R} = \begin{pmatrix} c_{i+1} & -s_{i+1} & 0 \\ s_{i+1} & c_{i+1} & 0 \\ 0 & 0 & 1 \end{pmatrix} $$

$$ {}^{i+1}_{\ \ i}\boldsymbol{R} = \begin{pmatrix} c_{i+1} & s_{i+1} & 0 \\ -s_{i+1} & c_{i+1} & 0 \\ 0 & 0 & 1 \end{pmatrix} $$

对连杆1用向外迭代法求解如下

$$^1\boldsymbol{\omega}_1 = \dot{\theta}_1{}^1\boldsymbol{Z}_1 = \begin{pmatrix} 0 \\ 0 \\ \dot{\theta}_1 \end{pmatrix}$$

$$^1\dot{\boldsymbol{\omega}}_1 = \ddot{\theta}_1{}^1\boldsymbol{Z}_1 = \begin{pmatrix} 0 \\ 0 \\ \ddot{\theta}_1 \end{pmatrix}$$

$$^1\dot{\boldsymbol{v}}_1 = \begin{pmatrix} c_1 & s_1 & 0 \\ -s_1 & c_1 & 0 \\ 0 & 0 & 1 \end{pmatrix}\begin{pmatrix} 0 \\ g \\ 0 \end{pmatrix} = \begin{pmatrix} gs_1 \\ gc_1 \\ 0 \end{pmatrix}$$

$$^1\dot{\boldsymbol{v}}_{C_1} = \begin{pmatrix} 0 \\ l_1\ddot{\theta}_1 \\ 0 \end{pmatrix} + \begin{pmatrix} -l_1\dot{\theta}_1^2 \\ 0 \\ 0 \end{pmatrix} + \begin{pmatrix} gs_1 \\ gc_1 \\ 0 \end{pmatrix} = \begin{pmatrix} -l_1\dot{\theta}_1^2 + gs_1 \\ l_1\ddot{\theta}_1 + gc_1 \\ 0 \end{pmatrix}$$

$$^1\boldsymbol{F}_1 = \begin{pmatrix} -m_1l_1\dot{\theta}_1^2 + m_1gs_1 \\ m_1l_1\ddot{\theta}_1 + m_1gc_1 \\ 0 \end{pmatrix}$$

$$^1\boldsymbol{N}_1 = \begin{pmatrix} 0 \\ 0 \\ 0 \end{pmatrix}$$

对连杆2用向外迭代法求解如下：

$$^2\boldsymbol{\omega}_2 = \begin{pmatrix} 0 \\ 0 \\ \dot{\theta}_1 + \dot{\theta}_2 \end{pmatrix}$$

$$^2\dot{\boldsymbol{\omega}}_2 = \begin{pmatrix} 0 \\ 0 \\ \ddot{\theta}_1 + \ddot{\theta}_2 \end{pmatrix}$$

$$^2\dot{\boldsymbol{v}}_2 = \begin{pmatrix} c_2 & s_2 & 0 \\ -s_2 & c_2 & 0 \\ 0 & 0 & 1 \end{pmatrix}\begin{bmatrix} -l_1\dot{\theta}_1^2 + gs_1 \\ l_1\ddot{\theta}_1 + gc_1 \\ 0 \end{bmatrix} = \begin{bmatrix} l_1\ddot{\theta}_1 s_2 - l_1\dot{\theta}_1^2 c_2 + gs_{12} \\ l_1\ddot{\theta}_1 c_2 + l_1\dot{\theta}_1^2 s_2 + gc_{12} \\ 0 \end{bmatrix}$$

$$
{}^2\dot{\boldsymbol{v}}_{C_2}=\begin{pmatrix}0\\ l_2(\ddot{\theta}_1+\ddot{\theta}_2)^2\\ 0\end{pmatrix}+\begin{pmatrix}-l_2(\dot{\theta}_1+\dot{\theta}_2)\\ 0\\ 0\end{pmatrix}+\begin{pmatrix}l_1\ddot{\theta}_1 s_2-l_1\dot{\theta}_1^2c_2+gs_{12}\\ l_1\ddot{\theta}_1c_2+l_1\dot{\theta}_1^2s_2+gc_{12}\\ 0\end{pmatrix}
$$

$$
{}^2\boldsymbol{F}_2=\begin{pmatrix}m_2l_1\ddot{\theta}_1s_2-m_2l_1\dot{\theta}_1^2c_2+m_2gs_{12}-m_2l_2(\dot{\theta}_1+\dot{\theta}_2)^2\\ m_2l_1\ddot{\theta}_1c_2+m_2l_1\dot{\theta}_1^2c_2+m_2gc_{12}+m_2l_2(\ddot{\theta}_1+\ddot{\theta}_2)\\ 0\end{pmatrix}
$$

$$
{}^2\boldsymbol{N}_2=\begin{pmatrix}0\\0\\0\end{pmatrix}
$$

对连杆 2 用向内迭代法求解如下：

$$
{}^2\boldsymbol{f}_2={}^2\boldsymbol{F}_2
$$

$$
{}^2\boldsymbol{n}_2=\begin{pmatrix}0\\0\\ m_2l_1l_2c_2\ddot{\theta}_1+m_2l_1l_2s_2\dot{\theta}_1^2+m_2l_2gc_{12}+m_2l_2^2(\ddot{\theta}_1+\ddot{\theta}_2)\end{pmatrix}
$$

对连杆 1 用向内迭代法求解如下：

$$
{}^1\boldsymbol{f}_1=\begin{pmatrix}c_2&-s_2&0\\ s_2&c_2&0\\ 0&0&1\end{pmatrix}\begin{pmatrix}m_2l_1\ddot{\theta}_1s_2-m_2l_1\dot{\theta}_1^2c_2+m_2gs_{12}-m_2l_2(\dot{\theta}_1+\dot{\theta}_2)^2\\ m_2l_1\ddot{\theta}_1c_2+m_2l_1\dot{\theta}_1^2c_2+m_2gc_{12}+m_2l_2(\ddot{\theta}_1+\ddot{\theta}_2)\\ 0\end{pmatrix}+\begin{pmatrix}-m_1l_1\dot{\theta}_1^2+m_1gs_1\\ m_1l_1\ddot{\theta}_1+m_1gc_1\\ 0\end{pmatrix}
$$

$$
{}^1\boldsymbol{n}_1=\begin{pmatrix}0\\0\\ m_2l_1l_2c_2\ddot{\theta}_1+m_2l_1l_2s_2\dot{\theta}_1^2+m_2l_2gc_{12}+m_2l_2^2(\ddot{\theta}_1+\ddot{\theta}_2)\end{pmatrix}+\begin{pmatrix}0\\0\\ m_1l_1^2\ddot{\theta}_1+m_1l_1gc_1\end{pmatrix}+
$$

$$
\begin{pmatrix}0\\0\\ m_2l_1^2\ddot{\theta}_1-m_2l_1l_2s_2(\dot{\theta}_1+\dot{\theta}_2)^2+m_2l_1gs_2s_{12}+m_2l_1l_2c_2(\ddot{\theta}_1+\ddot{\theta}_2)+m_2l_1gc_2c_{12}\end{pmatrix}
$$

取 ${}^i\boldsymbol{n}_i$ 中的 Z 方向分量，得关节力矩

$$
\boldsymbol{\tau}_1=m_2l_2^2(\ddot{\boldsymbol{\theta}}_1+\ddot{\boldsymbol{\theta}}_2)+m_2l_1l_2c_2(2\ddot{\boldsymbol{\theta}}_1+\ddot{\boldsymbol{\theta}}_2)+(m_1+m_2)l_1^2\ddot{\boldsymbol{\theta}}_1-m_2l_1l_2s_2\dot{\boldsymbol{\theta}}_2^2-
$$

$$
2m_2l_1l_2s_2\dot{\boldsymbol{\theta}}_1\dot{\boldsymbol{\theta}}_2+m_2l_2\boldsymbol{g}c_{12}+(m_1+m_2)l_1\boldsymbol{g}c_1
$$

$$
\boldsymbol{\tau}_2=m_2l_1l_2\ddot{\boldsymbol{\theta}}_1+m_2l_1l_2s_2\dot{\boldsymbol{\theta}}_1^2+m_2l_2\boldsymbol{g}c_{12}+m_2l_2^2(\ddot{\boldsymbol{\theta}}_1+\ddot{\boldsymbol{\theta}}_2)
$$

最终将驱动力矩表示为关于关节位置、速度和加速度的函数。注意：如此复杂的函数表达式描述的竟是一个假设的最简单的操作臂。可见，一个封闭形式的 6 自由度操作臂的动力学方程将是相当复杂的。

4. 操作臂动力学方程的结构

通过忽略一个方程中的某些细节可以很方便地表示操作臂的动力学方程，而仅显示方程的某些结构。当用牛顿–欧拉方程对操作臂进行分析时，动力学方程可以写成如下形式

$$\boldsymbol{\tau}=\boldsymbol{M}(\Theta)\ddot{\Theta}+\boldsymbol{V}(\Theta,\dot{\Theta})+\boldsymbol{G}(\Theta) \tag{3-34}$$

式中，$\boldsymbol{M}(\Theta)$ 为操作臂的 $n\times n$ 质量矩阵，$\boldsymbol{V}(\Theta,\dot{\Theta})$ 是 $n\times 1$ 的离心力和哥氏力矢量，$\boldsymbol{G}(\Theta)$ 是 $n\times 1$ 重力矢量。式(3-34) 中的矢量 $\boldsymbol{V}(\Theta,\dot{\Theta})$ 取决于位置和速度，$\boldsymbol{M}(\Theta)$ 和 $\boldsymbol{G}(\Theta)$ 中的元素都是关于操作臂所有关节位置 Θ 的复杂函数。而 $\boldsymbol{V}$ $(\Theta,\dot{\Theta})$ 中的元素都是关于 Θ 和 $\dot{\Theta}$的复杂函数。

可以将操作臂动力学方程中不同类型的项划分为质量矩阵、离心力和哥氏力矢量及重力矢量。

例 3.2 求例 3.1 中操作臂的 $\boldsymbol{M}(\Theta)$、$\boldsymbol{G}(\Theta)$ 和 $\boldsymbol{V}(\Theta,\dot{\Theta})$。

由式(3-34) 有

$$\boldsymbol{M}(\Theta)=\begin{pmatrix} l_2^2m_2+2l_1l_2m_2c_2+l_1^2(m_1+m_2) & l_2^2m_2+l_1l_2m_2c_2 \\ l_2^2m_2+l_1l_2m_2c_2 & l_2^2m_2 \end{pmatrix}$$

操作臂的质量矩阵都是对称和正定的，因而都是可逆的。

速度项 $\boldsymbol{V}(\Theta,\dot{\Theta})$ 包含了所有与关节速度有关的项，即

$$\boldsymbol{V}(\Theta,\dot{\Theta})=\begin{pmatrix} -m_2l_1l_2s_2\dot{\theta}_2^2-2m_2l_1l_2s_2\dot{\theta}_1\dot{\theta}_2 \\ m_2l_1l_2s_2\dot{\theta}_1^2 \end{pmatrix}$$

式中，$-m_2l_1l_2s_2\dot{\theta}_2^2$是与离心力有关的项，因为它是关节速度的二次方。$-2m_2l_1l_2s_2\dot{\theta}_1\dot{\theta}_2$ 是与哥氏力有关的项，因为它总是包含两个不同关节速度的乘积。

重力项 $\boldsymbol{G}(\Theta)$ 包含了所有与重力加速度 g 有关的项，因而有

$$\boldsymbol{G}(\Theta)=\begin{pmatrix} m_2l_2gc_{12}+(m_1+m_2)l_1gc_1 \\ m_2l_2gc_{12} \end{pmatrix}$$

注意：重力项只与 Θ 有关，与它的导数无关。

3.3 拉格朗日方程

拉格朗日动力学公式给出了一种从标量函数推导动力学方程的方法，称这个标量函数为拉格朗日函数，即一个机械系统的动能和势能的差值。这里表示为

$$L=K-U \tag{3-35}$$

即

$$L(\Theta,\dot{\Theta})=k(\Theta,\dot{\Theta})-u(\Theta) \tag{3-36}$$

则操作臂的运动方程为

$$\frac{\mathrm{d}}{\mathrm{d}t}\frac{\partial L}{\partial \dot{\Theta}}-\frac{\partial L}{\partial \Theta}=\boldsymbol{\tau} \tag{3-37}$$

这里 $\boldsymbol{\tau}$ 是 $n\times 1$ 的驱动力矩矢量。对于操作臂来说，方程变为

$$\frac{\mathrm{d}}{\mathrm{d}t}\frac{\partial k}{\partial \dot{\Theta}}-\frac{\partial k}{\partial \Theta}+\frac{\partial u}{\partial \Theta}=\boldsymbol{\tau} \tag{3-38}$$

例 3.3 在图 3-5 中，RP 操作臂连杆的惯性张量为

$${}^{C_1}\boldsymbol{I}_1=\begin{pmatrix} I_{xx1} & 0 & 0 \\ 0 & I_{yy1} & 0 \\ 0 & 0 & I_{zz1} \end{pmatrix}$$

$${}^{C_2}\boldsymbol{I}_2=\begin{pmatrix} I_{xx2} & 0 & 0 \\ 0 & I_{yy2} & 0 \\ 0 & 0 & I_{zz2} \end{pmatrix}$$

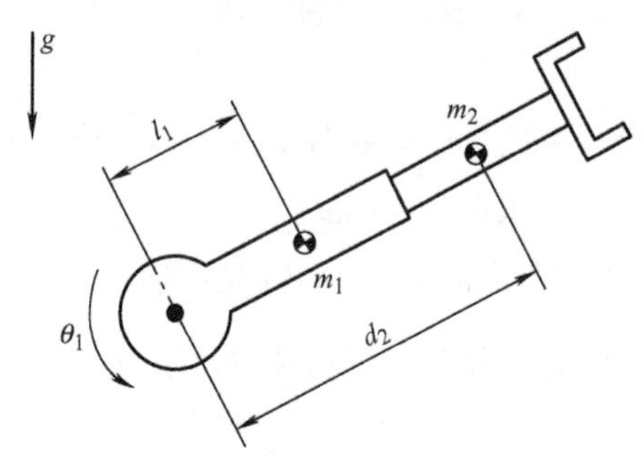

图 3-5 RP 操作臂连杆

总质量为 m_1 和 m_2。从图中可知，连杆 1 的质心与关节 1 的轴线相距 l_1，连杆 2 的质心与关节 1 的轴线距离为变量 d_2。用拉格朗日动力学方法求此操作臂的动力学方程。

由式(3-3) 可写出连杆 1 的动能为

$$k_1=\frac{1}{2}m_1 l_1^2\dot{\theta}_1^2+\frac{1}{2}I_{zz1}\dot{\theta}_1^2$$

连杆 2 的动能为

$$k_2=\frac{1}{2}m_2(d_2^2\dot{\theta}_1^2+\dot{d}_2^2)+\frac{1}{2}I_{zz2}\dot{\theta}_1^2$$

所以，总动能为

$$k(\Theta,\dot{\Theta})=\frac{1}{2}(m_1 l_1^2+I_{zz1}+I_{zz2}+m_2 d_2^2)\dot{\theta}_1^2+\frac{1}{2}m_2\dot{d}_2^2$$

由式(3-6) 可写出连杆 1 的势能为

$$u_1=m_1 l_1 g\sin\theta_1+m_1 l_1 g$$

连杆 2 的势能为

$$u_2=m_2 g d_2\sin\theta_1+m_2 g d_{2\max}$$

式中，$d_{2\max}$是关节 2 的最大运动范围。因此，总势能为

$$u(\Theta)=g(m_1 l_1+m_2 d_2)\sin\theta_1+m_1 l_1 g+m_2 g d_{2\max}$$

然后，求式(3-38) 中的偏导

$$\frac{\partial k}{\partial \dot{\Theta}} = \begin{pmatrix} (m_1 l_1^2 + I_{zz1} + I_{zz2} + m_2 d_2^2)\dot{\theta}_1 \\ m_2 d_2 \end{pmatrix}$$

$$\frac{\partial k}{\partial \Theta} = \begin{pmatrix} 0 \\ m_2 d_2 \dot{\theta}_1^2 \end{pmatrix}$$

$$\frac{\partial u}{\partial \Theta} = \begin{pmatrix} g(m_1 l_1 + m_2 d_2)\cos\theta_1 \\ g m_2 \sin\theta_1 \end{pmatrix}$$

代入式(3-38)，得

$$\boldsymbol{\tau}_1 = (m_1 l_1^2 + \boldsymbol{I}_{zz1} + \boldsymbol{I}_{zz2} + m_2 d_2^2)\ddot{\boldsymbol{\theta}}_1 + 2m_2 d_2 \dot{\boldsymbol{\theta}}_1 \dot{\boldsymbol{d}}_2 + (m_1 l_1 + m_2 d_2)\boldsymbol{g}\cos\theta_1$$

$$\boldsymbol{\tau}_2 = m_2 \ddot{\boldsymbol{d}}_2 - m_2 d_2 \dot{\boldsymbol{\theta}}_1^2 + m_2 \boldsymbol{g}\sin\theta_1$$

进而可知

$$\boldsymbol{M}(\Theta) = \begin{pmatrix} (m_1 l_1^2 + I_{zz1} + I_{zz2} + m_2 d_2^2) & 0 \\ 0 & m_2 \end{pmatrix}$$

$$\boldsymbol{V}(\Theta, \dot{\Theta}) = \begin{pmatrix} 2m_2 d_2 \dot{\theta}_1 \dot{d}_2 \\ -m_2 d_2 \dot{\theta}_1^2 \end{pmatrix}$$

$$\boldsymbol{G}(\Theta) = \begin{pmatrix} (m_1 l_1 + m_2 d_2) g\cos\theta_1 \\ m_2 g\sin\theta_1 \end{pmatrix}$$

习　　题

3-1　求一匀质的、坐标原点建立在其质心的刚性圆柱的惯性张量。

3-2　建立图3-6中所示的二连杆非平面操作臂的动力学方程。假设每个连杆的质量可视为集中于连杆末端（最外端）的集中质量。质量分别为 m_1 和 m_2，连杆长度分别为 l_1 和 l_2。假设作用于每个关节的黏性摩擦系数分别为 v_1 和 v_2。

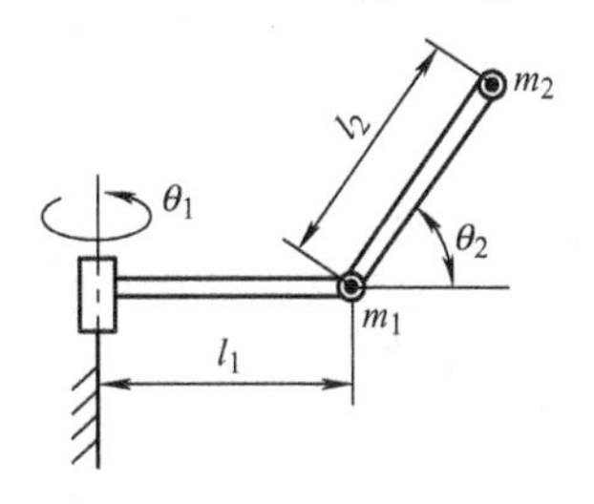

图3-6　二连杆非平面操作臂

3-3　确定图3-7所示二连杆平面操作臂的动力学方程，把每个连杆当作均匀长方形刚体，其长、宽、高分别为 l_i、ω_i 和 h_i，总质量为 m_i （$i=1$，2）。

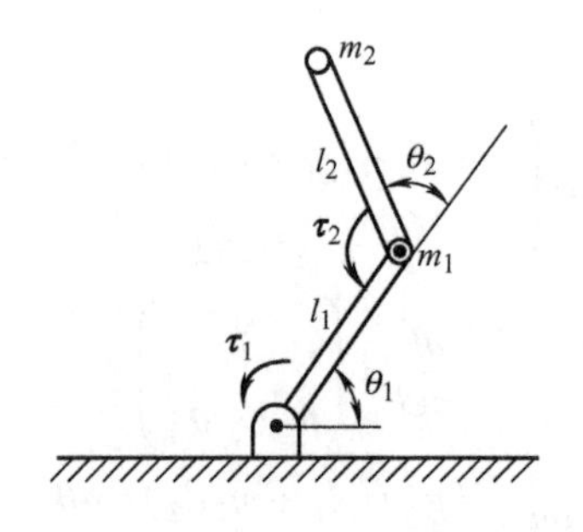

图 3-7　二连杆平面操作臂

3-4　建立图 3-8 所示三连杆非平面操作臂的动力学方程。每个连杆均为均匀长方形刚体，长、宽、高分别为 l_i、ω_i 和 h_i，总质量为 m_i（$i=1$、2、3）。

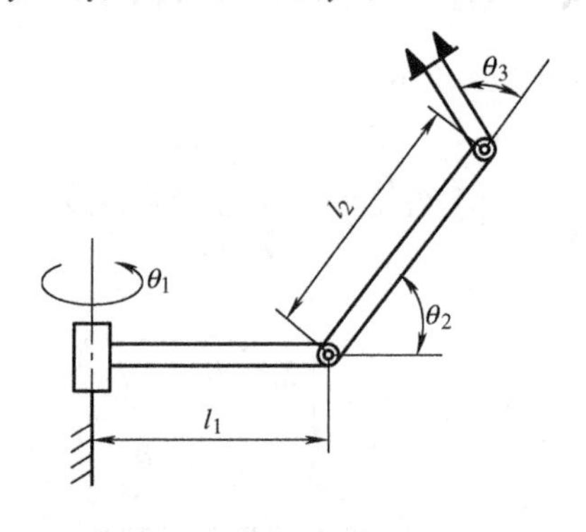

图 3-8　三连杆非平面操作臂

3-5　求图 3-9 所示的三连杆机械臂的动力学方程。连杆 1 的惯量矩阵为 ${}^{C_1}\boldsymbol{I}_1=\begin{pmatrix} I_{xx1} & 0 & 0 \\ 0 & I_{yy1} & 0 \\ 0 & 0 & I_{zz1} \end{pmatrix}$。连杆 2 具有点质量 m_2，位于此连杆坐标系的原点。连杆 3 的惯量矩阵为 ${}^{C_3}\boldsymbol{I}_3=\begin{pmatrix} I_{xx3} & 0 & 0 \\ 0 & I_{yy3} & 0 \\ 0 & 0 & I_{zz3} \end{pmatrix}$。假设重力的作用方向垂直向下，而且各关节都存在黏性摩擦，其摩擦系数为 $\boldsymbol{v}_i$，$i=1$、2、3。

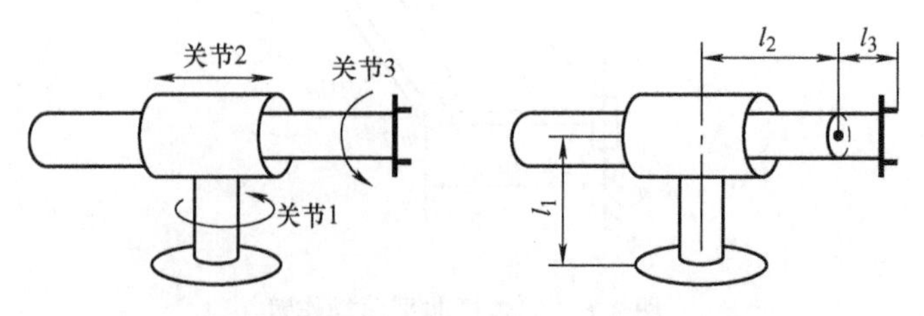

图 3-9　具有一个滑动关节的三连杆机械臂

3-6　某单连杆机械臂，其惯量矩阵为$^{C_1}\boldsymbol{I}_1=\begin{pmatrix} I_{xx1} & 0 & 0 \\ 0 & I_{yy1} & 0 \\ 0 & 0 & I_{zz1} \end{pmatrix}$。假设这正好是连杆本身的惯量。如果电动机电枢的转动惯量为I_m，减速齿轮机构的传动比为100，那么从电动机轴来看，传动系统的总惯量应为多大？

3-7　试求图3-10所示三连杆机械臂的动态运动方程。已知下列机械手参数$l_1=l_2=0.5\text{m}$，$m_1=4.6\text{kg}$，$m_2=2.3\text{kg}$，$m_3=1.0\text{kg}$，$g=9.8\text{m/s}^2$。又假设前两个连杆的质量都集中在各连杆的末端上，而连杆3的质心则位于坐标系｛3｝的原点，即位于连杆3的近端上。连杆3的惯性矩为$^{C_3}\boldsymbol{I}_3=\begin{pmatrix} 0.05 & 0 & 0 \\ 0 & 0.1 & 0 \\ 0 & 0 & 0.1 \end{pmatrix}\text{kg}\cdot\text{m}^2$。决定两个质心位置与每个连杆坐标系的关系为$^1\boldsymbol{p}_{C_1}=\boldsymbol{l}_1\boldsymbol{X}_1$，$^2\boldsymbol{p}_{C_2}=\boldsymbol{l}_2\boldsymbol{X}_2$，$^3\boldsymbol{p}_{C_3}=0$。

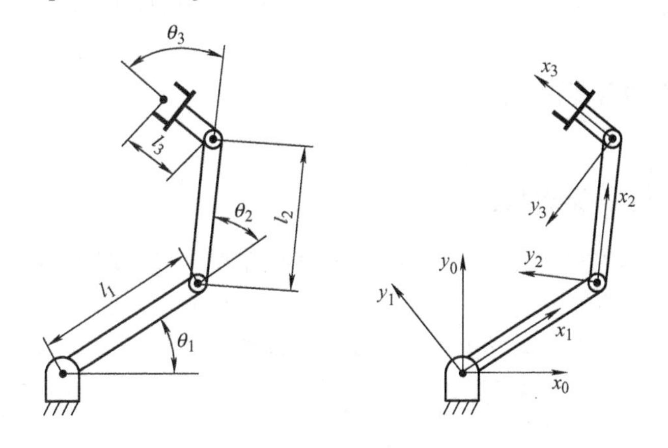

图3-10　三连杆机械臂及其坐标系

第 4 章 机器人控制

讨论工业机器人控制的软件和硬件问题，有助于设计与选择适用的机器人控制器，并使机器人按规定的轨迹进行运动，以满足控制要求。机器人的控制方法很多，从大的方面来看，可分为轨迹控制和力控制两类。力控制进一步可以分为阻抗控制和混合控制。本章将首先对单关节机器人的控制方法进行介绍；然后讲解基于直角坐标和作业坐标的位置和轨迹控制，最后进一步阐述力控制的原理及方法；最后对控制系统的硬件设计进行介绍。

4.1 机器人控制系统与控制方式

4.1.1 机器人控制系统的特点

机器人控制技术是在传统机械系统的控制技术的基础上发展起来的。这两种技术之间并无根本的不同，但由于机器人的结构是由连杆通过关节串联组成的空间开链机构，其各个关节的运动是独立的，为了实现末端点的运动轨迹，需要多关节的运动协调。因此，机器人的控制虽然与机构运动学和动力学密切相关，但是比普通的自动化设备控制系统复杂得多。

由描述机器人动力学特性的动力学运动方程，有

$$\boldsymbol{\tau}=\boldsymbol{M}(\boldsymbol{q})\ddot{\boldsymbol{q}}+\boldsymbol{H}(\boldsymbol{q},\dot{\boldsymbol{q}})+\boldsymbol{B}\dot{\boldsymbol{q}}+\boldsymbol{G}(\boldsymbol{q})$$

式中，$\boldsymbol{q}$ 为 n 个自由度机器人的广义关节变量，$\boldsymbol{q}=(q_1 \quad q_2 \quad \cdots \quad q_n)^{\mathrm{T}}$。当关节为转动关节时，$\boldsymbol{q}_i=\boldsymbol{\theta}_i$；当关节为移动关节时，$\boldsymbol{q}_i=\boldsymbol{d}_i$。$\boldsymbol{M}(\boldsymbol{q})$ 为惯性矩阵。$\boldsymbol{H}(\boldsymbol{q},\dot{\boldsymbol{q}})$ 为离心力和科氏（科里奥利）力矢量。$\boldsymbol{B}$ 为黏性摩擦因数矩阵。$\boldsymbol{G}(\boldsymbol{q})$ 为重力矢量。$\boldsymbol{\tau}=(\tau_1 \quad \tau_2 \quad \cdots \quad \tau_n)^{\mathrm{T}}$，为关节驱动力矢量。

这里的惯性矩阵 $\boldsymbol{M}(\boldsymbol{q})$ 由于各关节臂之间存在相互干涉问题，其对角线以外的元素不为零，而且各元素与关节角度成非线性关系，随着机器人的位姿而变化。该运动方程中的其他各项也都是如此。因此，机器人的运动方程是非常复杂的非线性方程。

从动力学的角度出发，可知机器人控制系统具有以下特点。

1）机器人控制系统本质上是一个非线性系统。引起机器人非线性的因素很多，机器人的结构、传动件、驱动元件等都会引起系统的非线性。

2）机器人控制系统是由多关节组成的一个多变量控制系统，且各关节间具有耦合作用，具体表现为：某一个关节的运动，会对其他关节产生动力效应，每一个关节都要受到其他关节运动所产生的扰动。

3）机器人控制系统是一个时变系统，其动力学参数随着关节运动位置的变化而变化。

总而言之，机器人控制系统是一个时变的、耦合的、非线性的多变量控制系统。由于它的特殊性，对经典控制理论和现代控制理论都不能照搬使用。到目前为止，机器人控制理论还不完整、不系统，但发展速度很快，正在逐步走向成熟。

4.1.2 机器人控制方式

根据不同的分类方法，机器人控制方式可以划分为不同类别。从总体上看，机器人控制方式可以分为动作控制方式、示教控制方式。此外，机器人控制方式还有以下分类方法：按运动坐标控制方式，可分为关节空间运动控制、直角坐标空间运动控制；按轨迹控制的方式，可分为点位控制和连续轨迹控制；按控制系统对工作环境变化的适用程度，可分为程序控制、适应性控制、人工智能控制；按运动控制的方式，可分为位置控制、速度控制、力（力矩）控制（包含位置/力混合控制）。下面对几种常用的工业机器人的控制方式进行具体分析。

1. 点位控制与连续轨迹控制

机器人的位置控制可分为点位（Point To Point，PTP）控制和连续轨迹（Continuous Path，CP）控制两种方式，如图 4-1 所示。

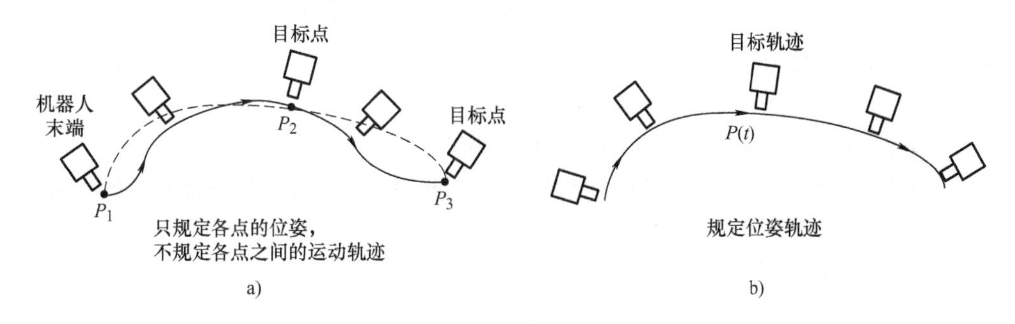

图 4-1 PTP 控制与 CP 控制

a）PTP 控制 b）CP 控制

PTP 控制要求机器人末端以一定的姿态尽快且无超调地实现相邻点之间的运动，但对相邻点之间的运动轨迹不做具体要求。PTP 控制的主要技术指标是定位精度和运动速度，在印制电路板上从事安插元件、点焊、搬运及上/下料等作业的工业机器人，采用的都是 PTP 控制方式。

CP 控制要求机器人末端沿预定的轨迹运动，即在运动轨迹上任意特定数量的点处停留。将运动轨迹分解成插补点序列，在这些点之间依次进行位置控制，点与点之间的轨迹通常采用直线、圆弧或其他曲线进行插补。因为要在各个插补点上进行连续的位置控制，所以可能会发生运动中的抖动。实际上，由于控制器的控制周期在几毫秒到 30ms 之间，时间很短，可以近似认为运动轨迹是平滑连续的。在机器人的实际控制中，通常利用插补点之间的增量和雅可比逆矩阵 $\boldsymbol{J}^{-1}(\boldsymbol{q})$ 求出各关节的分增量，各电动机按照分增量进行位置控制。根据式

$$\mathrm{d}\boldsymbol{X}(\boldsymbol{q})=\boldsymbol{J}(\boldsymbol{q})\mathrm{d}\boldsymbol{q}$$

式中，$\boldsymbol{q}$ 是一个 n 自由度机器人的关节变量，则 $\mathrm{d}\boldsymbol{q}=(dq_1 \quad dq_2 \quad \cdots \quad dq_n)^{\mathrm{T}}$，反映了关节空间的微小运动；$\boldsymbol{X}(\boldsymbol{q})$ 为机器人末端的位姿向量，它是关节变量 $\boldsymbol{q}$ 的函数，是一个六维向量 $\boldsymbol{X}=(x \quad y \quad z \quad \varphi_x \quad \varphi_y \quad \varphi_z)^{\mathrm{T}}$，其中（$x \quad y \quad z$）表征的是位移量，（$\varphi_x \quad \varphi_y \quad \varphi_z$）表征的是

角位移量；$\mathbf{d}\boldsymbol{X}(\boldsymbol{q})=(\mathrm{d}x\quad \mathrm{d}y\quad \mathrm{d}z\quad \mathrm{d}\varphi_x\quad \mathrm{d}\varphi_y\quad \mathrm{d}\varphi_z)^{\mathrm{T}}$ 反映了末端的微小运动，由微小线位移和角位移（转动）组成；$\boldsymbol{J}(\boldsymbol{q})$ 是 $6\times \boldsymbol{n}$ 偏导数矩阵，为 n 自由度机器人的速度雅可比矩阵，可表示为

$$\boldsymbol{J}(\boldsymbol{q})=\frac{\partial \boldsymbol{X}}{\partial \boldsymbol{q}^{\mathrm{T}}}=\begin{pmatrix} \frac{\partial x}{\partial q_1} & \frac{\partial x}{\partial q_2} & \cdots & \frac{\partial x}{\partial q_n} \\ \frac{\partial y}{\partial q_1} & \frac{\partial y}{\partial q_1} & \cdots & \frac{\partial y}{\partial q_1} \\ \frac{\partial z}{\partial q_1} & \frac{\partial z}{\partial q_1} & \cdots & \frac{\partial z}{\partial q_1} \\ \frac{\partial \varphi_x}{\partial q_1} & \frac{\partial \varphi_x}{\partial q_2} & \cdots & \frac{\partial \varphi_x}{\partial q_n} \\ \frac{\partial \varphi_y}{\partial q_1} & \frac{\partial \varphi_y}{\partial q_2} & \cdots & \frac{\partial \varphi_y}{\partial q_n} \\ \frac{\partial \varphi_z}{\partial q_1} & \frac{\partial \varphi_z}{\partial q_2} & \cdots & \frac{\partial \varphi_z}{\partial q_n} \end{pmatrix}$$

则各关节的分增量可表示为

$$\mathrm{d}\boldsymbol{q}=\boldsymbol{J}^{-1}(\boldsymbol{q})\,\mathrm{d}\boldsymbol{X}$$

式中，$\boldsymbol{J}^{-1}(\boldsymbol{q})$ 则为速度雅可比矩阵 $\boldsymbol{J}(\boldsymbol{q})$ 的逆矩阵。

CP 控制的主要技术指标是轨迹精度和运动的平稳性，从事弧焊、喷漆、切割等作业的工业机器人，采用的都是 CP 控制方式。

2. 力（力矩）控制方式

在喷漆、点焊、搬运时所使用的工业机器人，一般只要求其末端执行器（如喷枪、焊枪、手爪等）沿某一预定轨迹运动，运动过程中末端执行器始终不与外界任何物体相接触，这时只需对机器人进行位置控制即可完成作业任务。而对另一类机器人来说，除要准确定位之外，还要求控制手部作用力或力矩，如对应用于装配、加工、抛光等作业的机器人，工作过程中要求机器人手爪与作业对象接触，并保持一定的压力。此时，如果只对其实施位置控制，有可能由于机器人的位姿误差及作业对象放置不准，或者手爪与作业对象脱离接触，或者两者相碰撞而引起过大的接触力。其结果会使机器人手爪在空中晃动，或者造成机器人和作业对象的损伤。对于进行这类作业的机器人，一种比较好的控制方案是控制手爪与作业对象之间的接触力。这样，即使是作业对象位置不准确，也能保持手爪与作业对象的正确接触。在力控制伺服系统中，反馈量是力信号，所以系统中必须有力传感器。

3. 智能控制方式

实现智能控制的机器人可通过传感器获得周围环境的信息，并根据自身内部的知识库做出相应的决策。采用智能控制技术，可使机器人具有较强的环境适应性及自学习能力。智能控制技术的发展有赖于近年来神经网络、基因算法、遗传算法、专家系统等人工智能技术的迅速发展。

4. 示教-再现控制

示教-再现（Teaching-Playback）控制是工业机器人的一种主流控制方式。为了让机器人完成某种作业，首先由操作者对机器人进行示教，即教机器人如何去做。在示教过程中，机器人将作业顺序、位置、速度等信息存储起来。在执行任务时，机器人可以根据这些存储

的信息再现示教的动作。

示教有直接示教和间接示教两种方法。直接示教是操作者使用安装在机器人手臂末端的操作杆（Joystick），按给定运动顺序示教动作内容，机器人自动把运动顺序、位置和时间等数据记录在存储器中，再现时依次读出存储的信息，重复示教的动作过程。采用这种方法通常只能对位置和作业指令进行示教，而运动速度需要通过其他方法来确定。间接示教是采用示教盒进行示教。操作者通过示教盒上的按键操纵完成空间作业轨迹点及有关速度等信息的示教，然后通过操作盘用机器人语言进行用户工作程序的编辑，并存储在示教数据区。再现时，控制系统自动逐条取出示教命令与位置数据，进行解读、运算并做出判断，将各种控制信号送到相应的驱动系统或端口，使机器人忠实地再现示教动作。

采用示教-再现控制方式时，不需要进行矩阵的逆变换，也不存在绝对位置控制精度问题。该方式是一种适用性很强的控制方式，但是需由操作者进行手工示教，要花费大量的精力和时间。特别是在产品变更导致生产线变化时，要进行的示教工作繁重。现在通常采用离线示教法（Off-line Teaching），不对实际作业的机器人直接进行示教，而是脱离实际作业环境生成示教数据，间接地对机器人进行示教。

4.2 单关节机器人模型和控制

由于机器人是耦合的非线性动力学系统，严格来说，各关节的控制必须考虑各关节之间的耦合作用，但对于工业机器人，通常还是按照独立关节来考虑的。这是因为工业机器人运动速度不高（通常小于1.5m/s），由速度项引起的非线性作用也可以忽略。另外，工业机器人常用直流伺服电动机作为关节驱动器，由于直流伺服电动机转矩不大，在驱动负载时通常需要减速器，其减速比往往接近100，而负载的变化（如由于机器人关节角度的变化，转动惯量发生变化）折算到电动机轴上时要除以减速比的二次方，因此电动机轴上负载变化很小，可以看作定常系统。各关节之间的耦合作用，也会因减速器的存在而受到极大的削弱，于是工业机器人系统就变成了一个由多关节（多轴）组成的各自独立的线性系统。下面分析以直流伺服电动机为驱动器的单关节控制问题。

4.2.1 单关节系统的数学模型

直流伺服电动机驱动机器人关节的简化模型如图4-2所示。

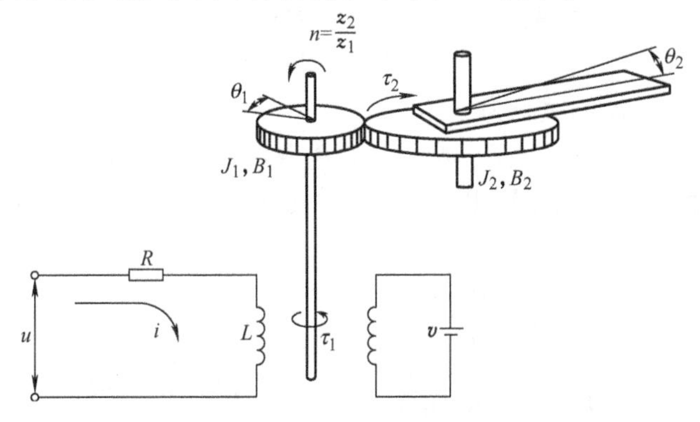

图4-2 直流伺服电动机驱动机器人关节的简化模型

图 4-2 中符号含义分别如下：μ 为电枢电压（V）；v 为励磁电压（V）；R 为电枢电阻（Ω）；L 为电枢电感（H）；i 为电枢绕组电流（A）；τ_1 为电动机输出转矩（N·m）；k_t 为电动机的转矩常数（N·m/A）；τ_2 为通过减速器向负载轴传递的转矩(N·m)；J_1 为电动机轴的转动惯量（kg·m²）；B_1 为电动机轴的阻尼系数（N·m/(rad/s)）；θ_1 为电动机轴转角（rad）；θ_2 为负载轴转角（rad）；z_1 为电动机齿轮齿数；z_2 为负载齿轮齿数；J_2 为负载轴的转动惯量（kg·m²）；B_2 为负载轴的阻尼系数（N·m/(rad/s)）。

由图 4-2 可知，直流伺服电动机经传动比为 $n = z_2/z_1$ 的减速器驱动负载，这时负载轴的输出转矩将放大 n 倍，而转速则减至原来的$\frac{1}{n}$，即 $\tau_2 = \boldsymbol{n}\tau_1$，$\omega_1 = \boldsymbol{n}\omega_2$，$\theta_1 = \boldsymbol{n}\theta_2$。

另外，在高速工业机器人中，往往不通过减速器而采用电动机直接驱动负载的方式。近年来低速大转矩电气伺服电动机技术不断进步，已可通过将电动机与机械部件（滚珠丝杠）直接连接，使开环传递函数的增益增大，从而实现高速、高精度的位置控制。这种驱动方式称为直接驱动。

下面来推导负载轴转角 $\theta_2(t)$ 与电动机的电枢电压 $\boldsymbol{u}(t)$ 之间的传递函数。该单关节控制系统的数学模型由三部分组成：机械部分模型由电动机轴和负载轴上的转矩平衡方程描述；电气部分模型由电枢绕组的电压平衡方程描述；机械部分与电气部分相互耦合部分模型由电枢电动机输出转矩与绕组电流的关系方程描述。

电动机轴的转矩平衡方程为

$$\boldsymbol{\tau}_1(t) = J_1 \frac{\mathrm{d}^2\boldsymbol{\theta}_1(t)}{\mathrm{d}t^2} + B_1 \frac{\mathrm{d}\boldsymbol{\theta}_1(t)}{\mathrm{d}t} + \boldsymbol{\tau}_2(t) \tag{4-1}$$

负载轴的转矩平衡方程为

$$\boldsymbol{n\tau}_2(t) = J_2 \frac{\mathrm{d}^2\boldsymbol{\theta}_2(t)}{\mathrm{d}t^2} + B_2 \frac{\mathrm{d}\boldsymbol{\theta}_1(t)}{\mathrm{d}t} \tag{4-2}$$

注意：由于减速器的存在，力矩将增大 n 倍。

电枢绕组电压平衡方程为

$$\boldsymbol{L} \frac{\mathrm{d}\boldsymbol{i}(t)}{\mathrm{d}t} + Ri(t) + k_b \frac{\mathrm{d}\boldsymbol{\theta}_1(t)}{\mathrm{d}t} = \boldsymbol{u}(t) \tag{4-3}$$

式中，k_b 为电动机的反电动势常数（V/(rad·s)）。

机械部分与电气部分相互耦合部分的平衡方程为

$$\boldsymbol{\tau}_1(t) = k_t i(t) \tag{4-4}$$

再考虑到转角 $\boldsymbol{\theta}_1$ 与 $\boldsymbol{\theta}_2$ 的关系为

$$\boldsymbol{\theta}_1(t) = n\boldsymbol{\theta}_2(t) \tag{4-5}$$

通常与其他参数相比，L 小到可以忽略不计，因此可令 $\boldsymbol{L} = 0$，则由式(4-1)～式(4-5)整理后得

$$J \frac{\mathrm{d}^2\boldsymbol{\theta}(t)}{\mathrm{d}t^2} + B \frac{\mathrm{d}\boldsymbol{\theta}(t)}{\mathrm{d}t} = k_m \boldsymbol{u}(t) \tag{4-6}$$

式中，$\boldsymbol{\theta}(t) = \boldsymbol{\theta}_2(t)$；$J = \boldsymbol{n}^2 J_1 + J_2$；$B = \boldsymbol{n}^2 B_1 + B_2 + \frac{\boldsymbol{n}^2 k_t k_b}{\boldsymbol{r}}$；$k_m = \frac{\boldsymbol{n}k_t}{\boldsymbol{R}}$。

这里需要注意：电动机轴的转动惯量 J_1 和阻尼系数 B_1 折算到负载侧时与传动比的二次方成正比，因此负载侧的转动惯量和阻尼系数向电动机轴侧折算时要分别除以 n^2。若采用传动比 $n>1$ 的减速机构，则负载的转动惯量值和阻尼系数减小到原来的 $1/n^2$。

式(4-6) 表示整个控制对象的运动方程，反映了控制对象的输入电压与关节角位移之间的关系。对式(4-6) 的两边在初始值为零时进行拉普拉斯变换，整理后可得到控制对象的传递函数为

$$\frac{\boldsymbol{\Theta}(s)}{\boldsymbol{U}(s)}=\frac{k_m}{Js^2+Bs} \tag{4-7}$$

这一方程代表了单关节所加电压与关节角位移之间的传递函数。对于液压或气压传动系统，也可推出与式(4-7) 类似的关系式。因此，该方程具有一定的普遍意义。

4.2.2 阻抗匹配

在电气系统中，如果电源的内部阻抗与负载阻抗相同，那么负载消耗的电能最大、效率最高。在机械系统和流体传动系统中也有相似的性质。要从某一能源以最高效率获得能量，一般都要使负载的阻抗与能源内部的阻抗一致，就称为阻抗匹配。下面就电动机等驱动装置与机械传动系统的阻抗匹配问题加以说明。

在图 4-2 所示的齿轮减速机构中，由式(4-6) 可知，若从负载侧来计算，系统总的转动惯量为

$$J=n^2J_1+J_2$$

为了使分析问题更简单，忽略阻尼系数的影响，则由式(4-1) 和式(4-2) 简化得到

$$n\boldsymbol{\tau}_1(t)=J\frac{\mathrm{d}^2\boldsymbol{\theta}_2(t)}{\mathrm{d}t^2} \tag{4-8}$$

当图 4-2 中的机械手臂在短时间内运动到指定的角度位置时，其角加速度为

$$\frac{\mathrm{d}^2\boldsymbol{\theta}_2(t)}{\mathrm{d}t^2}=\frac{n\boldsymbol{\tau}_1(t)}{J}=\frac{n\boldsymbol{\tau}_1(t)}{n^2J_1+J_2} \tag{4-9}$$

要使角加速度达到最大，应适当地选择传动比。由式(4-9) 对传动比求导，可得最佳传动比为

$$n_0=\sqrt{\frac{J_2}{J_1}} \tag{4-10}$$

这时，若从负载侧来计算电动机的惯性矩（惯性阻抗），则有

$$n_0{}^2J_1=J_2$$

即电动机的惯性矩与负载的惯性矩相等。也就是说，如果适当选择减速器的传动比，使执行装置的惯性矩与负载的惯性矩一致，就会使执行装置达到最大的驱动能力。对于其他传动机构，采用不同的惯性矩变换系数也能得到同样的效果。

机械传动系统的阻抗包括惯性阻抗（惯性质量的惯性矩，相当于电气系统中的线圈感抗）、摩擦阻抗（直线运动和旋转运动中产生的摩擦，相当于电气系统中的电阻）和弹性阻抗（弹簧和轴的扭转弹性变形，相当于电气系统中的电容器）。

4.2.3 单关节位置与速度控制

1. PID 控制

PID 控制（比例积分微分控制）是自动化中广泛使用的一种反馈控制，其控制器由比例单元（P）、积分单元（I）和微分单元（D）组成，利用信号的偏差值、偏差的积分值、偏差的微分值的组合来构成操作量，操作量中包含了偏差信号的现在、过去、未来三方面的信息，是一种经典控制方式（图 4-3、图 4-4）。若用 $e(t)=\theta_d(t)-\theta(t)$ 表示偏差，则 PID 操作量为

$$u(t) = \boldsymbol{K}_P e(t) + \boldsymbol{K}_I \int_0^t e(\tau)\mathrm{d}\tau + \boldsymbol{K}_D \dot{e}(t) \tag{4-11}$$

或

$$u(t) = \boldsymbol{K}_P \left[e(t) + \frac{1}{\boldsymbol{T}_I} \int_0^t e(\tau)\mathrm{d}\tau + \boldsymbol{T}_D \dot{e}(t) \right] \tag{4-12}$$

式中，$\boldsymbol{K}_P$ 为比例增益；$\boldsymbol{K}_I$ 为积分增益；$\boldsymbol{K}_D$ 为微分增益。它们统称为反馈增益，反馈增益值的大小影响着控制系统的性能；$\boldsymbol{T}_I=\frac{\boldsymbol{K}_P}{\boldsymbol{K}_I}$称为积分时间，$\boldsymbol{T}_D=\frac{\boldsymbol{K}_P}{\boldsymbol{K}_D}$称为微分时间，两者均具有时间量纲。

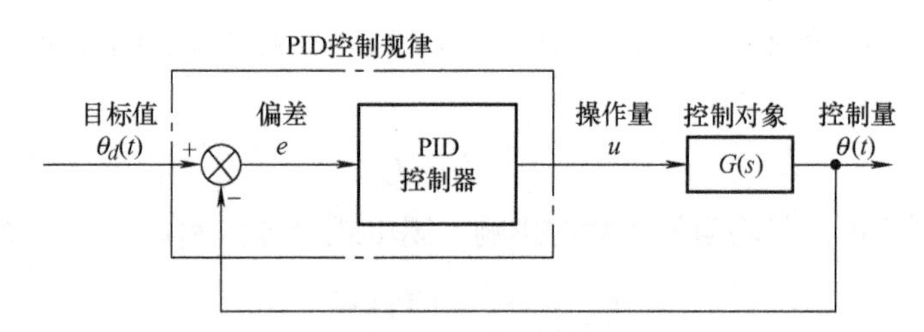

图 4-3 PID 控制基本形式

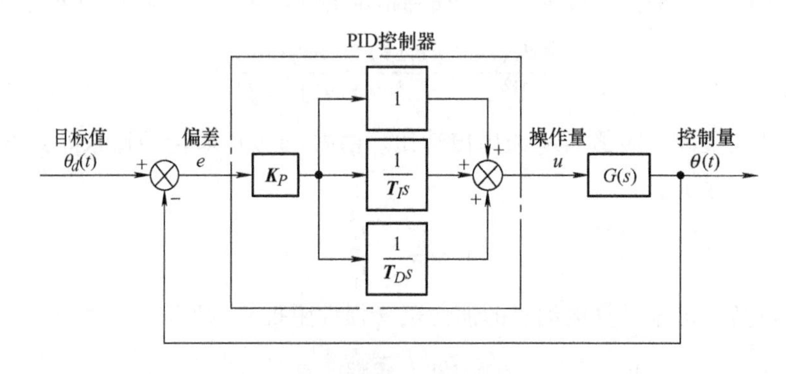

图 4-4 PID 控制基本形式的详细框图

控制器各单元的调节作用分别如下。

（1）比例单元 比例单元按比例反映系统的偏差，系统一旦出现了偏差，比例单元将立即产生调节作用以减少偏差。比例系数大，可以加快调节、减少误差，但是过大的比例系数会使系统的稳定性下降，甚至造成系统的不稳定。

（2）积分单元 积分单元可使系统消除稳态误差，提高无差度。只要有误差，积分调

节就进行，直至无误差，此时积分调节停止，积分调节输出一常值。积分作用的强弱取决于积分时间常数 $\boldsymbol{T}_I$。$\boldsymbol{T}_I$ 越小，积分作用就越强；反之，$\boldsymbol{T}_I$ 越大，则积分作用越弱。加入积分调节单元可使系统稳定性下降，动态响应变慢。

（3）微分单元　微分单元反映系统偏差信号的变化率，能预见偏差变化的趋势，从而产生超前的控制作用，使偏差在还没有形成之前，已被微分调节作用消除。因此，微分调节可以改善系统的动态性能。在微分时间选择合适的情况下，可以减少超调和调节时间。微分作用对噪声干扰有放大作用，因此过强的微分调节对系统抗干扰不利。此外，微分反映的是变化率，当输入没有变化时，微分作用输出为零。微分单元不能单独使用，需要与比例单元和积分单元相结合，组成 PD 或 PID 控制器。

2. 机器人单关节的 PID 控制

利用直流伺服电动机自带的光电编码器，可以间接测量关节的固转角度，或者直接在关节处安装角位移传感器测量出关节的回转角度，通过 PID 控制器构成负反馈控制系统，其控制系统框图如图 4-5 所示。

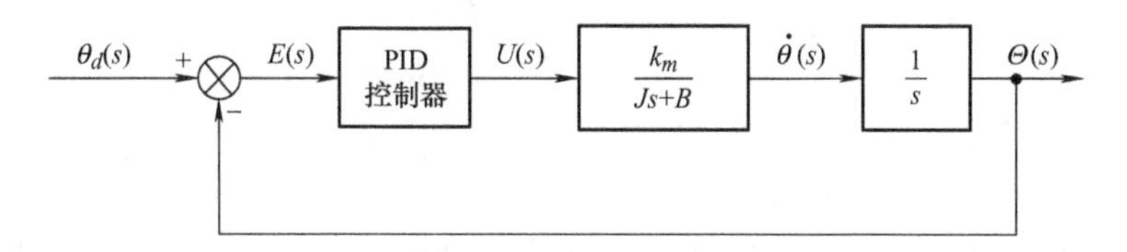

图 4-5　机器人单关节 PID 控制系统框图

控制规律为

$$u(t)=\boldsymbol{K}_P[\theta_d(t)-\theta(t)]+\boldsymbol{K}_I\int_0^t[\theta_d(t)-\theta(t)]\mathrm{d}\tau+\boldsymbol{K}_D\left[\frac{\mathrm{d}\theta_d(t)}{\mathrm{d}t}-\frac{\mathrm{d}\theta(t)}{\mathrm{d}t}\right]\quad(4\text{-}13)$$

3. 实用 PID 控制 – PD 控制

在实际应用中，特别是在机械系统中，当控制对象的库仑摩擦力较小时，即使不用积分动作也可得到非常好的控制性能。这种控制方法称为 PD 控制，其控制规律可表示为

$$u(t)=\boldsymbol{K}_P[\theta_d(t)-\theta(t)]+\boldsymbol{K}_D\left[\frac{\mathrm{d}\theta_d(t)}{\mathrm{d}t}-\frac{\mathrm{d}\theta(t)}{\mathrm{d}t}\right]\quad(4\text{-}14)$$

为了简化问题，考虑目标值 θ_d 为定值的场合，则式(4-14) 可转化为

$$u(t)=\boldsymbol{K}_P[\theta_d(t)-\theta(t)]-\boldsymbol{K}_D\frac{\mathrm{d}\theta(t)}{\mathrm{d}t}\quad(4\text{-}15)$$

此时的比例增益 $\boldsymbol{K}_P$ 又称为位置反馈增益；微分增益 $\boldsymbol{K}_D$ 又称为速度反馈增益，通常用 $\boldsymbol{K}_V$ 表示，则式(4-15) 表示为

$$u(t)=\boldsymbol{K}_P[\theta_d(t)-\theta(t)]-\boldsymbol{K}_V\frac{\mathrm{d}\theta(t)}{\mathrm{d}t}\quad(4\text{-}16)$$

此负反馈控制系统实际上就是带速度反馈的位置闭环控制系统。速度负反馈的引入可增加系统的阻尼比，改善系统的动态品质，使机器人得到更理想的位置控制性能。关节角速度常用测速电动机测出，也可用两次采样周期内的位移数据来近似表示。带速度反馈的位置控制系统框图如图 4-6 所示。

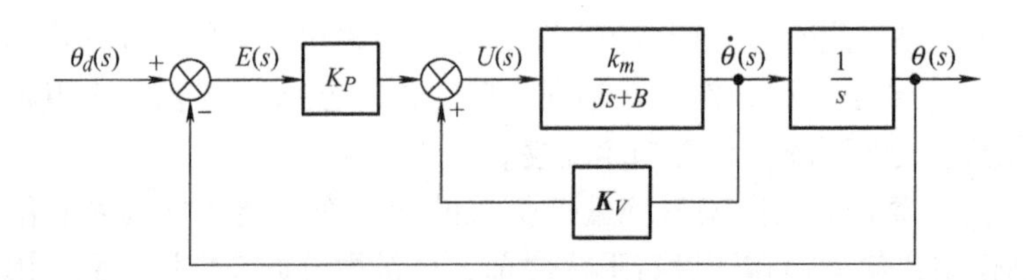

图 4-6　带速度反馈的位置控制系统框图

系统的传递函数为

$$\frac{\Theta(s)}{\Theta_d(s)}=\frac{\boldsymbol{K}_P k_m}{Js^2+(B+\boldsymbol{K}_V k_m)s+\boldsymbol{K}_P k_m}=\frac{\dfrac{\boldsymbol{K}_P k_m}{J}}{s^2+\dfrac{(B+\boldsymbol{K}_V k_m)}{J}s+\dfrac{\boldsymbol{K}_P k_m}{J}} \tag{4-17}$$

与二阶系统的标准形式对比，则系统的无阻尼自然频率 ω_n 和阻尼比 ζ 分别为

$$\omega_n=\sqrt{\frac{\boldsymbol{K}_P k_m}{J}},\quad \zeta=\frac{B+\boldsymbol{K}_V k_m}{2\sqrt{\boldsymbol{K}_P k_m J}} \tag{4-18}$$

显然，引入速度反馈后，系统的阻尼比增加了。

4. 位置、速度反馈增益的确定

二阶系统的特性取决于它的无阻尼自然频率 ω_n 和阻尼比 ζ。为了防止机器人与周围环境物体发生碰撞，希望系统具有临界阻尼或过阻尼，即要求系统的阻尼比 $\zeta \geqslant 1$。于是，由式(4-18) 可推导出：速度反馈增益 K 应满足

$$\boldsymbol{K}_V \geqslant \frac{2\sqrt{\boldsymbol{K}_P k_m J}-B}{k_m} \tag{4-19}$$

另外，在确定位置反馈增益 $\boldsymbol{K}_P$ 时，必须考虑机器人关节部件的材料刚度和共振频率 ω_s。它与机器人关节的结构、刚度、质量分布和制造装配质量等因素有关，并随机器人的形位及握重不同而变化。在前面建立单关节的控制系统模型时，忽略了齿轮轴、轴承和连杆等零件的变形，认为这些零件和传动系统都具有无限大的刚度，而实际上并非如此，各关节的传动系统和有关零件及其配合衔接部分的刚度都是有限的。但是，如果在建立控制系统模型时，将这些变形和刚度的影响都考虑进去，则得到的模型是高次的，会使问题复杂化。因此，前面建立的二阶线性模型只用于机械传动系统的刚度很高、共振频率很高的场合。

假设已知机器人在空载时惯性矩为 J_0，测出的结构共振频率为 ω_0，则加负载后，其惯性矩增至 J，此时相应的结构共振频率为

$$\omega_s=\omega_0\sqrt{\frac{J_0}{J}} \tag{4-20}$$

为了保证机器人能稳定工作、防止系统振荡，R. P. Paul 在 1981 年建议，将闭环系统无阻尼自然频率 ω_n 限制在关节结构共振频率的一半之内，即

$$\omega_n \leqslant 0.5\omega_s \tag{4-21}$$

根据这一要求来调整位置反馈增益 $\boldsymbol{K}_P$。由于 $\boldsymbol{K}_P \geqslant 0$（表示负反馈），由式(4-18)、式(4-20)和式(4-21) 可得

$$0 < \boldsymbol{K}_P \leqslant \frac{J_0}{4k_m}{\omega_0}^2 \tag{4-22}$$

故有

$$\boldsymbol{K}_{P\max} = \frac{J_0}{4k_m}{\omega_0}^2 \tag{4-23}$$

即位置反馈增益 $\boldsymbol{K}_P$ 的最大值由式(4-23) 确定。

$\boldsymbol{K}_P$ 的最小值则取决于对系统伺服刚度 H 的要求。可以证明，在具有位置和速度反馈的伺服系统中，伺服刚度 H 为

$$H = \boldsymbol{K}_P k_m$$

故有

$$\boldsymbol{K}_P = \frac{H}{k_m} \tag{4-24}$$

在确定了对伺服刚度的最低要求后，$\boldsymbol{K}_{P\max}$可由式(4-24) 确定。

4.3　基于关节坐标的控制

由描述机器人动力特性的动力学方程可知，各关节之间存在着惯性项和速度项的动态耦合，严格地讲每个关节都不是单输入、单输出系统。为了减少外部干扰的影响，在保持稳定性的前提下，通常把增益 $\boldsymbol{K}_P$ 和 $\boldsymbol{K}_V$ 尽量设置得大一些。特别是当减速比较大时，惯性矩阵和黏性因数矩阵（包含 $\boldsymbol{K}$）的对角线上各项数值相对增大，起支配作用，非对角线上各项的干扰影响相对减小。这时惯性矩阵 $\boldsymbol{M}(\boldsymbol{q})$ 可以表示为

$$\boldsymbol{M}(\boldsymbol{q}) = \begin{pmatrix} n_1^2 I_{r1} & & \\ & \ddots & \\ & & n_n^2 I_{rn} \end{pmatrix} \tag{4-25}$$

式中，n_n 为第 i 轴的减速比；I_{rn}为第 i 轴电动机转子的惯性矩。

忽略各关节臂惯性耦合的影响，电动机转子的惯性起决定作用，因此惯性矩阵可以近似地转化为对角矩阵。同样，黏性摩擦因数矩阵 $\boldsymbol{B}$ 也可以近似地转化为对角矩阵，而且可以认为速度及重力的影响相对较小，即 $\boldsymbol{h}(\boldsymbol{q}, \dot{\boldsymbol{q}})$ 和 $\boldsymbol{G}(\boldsymbol{q})$ 可以忽略不计。这样机器人动力学方程可以简化为

$$\begin{pmatrix} \tau_1 \\ \vdots \\ \tau_n \end{pmatrix} = \begin{pmatrix} n_1^2 I_{r1} & & \\ & \ddots & \\ & & n_n^2 I_{rn} \end{pmatrix} \begin{pmatrix} \ddot{\theta}_1 \\ \vdots \\ \ddot{\theta}_n \end{pmatrix} + \begin{pmatrix} n_1^2 B_{r1} & & \\ & \ddots & \\ & & n_n^2 B_{rn} \end{pmatrix} \begin{pmatrix} \dot{\theta}_1 \\ \vdots \\ \dot{\theta}_n \end{pmatrix} \tag{4-26}$$

式中，B_{rn}为第 i 轴电动机转子的黏性摩擦因数。

式(4-26) 为采用减速器的一般工业机器人的动力学运动方程，表示各轴之间无干涉、机器人的参数与机器人的位姿无关的情况，其中各关节臂的惯性耦合是作为外部干扰处理的。因此，在控制器中各轴相互独立地构成 PID 控制系统，系统中由于模型的简化而产生的误差看作外部干扰，可以通过反馈控制来解决。

基于关节坐标的控制以关节位置或关节轨迹为目标值，令 $\boldsymbol{q}_d$ 为关节角目标值。对有 n 个关节的机器人，有

$$\boldsymbol{q}_d=(q_{d1} \quad q_{d2} \quad \cdots \quad q_{dn})^{\mathrm{T}}$$

其伺服控制系统原理框图如图 4-7 所示。在该系统中，目标值以关节角度值给出，各关节可以构成独立的伺服系统，十分简单。关节目标值 $\boldsymbol{q}_d$ 可以根据机器人末端目标值 $\boldsymbol{X}_d$ 由逆运动学方程求出，即

$$\boldsymbol{q}_d=f^{-1}(\boldsymbol{X}_d) \tag{4-27}$$

为简单起见，忽略驱动器的动态性能，机器人全部关节的驱动力可以直接给出，作为一种简单的线性 PD 控制规律可表示为

$$\boldsymbol{\tau}=\boldsymbol{K}_P[\boldsymbol{q}_d-\boldsymbol{q}(t)]-\boldsymbol{K}_V\dot{\boldsymbol{q}}(t)+\boldsymbol{G}(\boldsymbol{q}) \tag{4-28}$$

式中，$\boldsymbol{q}$ 为关节角控制变量矩阵，$\boldsymbol{q}(t)=(q_1 \quad q_2 \quad \cdots \quad q_n)^{\mathrm{T}}$；$\boldsymbol{\tau}$ 为关节驱动力矩阵，$\boldsymbol{\tau}=(\tau_1 \quad \tau_2 \quad \cdots \quad \tau_n)^{\mathrm{T}}$；$\boldsymbol{K}_P$ 为位置反馈增益矩阵，$\boldsymbol{K}_P=\mathrm{diag}(k_{Pi})$，其中 k_{Pi}为第 i 轴的位置反馈增益；$\boldsymbol{K}_V$ 为速度反馈增益矩阵，$\boldsymbol{K}_V=\mathrm{diag}(k_{Vi})$，其中 k_{Vi}为第 i 轴的速度反馈增益；$\boldsymbol{G}(q)$ 为重力项补偿。

基于关节坐标的伺服控制系统，把每一个关节作为单纯的单输入、单输出系统来处理，所以结构简单。现在的工业机器人大部分都是由这种关节伺服系统控制的。这种控制方式称为局部线性 PD 反馈控制，对非线性多变量的机器人动态性而言，该控制方法是有效的，其闭环系统的平衡点 $\boldsymbol{q}_d$ 达到渐进稳定。即当 $t\to\infty$时，$\boldsymbol{q}(t)\to\boldsymbol{q}_d$，亦即经过无限长的时间，保证关节角度收敛于各自的目标值，机器人末端也收敛于位置目标。对工业机器人而言，多数情况下用该种控制方法已足够。

基于关节坐标的伺服控制是目前工业机器人的主流控制方式。由图 4-7 可知，这种伺服控制系统实际上是一个半闭环控制系统，即对关节坐标采用闭环控制方式，由光电码盘提供各关节角位移实际值的反馈信号 $\boldsymbol{q}_i$。对直角坐标采用开环控制方式，由直角坐标期望值 $\boldsymbol{X}_d$ 求解逆运动方程，获得各关节位移的期望值 $\boldsymbol{q}_{di}$，作为各关节控制器的参考输入。系统将它与光电码盘检测的关节角位移 $\boldsymbol{q}_i$ 比较后，获得关节角位移的偏差，由偏差控制机器人各关节伺服系统（通常采用 PD 方式），使机器人末端执行器实现预定的位姿。

对直角坐标位置采用开环控制的主要原因是：目前尚无有效、准确获取（检测）机器人末端执行器位姿的手段。但由于目前采用计算机求解逆运动方程的方法比较成熟，所以控制精度还是很高的，如 MOTOMAN 系列机器人重复定位精度为 ±0.03mm。

应该指出的是，目前工业机器人的位置控制是基于运动学而非动力学的控制，只用于运动速度和加速度较小的应用场合。对于快速运动、负载变化大和要求力控的机器人，还必须考虑其动力学行为。

以上讨论的关节角目标值是一个定值，属于 PTP 控制问题。下面来考虑关节角目标值随着时间变化的情况，即 CP 控制的情况。这时机器人末端的目标位置是随着时间变化的位置目标轨迹 $\boldsymbol{X}_d(t)$，相应的关节角目标值也成为随着时间变化的角度目标轨迹 $\boldsymbol{q}_d(t)$，此时描述机器人全部关节的伺服控制系统的控制规律可表示为

$$\boldsymbol{\tau}(t)=\boldsymbol{K}_P[\boldsymbol{q}_d(t)-\boldsymbol{q}(t)]-\boldsymbol{K}_V[\dot{\boldsymbol{q}}_d(t)-\dot{\boldsymbol{q}}(t)]+\boldsymbol{G}(q) \tag{4-29}$$

式(4-29) 称为轨迹追踪控制（Trajectory Tracking Control）的力矩方程。

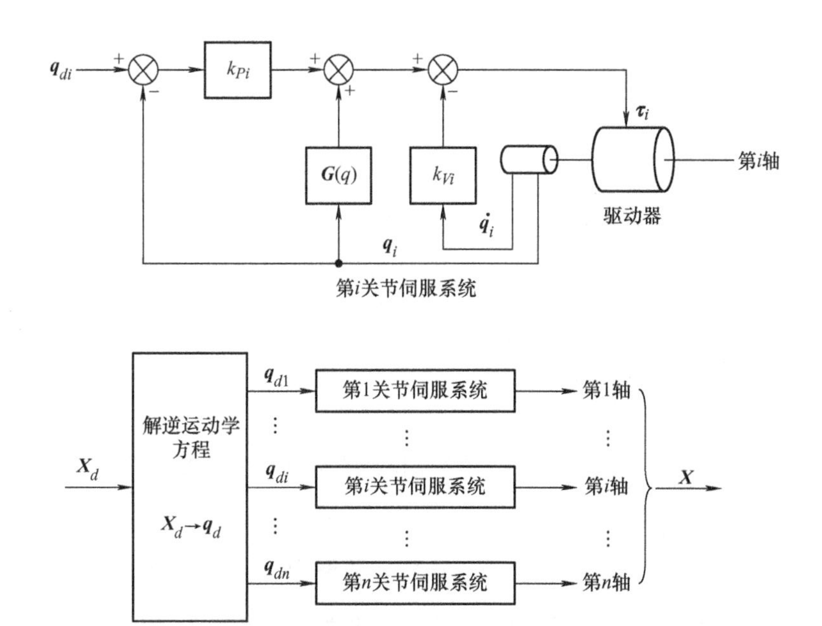

图 4-7　基于关节坐标的伺服控制系统框图

4.4　基于作业空间的伺服控制

关节伺服控制中各个关节是独立进行控制的，虽然结构简单，但由于各关节实际响应的结果未知，所得到的末端位姿的响应就难以预测，而且为得到适当的末端响应，对各关节伺服系统的增益进行调节也很困难。在自由空间内对手臂进行控制时，在很多场合下都希望直接给定手臂末端位姿的运动，即取表示末端位姿矢量 $\boldsymbol{X}$ 的目标值 $\boldsymbol{X}_d$ 作为末端运动的目标值。

末端目标值 $\boldsymbol{X}_d$ 确定后，利用逆运动学方程即可求出 $\boldsymbol{q}_d$，也可以使用关节伺服控制方式。但是，末端目标值 $\boldsymbol{X}_d$ 不但要事前求得，而且在运动中常常需要进行修正，这就必须实时进行逆运动学的计算，造成计算工作量加大，使实时控制性变差。

由于在很多情况下，末端位姿矢量 $\boldsymbol{X}_d$ 是用固定于空间内的某一个作用坐标系来描述的，所以把以 $\boldsymbol{X}_d$ 为目标值的伺服系统称为作业坐标伺服系统。不将 $\boldsymbol{X}_d$ 逆变换为 $\boldsymbol{q}_d$，而把 $\boldsymbol{X}_d$ 本身作为目标值。构成伺服系统的伺服控制思路为：先将末端位姿误差矢量乘以相应的增益，得到手臂末端手爪的操作力矢量，该力作用在末端手爪上，以减小末端位姿误差；再将末端手爪的操作力矢量由雅可比转置矩阵映射为等价的关节力矩矢量，从而控制机器人手臂末端，减少运动误差。三自由度机器人的基于作业空间的伺服系统控制原理如图 4-8 所示。

利用 PD 控制实现上述控制过程时，其中的力与力矩用公式可以表示为

$$\boldsymbol{F} = \boldsymbol{K}_P[\boldsymbol{X}_d - \boldsymbol{X}] - \boldsymbol{K}_V\dot{\boldsymbol{X}} \tag{4-30}$$

$$\boldsymbol{\tau} = \boldsymbol{J}^{\mathrm{T}}(\boldsymbol{q})\boldsymbol{F} \tag{4-31}$$

$$\boldsymbol{\tau} = \boldsymbol{J}^{\mathrm{T}}(q)[\boldsymbol{K}_P(\boldsymbol{X}_d - \boldsymbol{X}) - \boldsymbol{K}_V\dot{\boldsymbol{X}}] + \boldsymbol{G}(q) \tag{4-32}$$

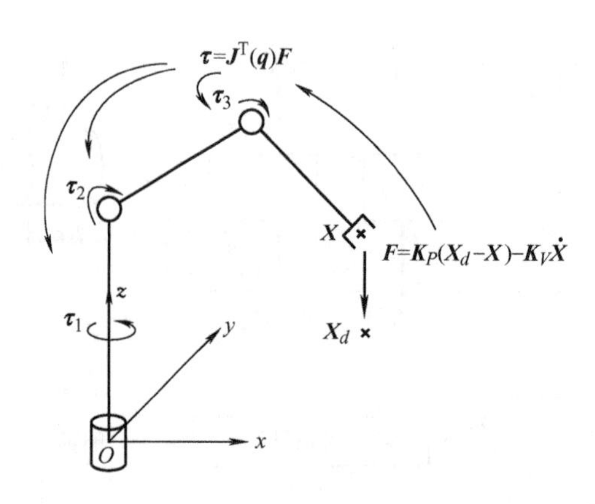

图 4-8　三自由度机器人的基于作业空间的伺服系统控制原理

这里 $\boldsymbol{F}$ 为末端手爪的假想操作力，由式(4-30) 来计算大小，用来使手臂末端手爪向目标方向动作。再由式(4-31) 的静力学关系式把它分解为关节力矩 $\boldsymbol{\tau}$。通常先通过编码器检测出关节变量 $\boldsymbol{q}$，再利用正运动学原理来计算手臂末端的位置 $\boldsymbol{X}$ 和速度 $\dot{\boldsymbol{X}}$，从而可避免用其他昂贵的传感器来直接检测 $\boldsymbol{X}$ 和 $\dot{\boldsymbol{X}}$。式(4-32) 所涉及的控制方法，即所谓把末端拉向目标值的方法，不仅直观、容易理解，还不含逆运动学计算，可提高控制运算速度，这是该方法最大的优点。基于作业空间的伺服控制系统框图如图 4-9 所示。

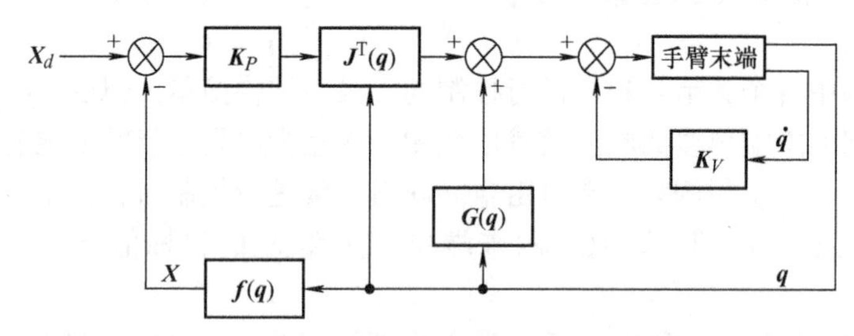

图 4-9　基于作业空间的伺服控制系统框图

可以证明，和基于关节的伺服控制系统一样，采用基于作业空间的伺服控制系统，其闭环系统的平衡点 $\boldsymbol{X}_d$ 可达到渐进稳定，即当 $t\to\infty$时，$\boldsymbol{X}(t)\to\boldsymbol{X}_d$，也即经过无限长的时间，保证手臂末端收敛于位姿目标值。

同理，采用位置目标轨迹控制方式的伺服控制系统的控制规律可以表示为

$$\boldsymbol{\tau}(t)=\boldsymbol{J}^{\mathrm{T}}(\boldsymbol{q})\{\boldsymbol{K}_P[\boldsymbol{X}_d(t)-\boldsymbol{X}(t)]+\boldsymbol{K}_V[\dot{\boldsymbol{X}}_d(t)-\dot{\boldsymbol{X}}(t)]\}+\boldsymbol{G}(\boldsymbol{q}) \tag{4-33}$$

4.5　机器人末端执行器的力/力矩控制

对于焊接、喷漆等工作，机器人的末端执行器在运动过程中不与外界物体相接触，只需实现位置控制就够了；而对于切削、磨光、装配作业，仅靠位置控制难以完成工作任务，还必须控制机器人与操作对象间的作用力，以顺应接触约束。采用力控制，可以使机器人在具有不确定性的约束环境下实现与该环境相顺应的运动，从而胜任更复杂的操作任务。

比较常用的机器人力控制方法有阻抗控制（Impedance Control）、位置/力混合控制（Hybrid Position/Force Control）、柔顺控制（Compliance Control）和刚度控制（Stiffness Control）四种。这些力控制方法的内容有很多相似的部分，但在各种控制方法中关于运动控制的概念却不一样。下面就两种主要的力控制方法进行讨论。

4.5.1 阻抗控制

自1985年N. Hogan系统地介绍机器人阻抗控制方法以来，阻抗控制方法的研究得到了很大的发展。这种方法主要是通过考虑物理系统之间的相互作用而发展起来的。机器人在操作过程中存在大量的机械功的转换，在某些情况下机器人的末端执行器与环境之间的作用力可以忽略。此时为了控制，可以将机器人的末端执行器看成一个孤立的系统，把它的运动作为控制变量，这就是位置控制。但在一般的情况下，机器人的末端执行器与环境物体间的动态相互作用力，既不为零，又不能被忽略，生产过程中大量的执行都属于这一类型。此时，机器人的末端执行器不能再被看作一个孤立的系统，控制器除了要实现位置控制和速度控制外，还要调节和控制机器人的末端执行器的动态行为。

如图4-10所示，用质量-阻尼-弹簧模型来表示末端执行器与环境之间的作用，对该系统实施力控制的方法称为阻抗控制。阻抗控制模型是用目标阻抗代替实际机器人的动力学模型。当机器人末端的位置 $\boldsymbol{X}$ 和理想的轨迹 $\boldsymbol{X}_d$ 存在偏差 $\boldsymbol{E}$ 时，即 $\boldsymbol{E}=\boldsymbol{X}-\boldsymbol{X}_d$，机器人在其末端产生相应的阻抗力 $\boldsymbol{F}$。目标阻抗由下式确定

$$\boldsymbol{F}=\boldsymbol{M}\ddot{\boldsymbol{X}}+\boldsymbol{D}(\dot{\boldsymbol{X}}-\dot{\boldsymbol{X}}_d)+\boldsymbol{K}(\boldsymbol{X}-\boldsymbol{X}_d) \tag{4-34}$$

式中，$\boldsymbol{M}$、$\boldsymbol{D}$ 和 $\boldsymbol{K}$ 分别为阻抗控制的惯量、阻尼和弹性系数矩阵。一旦 $\boldsymbol{M}$、$\boldsymbol{D}$ 和 $\boldsymbol{K}$ 确定下来，即可得到笛卡儿坐标的期望动态响应。利用式(4-34) 计算关节力矩，不需要求运动学逆解，而只需计算正运动学方程和雅可比逆矩阵。

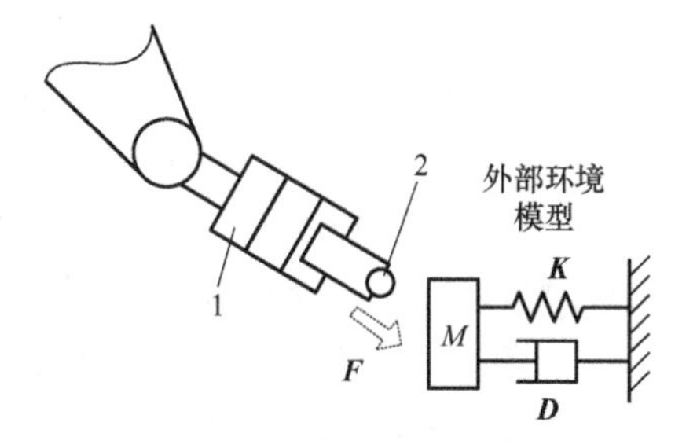

图4-10 阻抗控制原理
1—力传感器 2—手臂末端

机器人在关节坐标系下的运动方程为

$$\boldsymbol{\tau}=\boldsymbol{M}(\boldsymbol{q})\ddot{\boldsymbol{q}}+\boldsymbol{H}(\boldsymbol{q},\dot{\boldsymbol{q}})+\boldsymbol{G}(\boldsymbol{q}) \tag{4-35}$$

式中的 $\boldsymbol{H}(\boldsymbol{q},\dot{\boldsymbol{q}})$ 项包含了离心力、科里奥利力和黏性摩擦力的影响。机器人末端执行器施加的环境外力 $\boldsymbol{F}$ 与关节抵抗力矩 $\boldsymbol{\tau}_F$ 之间的关系为

$$\boldsymbol{\tau}_F=\boldsymbol{J}^{\mathrm{T}}(\boldsymbol{q})\boldsymbol{F} \tag{4-36}$$

机器人在受到环境外力 $\boldsymbol{F}$ 作用后的运动方程为

$$M(q)\ddot{q}+H(q,\dot{q})+G(q)=\tau+J^{T}(q)F \tag{4-37}$$

再根据机器人作业空间速度与关节空间速度的关系

$$\dot{X}=J(q)\dot{q}$$

可得

$$\ddot{X}=\dot{J}(q)\dot{q}+J(q)\ddot{q} \tag{4-38}$$

将式(4-34) 和式(4-38) 代入式(4-37)，得机器人的驱动力矩的控制规律为

$$\tau=H(q,\dot{q})+G(q)-M(q)J^{-1}(q)\dot{J}(q)\dot{q}-M(q)J^{-1}(q)M^{-1}[D(\dot{X}-\dot{X}_d)+K(X-X_d)]+[M(q)J^{-1}(q)M^{-1}-J^{T}(q)]F \tag{4-39}$$

若手臂动作速度缓慢，可以认为 $\dot{X}-\dot{X}_d=0$，$\dot{J}(q)\dot{q}=0$，$H(q,\dot{q})=0$，不考虑重力的影响。同时，假设 $\Delta X=X-X_d$ 较小，则 $\Delta X=J(q)(q-q_d)$ 近似成立。式(4-39) 可以简化为

$$\tau=-J^{T}(q)KJ(q)(q-q_d) \tag{4-40}$$

式(4-40) 表示的控制规律称为刚度控制规律，K 称为刚度矩阵。刚度控制是阻抗控制的一个特例，它是对机器人手臂静态力和位置的双重控制。控制的目的是调整机器人手臂与外部环境接触时的伺服刚度，以使机器人具有顺应外部环境的能力。K 的逆矩阵称为柔顺矩阵，所以式(4-40) 表示的控制规律也称为柔顺控制规律。

4.5.2 位置与力的混合控制

位置与力的混合控制是指机器人末端的某个方向因环境关系受到约束时，同时进行不受约束方向的位置控制和受约束方向的力控制的控制方法。例如，机器人从事擦掉黑板上的文字、工件的打磨等作业时，垂直于黑板或工件的方向为约束方向，在该方向上要实施力的控制，而在平行于黑板或工件的方向为不受约束方向，在该方向上要实施位置的控制。这种既要控制力又要控制位置的要求可通过混合控制方法来实现。以工件表面打磨作业为例，机器人末端在对工件表面施加一定的力的同时，沿工件表面指定的轨迹运动。设与壁面平行的轴为 y 轴，与壁面垂直的轴为 z 轴，如图 4-11 所示的二自由度极坐标机器人，关节 1 具有回转自由度，关节 2 具有移动自由度。控制目标为对两个自由度实施控制，生成壁面作用力的同时，机器人末端沿预定轨迹运动。假设期望的施加于壁面的垂直力为 f，两个关节的位移分别为 q_1、q_2，由图 4-11 可以得到

$$\begin{cases} x=q_2\cos q_1+l\sin q_1 \\ y=q_2\sin q_1-l\cos q_1 \end{cases} \tag{4-41}$$

且

$$\begin{cases} \tau_1=f(q_2\sin q_1-l\cos q_1) \\ \tau_2=-f\cos q_1 \end{cases} \tag{4-42}$$

式中，f 为壁面反力，是关节 1 产生的力矩 f 和关节 2 产生的力矩 τ_2 导致的。关节 1 和 2 追踪目标轨迹（$x_d(t)$，$y_d(t)$）的同时，所产生的力矩必须满足力矩关系式(4-42)。驱动力矩可由下述方法来确定。

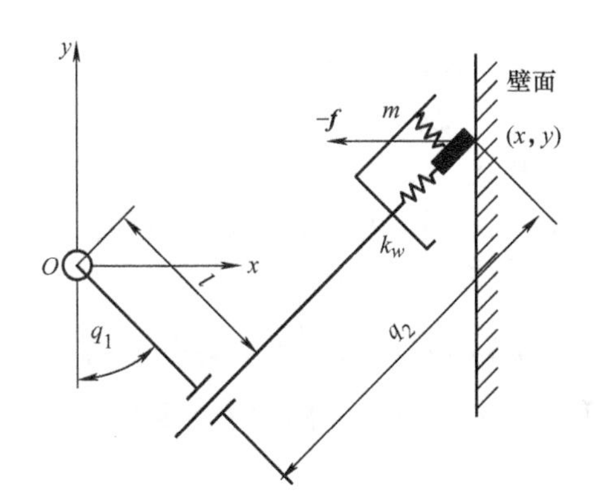

图4-11　二自由度极坐标机器人壁面打磨作业举例

将关节变量 q_1、q_2 统一用关节矢量 $\boldsymbol{q}$ 表示，作业位置坐标（x，y）用 $\boldsymbol{X}$ 表示。期望的轨迹为 $\boldsymbol{X}_d(t)$，目标力矩为 $\boldsymbol{f}_d(t)$。对于图4-11，则 $\boldsymbol{f}_d(t)=(-f\quad 0)^{\mathrm{T}}$。机器人末端的实际位移 $\boldsymbol{X}(t)$ 是可以测量的，或者说，可通过测量 $\boldsymbol{q}(t)$ 的值，由式(4-41) 经运动学正变换 $\boldsymbol{X}(t)=\boldsymbol{h}[\boldsymbol{q}(t)]$ 简单地计算出位移。另一方面，机器人末端关节2轴线方向和其垂直方向的力通过质量为 m、弹簧刚度系数为 k_w 的力传感器来测量。基于以上的假设，考虑以下的偏差方程，即

$$\Delta \boldsymbol{X}=\boldsymbol{X}_d(t)-\boldsymbol{X}(t) \tag{4-43}$$

$$\Delta \dot{\boldsymbol{X}}(t)=\dot{\boldsymbol{X}}_d(t)-\dot{\boldsymbol{X}}(t)=\dot{\boldsymbol{X}}_d(t)-\boldsymbol{J}(\boldsymbol{q})\,\dot{\boldsymbol{q}}(t) \tag{4-44}$$

$$\Delta \boldsymbol{f}(t)=\boldsymbol{f}_d(t)-\boldsymbol{P}\boldsymbol{F}(t) \tag{4-45}$$

式中，$\boldsymbol{F}(t)$ 为由图4-11中力传感器测量的分力 $\boldsymbol{F}_x$、$\boldsymbol{F}_y$ 构成的力矢量；$\boldsymbol{P}$ 为图4-11中从关节2处建立的坐标系到固定在基座上的作业坐标系之间的变换矩阵，定义为

$$\boldsymbol{P}=\begin{pmatrix}\sin q_1 & \cos q_1\\ -\cos q_1 & \sin q_1\end{pmatrix} \tag{4-46}$$

下面来构造位置与力混合控制系统。沿 y 轴方向的位置和速度相关偏差构成位置控制，与力相关的 z 轴方向位置和速度相关偏差作为输入力构成力控制。这里，把 $\boldsymbol{S}$ 定义为模式选择矩阵

$$\boldsymbol{S}=\begin{pmatrix}0 & 0\\ 0 & 1\end{pmatrix} \tag{4-47}$$

一般来说，$\boldsymbol{S}$ 是对角线元素为0和1的对角行列式，位置控制时对角线元素为1，力控制时对角线元素为0。这样由式(4-43) 可以得到

$$\begin{cases}\Delta \boldsymbol{X}_e(t)=\boldsymbol{S}\Delta \boldsymbol{X}(t)\\ \Delta \dot{\boldsymbol{X}}_e(t)=\boldsymbol{S}\Delta \dot{\boldsymbol{X}}(t)\\ \Delta \boldsymbol{f}_e(t)=(\boldsymbol{I}-\boldsymbol{S})\Delta \boldsymbol{f}(t)\end{cases} \tag{4-48}$$

式中，$\boldsymbol{X}_e(t)$ 为目标值；$\boldsymbol{X}(t)$ 为实际值。

从作业坐标系变换到关节坐标系，可以得到

$$\Delta \boldsymbol{q}_e(t)=\boldsymbol{J}^{-1}\Delta \boldsymbol{X}_e(t) \tag{4-49}$$

$$\Delta \dot{\boldsymbol{q}}_e(t) = \boldsymbol{J}^{-1}\Delta \dot{\boldsymbol{X}}_e(t) \tag{4-50}$$
$$\Delta \boldsymbol{\tau}_e(t) = \boldsymbol{J}^{\mathrm{T}}\Delta \boldsymbol{f}_e(t)$$

当偏差较小时，式(4-49) 和式(4-50) 是成立的。为了使机器人的末端位置偏差 $\Delta\boldsymbol{X}(t)$ 和末端力偏差 $\Delta\boldsymbol{f}(t)$ 分别收敛到0，可采用下面的控制规律。

（1）位置控制规律

$$\boldsymbol{\tau}_P = \boldsymbol{K}_{PP}\Delta\boldsymbol{q}_e(t) + \boldsymbol{K}_{PI}\int\Delta\boldsymbol{q}_e(t)\mathrm{d}t + \boldsymbol{K}_{PD}\Delta\dot{\boldsymbol{q}}_e(t) \tag{4-51}$$

式中，$\boldsymbol{\tau}_P$ 为位置控制中的力矩；$\boldsymbol{K}_{PP}$、$\boldsymbol{K}_{PI}$、$\boldsymbol{K}_{PD}$ 均为基于位置偏差的 PID 控制的系数增益矩阵。

（2）力控制规律

$$\boldsymbol{\tau}_f = \boldsymbol{K}_f\Delta\boldsymbol{\tau}_e(t) \tag{4-52}$$

式中，$\boldsymbol{\tau}_f$ 为力控制规律中的力矩。

应该注意的是：$\Delta\boldsymbol{q}$ 和 $\dot{\boldsymbol{q}}$ 可由运动学方程算出，$\Delta\boldsymbol{\tau}$ 可由静力学关系式算出。最终混合控制时，要把式(4-51) 中的 $\boldsymbol{\tau}_P$ 和式(4-52) 中的 $\boldsymbol{\tau}_f$ 合在一起构成的驱动力 $\boldsymbol{\tau}$ 施加到关节上，即

$$\begin{aligned}\boldsymbol{\tau} &= \boldsymbol{\tau}_P + \boldsymbol{\tau}_f \\ &= \boldsymbol{K}_{PP}\boldsymbol{J}^{-1}\boldsymbol{S}(\boldsymbol{X}_d - \boldsymbol{X}) + \boldsymbol{K}_{PI}\boldsymbol{J}^{-1}\boldsymbol{S}\int(\boldsymbol{X}_d - \boldsymbol{X})\mathrm{d}t + \boldsymbol{K}_{PD}\boldsymbol{J}^{-1}\boldsymbol{S}(\dot{\boldsymbol{X}}_d - \dot{\boldsymbol{X}}) \\ &\quad + \boldsymbol{K}_f\boldsymbol{J}^{\mathrm{T}}(\boldsymbol{I} - \boldsymbol{S})(\boldsymbol{f}_d - \boldsymbol{PF})\end{aligned} \tag{4-53}$$

式中，$\boldsymbol{K}_f$ 为基于力偏差的负反馈控制的增益矩阵。位置与力混合控制原理如图 4-12 所示。依据该控制原理，可以实现机器人手臂末端一边在约束方向用目标力 $\boldsymbol{f}_d$ 推压、一边把无约束方向的位置收敛到目标位置 $\boldsymbol{X}_d$ 的操作。

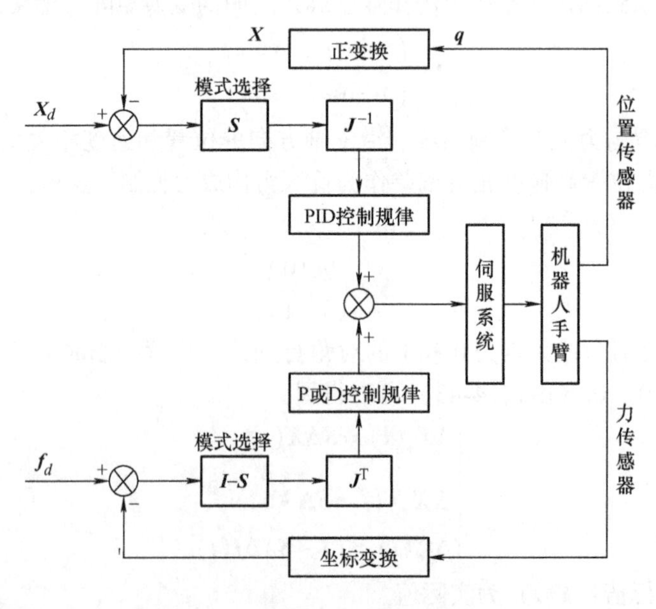

图 4-12　位置与力混合控制原理

4.6 工业机器人控制系统硬件设计

4.6.1 单关节伺服控制系统

工业机器人的末端要安装各种类型的工具来完成作业任务，所以难以在末端安装位移传感器来直接检测手部在空中的位姿。采取的办法是利用各个关节电动机自带的编码器检测的角度信息，依据正运动学间接地计算出手部在空中的位姿，所以工业机器人单关节电动机的控制系统是一个典型的半闭环伺服控制系统，如图4-13所示。

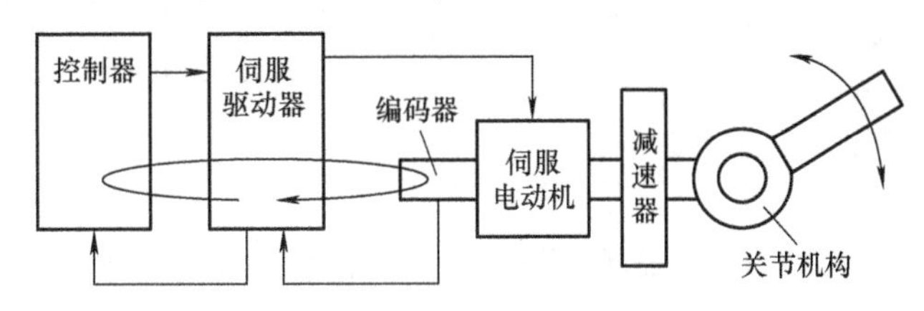

图4-13 机器人单关节伺服驱动系统原理

半闭环伺服控制系统具有结构简单、价格低廉的优点，但不能检测减速器、关节机构等传动链的制造误差，所以系统控制精度有限。为了提高机器人系统的控制精度，对减速器、关节机构等传动链的加工精度、稳定性和系统控制性能等提出了较高要求。

4.6.2 工业机器人控制系统的硬件构成

机器人控制系统种类很多，是现代运动控制系统应用的一个分支。目前常用的运动控制器从结构上主要分为以单片机为核心的机器人控制系统、以可编程序控制器（PLC）为核心的机器人控制系统、基于工业控制计算机（IPC）+运动控制卡的工业机器人控制系统。

以单片机为核心的机器人控制系统是把单片机（MCU）嵌入运动控制器中，能够独立运行并且带有通信接口方式，方便与其他设备进行通信。这种控制系统具有电路原理简洁、运行性能良好、系统成本低的优点，但系统运算速度、数据处理能力有限且抗干扰能力较差，难以满足高性能机器人控制系统的要求。

以PLC为核心的机器人控制系统技术成熟、编程方便，在可靠性、扩展性、对环境的适应性等方面有明显优势，并且有体积小、方便安装维护、互换性强等优点。但是和以单片机为核心的机器人控制系统一样，不支持先进的、复杂的算法，不能进行复杂的数据处理，不能满足机器人系统的多轴联动等复杂的运动轨迹。

基于IPC+运动控制卡的开放式工业机器人控制系统硬件构成如图4-14所示。采用上、下位机的二级主从控制结构。IPC为主机，主要实现人机交互管理、显示系统运行状态、发送运动指令、监控反馈信号等功能。运动控制卡以IPC为基础，专门完成机器人系统的各种运动控制（包括位置方式、速度方式和力矩方式），主要是数字交流伺服系统及相关的信号输入、输出。IPC将指令通过PC总线传送到运动控制器，运动控制器根据来自IPC的应用程序命令，按照设定的运动模式，向伺服驱动器发出指令，完成相应的实时控制。

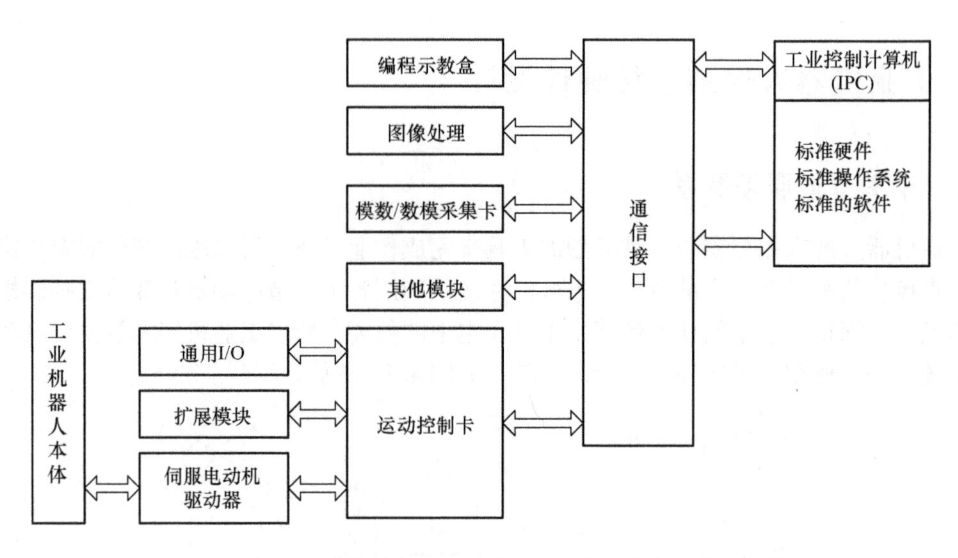

图 4-14　IPC + 运动控制卡的开放式工业机器人控制系统硬件构成

该控制系统 IPC 和运动控制卡分工明确，系统运行稳定、实时性强、满足复杂运动的算法要求、抗干扰能力强、开放性强。基于 IPC + 运动控制卡的机器人控制系统将是未来工业机器人控制系统的主流。

下面从工业机器人的应用角度，分析开放式伺服控制系统的常用控制方法。采用运动控制卡控制伺服电动机，通常使用以下两种指令方式。

(1) 数字脉冲指令方式　这种方式与步进电动机的控制方式类似，运动控制卡向伺服驱动器发送“脉冲/方向”或“CW/CCW”类型的脉冲指令信号。脉冲数量控制电动机转动的角度。脉冲频率控制电动机转动的速度。伺服驱动器工作在位置控制模式，位置闭环由伺服驱动器完成。采用此种指令方式的伺服系统是一个典型的硬件伺服系统，系统控制精度取决于伺服驱动器的性能。该控制系统具有系统调试简单、不易产生干扰等优点，但缺点是伺服系统响应稍慢、控制精度较低。

(2) 模拟信号指令方式　在这种方式下，运动控制卡向伺服驱动器发送 ±10V 的模拟电压指令，同时接收来自于电动机编码器的位置反馈信号。伺服驱动器工作在速度控制模式，位置闭环控制由运动控制卡实现，如图 4-15 所示。在伺服驱动器内部，位置控制环节必须首先通过数模转换，最终是应用模拟量实现的。速度控制环节减少了数模转换步骤，所以驱动器对控制信号的响应速度快。该控制系统具有伺服响应快、可以实现软件伺服、控制精度高等优点，缺点是对现场干扰较敏感、调试稍复杂。

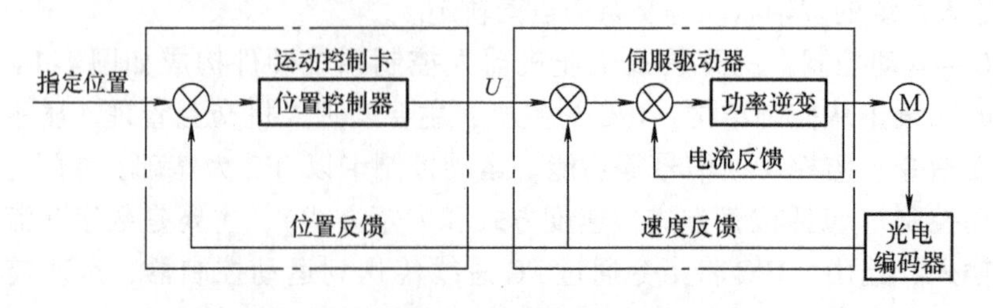

图 4-15　伺服控制系统软件控制框图

在图4-15中，把位置环从伺服驱动器移到运动控制卡上，在运动控制卡中实现电动机的位置环控制，伺服驱动器实现电动机的电流环控制和速度环控制，这样可以在运动控制卡中实现一些复杂的控制算法，来提高系统的控制性能。

图4-16所示为叠加了多种补偿值的前馈PID控制原理图。高性能的运动控制卡都提供了该控制算法。图中的动力学补偿为对其他轴连接时所产生的离心力、科里奥利力等进行的补偿，重力补偿为对重力所产生的干扰力进行的补偿。在软件设计时，每隔一个控制周期求出机器人各关节的目标位置、目标速度、目标加速度和力矩补偿值。在这些数值之间再按一定间隔进行一次插补运算，这样配合起来然后对各个关节进行控制，达到提高系统的控制精度和鲁棒性的目的。

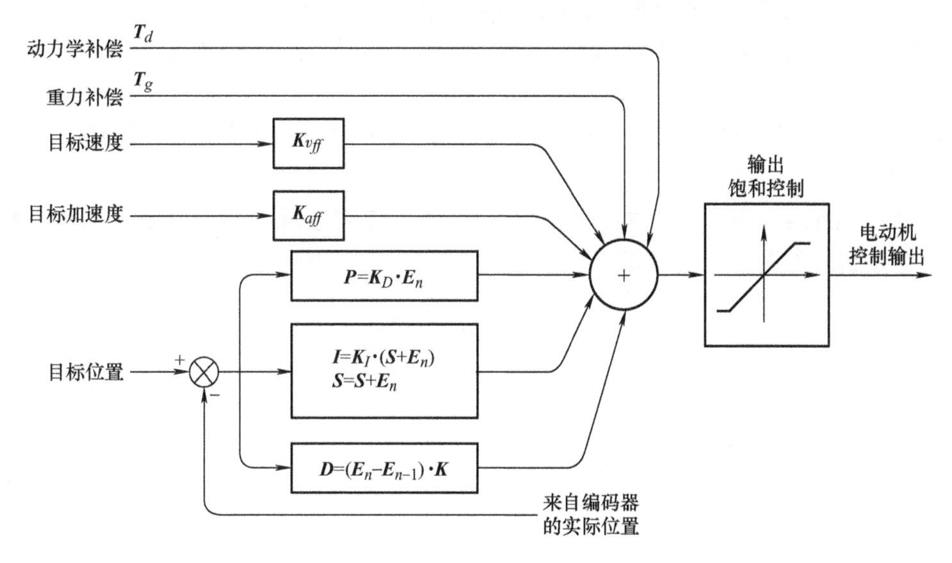

图4-16　叠加多种补偿值的前馈PID控制原理图

习　　题

4-1　列举你所知道的工业机器人的控制方式，并简要说明其应用场合。

4-2　何谓点位控制和连续轨迹控制？举例说明它们在工业上的应用。

4-3　图4-17所示为工业机器人两手指的控制原理图，机器人两手指由直流电动机驱动，经传动齿轮带动手指转动。每个手指的转动惯量为J，阻尼系数为b，已知直流电动机的传递函数（输入电枢电压为U_a，输出电动机的转矩为T_m）为

$$\frac{T_m(s)}{U_a(s)}=\frac{1}{Ls+R}$$

式中，L、R分别为电动机电枢的电感和电阻。

1）证明手指的传递函数为

$$\frac{\Theta_1(s)}{T_m(s)}=\frac{k_1}{s(Js+b)},\frac{\Theta_2(s)}{T_m(s)}=\frac{k_2}{s(Js+b)}$$

并用系统参数表示k_1和k_2。

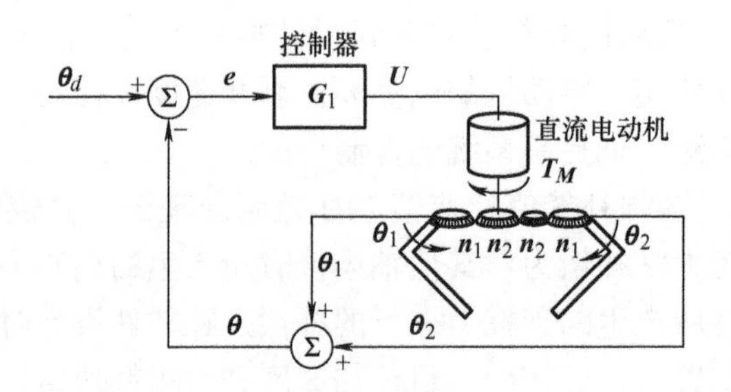

图 4-17　题 4-3 图

2）绘出以 θ_d 为输入、θ 为输出的闭环系统框图。

3）如果采用比例控制器（$G_c = k$），求出闭环系统的特征方程。k 是否存在极大值？为什么？

4-4　机器人在什么场合中要实施力–位置控制？说明位置与力混合控制模型（图 4-12）中矩阵 $\boldsymbol{S}$ 的作用。

4-5　简述 IPC + 运动控制卡的开放式工业机器人控制系统的特点以及采用运动控制卡控制伺服电动机时的两种指令方式。

第 5 章

机器人传感器

机器人是通过传感器得到和感知信息的。其中，传感器处于连接外界环境与机器人的接口位置，是机器人获取信息的窗口。要使机器人拥有智能，对环境变化做出反应，首先必须使机器人具有感知环境的能力，用传感器采集信息是机器人智能化的第一步；其次，如何采取适当的方法，将多个传感器获取的环境信息加以综合处理，控制机器人进行智能作业，则是提高机器人智能程度的重要体现。因此，传感器及其信息处理系统，是构成机器人智能的重要部分，它为机器人智能作业提供决策依据。

5.1　机器人常用传感器简介

机器人是由计算机控制的复杂机器，它具有类似人的肢体及感官功能，动作程序灵活，有一定程度的智能，在工作时可以不依赖人的操纵。机器人传感器在机器人的控制中起了非常重要的作用，正因为有了传感器，机器人才具备了类似人类的知觉功能和反应能力。

5.1.1　机器人需要的感觉能力

1. 触觉能力

触觉是智能机器人实现与外界环境直接作用的必需媒介，是仅次于视觉的一种重要感知形式。作为视觉的补充，触觉能感知目标物体的表面性能和物理特性，如柔软性、硬度、弹性、粗糙度和导热性等。触觉能保证机器人可靠地抓住各种物体，也能使机器人获取环境信息，识别物体形状和表面的纹路，确定物体空间位姿参数等。

一般把检测感知和外部直接接触而产生的接触觉、压觉、滑觉等传感器称为机器人触觉传感器。

（1）接触觉传感器　接触觉传感器可检测机器人是否接触目标或环境，用于寻找物体或感知碰撞。传感器装于机器人的运动部件或末端执行器（如手爪）上，用以判断机器人部件是否和对象物发生了接触，以解决机器人的运动正确性，实现合理抓握或防止碰撞。接触觉是通过与对象物体彼此接触而产生的，所以最好使用手指表面高密度分布触觉传感器阵列，它柔软易于变形，可增大接触面积，并且有一定的强度，便于抓握。

（2）压觉传感器　压觉传感器用来检测和机器人接触的对象物之间的压力值。这个压力可能是对象物施加给机器人的，也可能是机器人主动施加在对象物上的（如手爪夹持对象物时的情况）。压觉传感器的原始输出信号是模拟量。

（3）滑觉　滑觉传感器用于检测机器人手部夹持物体的滑移量，机器人在抓取不知属性的物体时，其自身应能确定最佳握紧力的给定值。

2. 力觉能力

在所有机器人传感器中，力觉传感器是最基本、最重要的一种，也是发展比较成熟的传感器。没有力觉传感器，机器人就不能获取它与外界环境之间的相互作用力，从而难以完成机器人在环境约束下的各种作业。

机器人力觉传感器就安装部位来讲，可以分为关节力传感器、腕力传感器和指力传感器。

3. 接近觉能力

接近觉传感器是机器人用来控制自身与周围物体之间的相对位置或距离的传感器，用来探测在一定距离范围内是否有物体接近、物体的接近距离和对象的表面形状及倾斜等状态。它一般都装在机器人手部，起两方面作用：对物体的抓取和躲避。接近觉一般用非接触式测量元件，如霍尔式传感器、电磁式接近开关、光电式接近觉传感器和超声波式传感器。

光电式接近觉传感器的应答性好，维修方便，尤其是测量精度很高，是目前应用最多的一种接近觉传感器，但其信号处理较复杂，使用环境也受到一定限制（如环境光度偏极或污浊）。

超声波式传感器的原理是测量渡越时间。超声波是频率20kHz以上的机械振动波。渡越时间与超声波在介质中的传播速度的乘积的一半即是传感器与目标物之间的距离。渡越时间的测量方法有脉冲回波法、相位差法和频差法。

4. 视觉能力

视觉信息可分为图形信息、立体信息、空间信息和运动信息。图形信息是平面图像，它可以记录二维图像的明暗和色彩，在识别文字和形状时起重要作用。立体信息表明物体的三维。形状，如远近、配置等信息，可以用来感知活动空间、手足活动的余地等信息。运动信息是随时间变化的信息，表明运动物体的有无、运动方向和运动速度等信息。

视觉传感器获取的信息量要比其他传感器获取的信息量多得多，但目前还远未能使机器人视觉具有人类完全一样的功能，一般仅把视觉传感器的研制限于完成特殊作业所需要的功能。

视觉传感器把光学图像转换为电信号，即把入射到传感器光敏面上按空间分布的光强信息转换为按时序串行输出的电信号——视频信号，而该视频信号能再现入射的光辐射图像。固体视觉传感器主要有三大类型：一类是电荷耦合器件（CCD）；第二类是MOS图像传感器，又称自扫描光电二极管列阵（SSPA）；第三类是电荷注入器件（CID）。目前在机器人避障系统中应用较广的是CCD摄像机，它又可分为线阵和面阵两种。线阵CCD摄取的是一维图像，而面阵CCD可摄取二维平面图像。

视觉传感器摄取的图像经空间采样和模数转换后变成一个灰度矩阵，送入计算机存储器中，形成数字图像。为了从图像中获得期望的信息，需要利用计算机图像处理系统对数字图像进行各种处理，将得到的控制信号送给各执行机构，从而再现机器人避障过程的控制。

5. 听觉能力

（1）特定人的语音识别系统　特定人语音识别方法是将事先指定的人的声音中的每一个字音的特征矩阵存储起来，形成一个标准模板，然后再进行匹配。它首先要记忆一个或几个语音特征，而且被指定人讲话的内容也必须是事先规定好的有限的几句话。特定人语音识别系统可以识别讲话的人是否是事先指定的人，讲的是哪一句话。

（2）非特定人的语音识别系统　非特定人的语音识别系统大致可以分为语言识别系统、单词识别系统及数字音（0~9）识别系统。非特定人的语音识别方法则需要对一组有代表性的人的语音进行训练找出同一词音的共性，这种训练往往是开放式的，能对系统进行不断的修正。在系统工作时，将接收到的声音信号用同样的办法求出它们的特征矩阵，再与标准模式相比较，看它与哪个模板相同或相近，从而识别该信号的含义。

6. 嗅觉能力

目前主要采用了三种来实现机器人的嗅觉功能：一是在机器人上安装单个或多个气体传感器，再配置相应处理电路来实现嗅觉功能，如 Ishida H 的气体/气味烟羽跟踪机器人；二是研究者自行研制简易的嗅觉装置，如 Lilienthal A 等研制的用于移动检查机器人的立体电子鼻，使用活的蚕蛾触角配上电极构造了两种能感知信息素的机器人嗅觉传感器；三是采用商业的电子鼻产品，如 A Loutfi 用机器人进行的气味识别研究。

5.1.2 机器人传感器的分类

机器人按完成的任务不同，配置的传感器类型和规格也不同，一般按用途的不同，机器人传感器分成两大类：用于检测机器人自身状态的内部传感器和用于检测机器人外部环境参数的外部传感器。

1. 内部传感器

内部传感器是用于测量机器人自身状态的功能元件。具体检测的对象有关节的线位移、角位移等几何量；速度、加速度、角速度等运动量；倾斜角和振动等物理量。内部传感器常用于控制系统中，作为反馈元件，检测机器人自身的各种状态参数，如关节运动的位置、速度、加速度、力和力矩等。

2. 外部传感器

用来检测机器人所处环境（如是什么物体，离物体的距离有多远等）及状况（如抓取的物体是否滑落）的传感器，一般与机器人的目标识别和作业安全等因素有关。具体有触觉传感器、视觉传感器、接近觉传感器、距离传感器、力觉传感器、听觉传感器等。

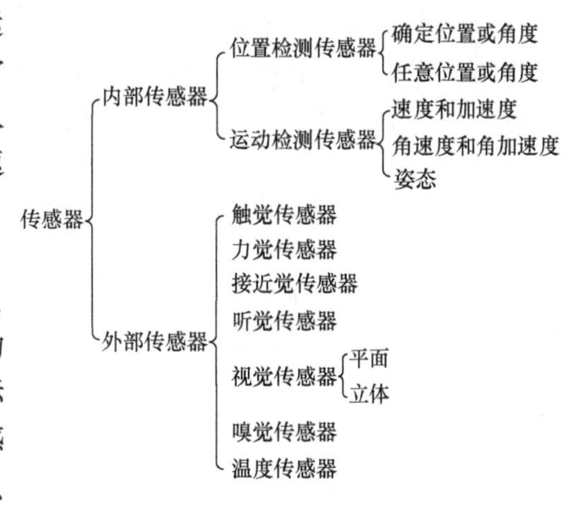

图 5-1　传感器分类

图 5-1 所示是传感器的具体分类。

5.1.3 机器人传感器的要求与选择

机器人需要安装什么样的传感器，对这些传感器有什么要求，是设计机器人感觉系统时遇到的首要问题。选择机器人传感器应当完全取决于机器人的工作需要和应用特点，应考虑的因素包括以下几个方面。

1. 成本

传感器的成本是要考虑的重要因素，尤其在一台机器需要使用多个传感器时更是如此。然而成本必须与其它设计要求相平衡，如可靠性、传感器数据的重要性、精确度和寿命。

2. 重量

由于机器人是运动装置，所以传感器的重量很重要，传感器过重还会增加机械臂的惯性，同时还会减少总的有效载荷。

3. 尺寸

根据传感器的应用场合，尺寸大小有时是最重要的。例如，关节位移传感器必须与关节的设计相适应，并能与机器人中的其他部件一起移动，但关节周围可利用的空间可能会受到限制。另外，体积庞大的传感器可能会限制关节的运动范围。因此，确保给关节传感器留下足够大的空间非常重要。

4. 输出类型

根据不同的应用，传感器的输出可以是数字量也可以是模拟量，它们可以直接使用，也可能必须对其进行转化后才能使用。例如，电位器的输出量是模拟量，而编码器的输出则是数字量。如果编码器连同微处理器一起使用，其输出可直接传送至处理器的输入端口，而电位器的输出则必须利用模拟转换器（ADC）转变成数字信号。哪种输出类型比较合适，必须结合其他要求进行折中考虑。

5. 接口

传感器必须能与其他设备相连接，如处理器和控制器。如果传感器与其他设备的端口不匹配或两者之间需要其他的额外电路，那么需要解决传感器与设备间的接口问题。

6. 分辨力

分辨力指传感器在整个测量范围内所能辨别的被测量的最小变化量，或者所能辨别的不同被测量的个数。若它辨别的被测量的最小变化量越小，或被测量的个数越多，则它的分辨力越高；反之，分辨力越低。无论是示教再现型机器人，还是可编程型机器人，都对传感器的分辨力有一定的要求。传感器的分辨力直接影响到机器人的可控程度和控制质量，一般需要根据机器人的工作任务规定传感器分辨力的最低限度要求。

7. 灵敏度

灵敏度是输出响应变化与输入变化的比。高灵敏度传感器的输出会由于输入波动（包括噪声）而产生较大的波动。

8. 线性度

线性度反映了输入变量与输出变量间的关系，这意味着具有线性输出的传感器在量程范围内，任意相同的输入变化将会产生相同的输出变化。几乎所有器件在本质上都具有一些非线性，只是非线性的程度不同。在一定的工作范围内，有些器件可以认为是线性的，而其他器件可以通过一定的前提条件来线性化。若输出不是线性的，但已知非线性度，则可以通过对其适当的建模、添加测量方程或额外的电子线路来克服非线性度。

9. 量程

量程是传感器能够产生的最小与最大输出值间的差值，或传感器正常工作时的最小和最大之间的差值。

10. 响应时间

这是一个动态特性指标，指传感器的输入信号变化以后，其输出信号变化到一个稳态值所需要的时间。在某些传感器中，输出信号在达到某一稳定值以前会发生短时间的振荡。传感器输出信号的振荡，对于机器人的控制来说是非常不利的，它有时会造成一个虚设位置，影响机器人的控制精度和工作精度。所以，总是希望传感器的响应时间越短越好。响应时间的计算应当以输入信号开始变化的时刻为始点，以输出信号达到稳态值的时刻为终点。

11. 可靠性

可靠性是系统正常运行次数与总运行次数之比。对于要求连续工作的情况，在考虑费用以及其他要求的同时，必选择可靠且能长期持续工作的传感器。

12. 精度和重复精度

精度是传感器的输出值与期望值的接近程度。对于给定输入，传感器有一个期望输出，而精度则与传感器的输出和该期望值的接近程度有关。

对同样的输入，如果对传感器的输出进行多次测量，那么每次输出都可能会不一样。重复精度反映了传感器多次输出之间的变化程度。通常，如果进行足够次数的测量，那么就可以确定一个范围，它能包含所有在标称值周围的测量结果，那么这个范围就定义为重复精度。通常重复精度比精度更加重要，在多数情况下，不准确度是由系统误差导致的，可以预测和测量，所以可以进行修正和补偿，而重复性误差通常是随机的，不容易补偿。

5.2 常用机器人内部传感器

5.2.1 机器人的位置、位移检测传感器

机器人关节的位置控制是机器人最基本的控制要求，而对位置和位移的检测也是机器人最基本的感觉要求。位置和位移传感器根据其工作原理和组成的不同有多种形式，常见的有电阻式位移传感器、电容式位移传感器、电感式位移传感器、编码式位移传感器、霍尔元件位移传感器、磁栅式位移传感器等。

机器人的位置检测传感器可分为两类：

1）检测规定的位置，常用ON/OFF两个状态值。这种方法用于检测机器人的起始原点、终点位置或某个确定的位置。给定位置检测常用的检测元件有微型开关、光电开关等。规定的位移量或力作用在微型开关的可动部分上，开关的电气触点断开（常闭）或接通（常开）并向控制回路发出动作信号。

2）测量可变位置和角度，即测量机器人关节线位移和角位移的传感器，是机器人位置反馈控制中必不可少的元器件。常用的有电位器、旋转变压器、编码器等。其中编码器既可以检测直线位移，又可以检测角位移。

下面介绍几种常用的位置检测传感器。

1. 光电开关

光电开关是由LED光源和光敏二极管或光电晶体管等光敏元件，相隔一定距离而构成的透光式开关。光电开关的特点是非接触检测，精度可达到0.5mm左右。根据检测方式不同，光电开关可以分为以下几种。

（1）漫反射式光电开关　漫反射式光电开关是一种集发射器和接收器于一体的传感器。当有被检测物体经过时，物体将光电开关发射器发射的足够量的光线反射到接收器，于是光电开关就产生了开关信号。当被检测物体的表面光亮或其反光率极高时，漫反射式的光电开关是首选，如图5-2a所示。

（2）镜反射式光电开关　镜反射式光电开关也是集发射器与接收器于一体。光电开关发射器发出的光线经过反射镜，反射回接收器，当被检测物体经过且完全阻断光线时，光电

开关就产生了检测开关信号，如图 5-2b 所示。

(3) 对射式光电开关　对射式光电开关包含在结构上相互分离且光轴相对放置的发射器和接收器，发射器发出的光线直接进入接收器。当被检测物体经过发射器和接收器之间且阻断光线时，光电开关就产生了开关信号。当检测物体不透明时，对射式光电开关是最可靠的，如图 5-2c 所示。

(4) 槽式光电开关　槽式光电开关通常是标准的 U 形结构，其发射器和接收器分别位于 U 形槽的两边，并形成一光轴。当被检测物体经过 U 形槽并且阻断光轴时，光电开关就产生了检测到的开关量信号。槽式光电开关比较安全可靠，适合检测高速变化、分辨透明与半透明物体，如图 5-2d 所示。

(5) 光纤式光电开关　光纤式光电开关有遮断式(图 5-2e)、反射式(图 5-2f)、反射镜反射式(图 5-2g) 3 种。

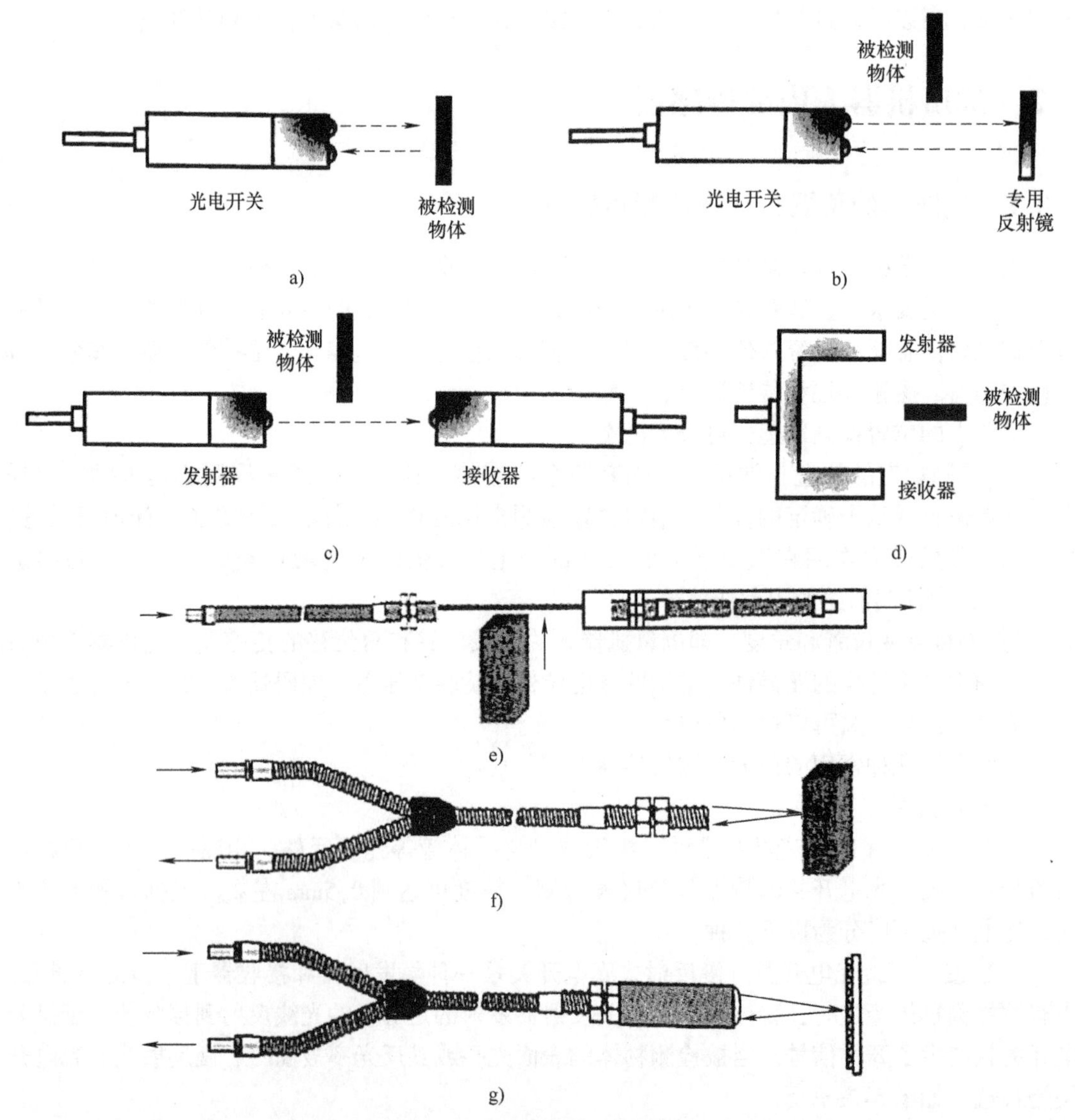

图 5-2　各种检测方式的光电开关

a) 漫反射式　b) 镜反射式　c) 对射式　d) 槽式　e) 遮断式　f) 反射式　g) 反射镜反射式

2. 编码器

根据检测原理，编码器可分为光电式、磁场式、感应式和电容式。根据刻度方法及信号输出形式，可分为增量式、绝对式及混合式3种。

光电式编码器最常用。光电编码器分为绝对式和增量式两种类型。增量式光电编码器具有结构简单、体积小、价格低、精度高、响应速度快、性能稳定等优点，应用较为广泛。特别是在高分辨力和大量程角速率/位移测量系统中，增量式光电编码器更具优越性。

图5-3所示为光电式增量编码器结构图。在圆盘上有规则地刻有透光和不透光的线条。在圆盘两侧，安放发光元件和光敏元件。

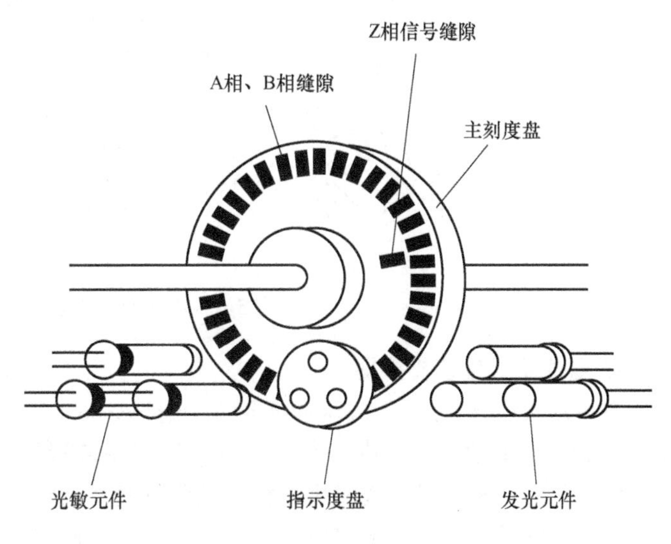

图5-3　光电式增量编码器结构图

光电编码器的光源最常用的是自身有聚光效果的发光二极管。当光电码盘随工作轴一起转动时，光线透过光电码盘和光栏板狭缝，形成忽明忽暗的光信号。光敏元件把此光信号转换成电脉冲信号，通过信号处理电路后，向数控系统输出脉冲信号，也可由数码管直接显示位移量。

光电编码器的测量准确度与码盘圆周上的狭缝输出波形条纹数 n 有关，能分辨的角度$\alpha=360°/n$，分辨率$=1/n$。

例如：码盘边缘的透光槽数为1024个，则能分辨的最小角度 $\alpha=360°/1024=0.352°$。为了判断码盘旋转的方向，必须在光栏板上设置两个狭缝，其距离是码盘上的两个狭缝距离的（$m+1/4$）倍，m 为正整数，并设置了两组对应的光敏元件，如图5-3中的光敏元件，有时也称为cos、sin元件。当检测对象旋转时，同轴或关联安装的光电编码器便会输出 A、B 两路相位相差90°的数字脉冲信号。光电编码器的输出波形如图5-4所示。为了得到码盘转动的绝对位置，还须设置一个基准点，如图5-3中的Z相信号缝隙（零位标志）。码盘每转一圈，零位标志槽对应的光敏元件产生一个脉冲，称为“一转脉冲”，如图5-4中的 C_0 脉冲所示。

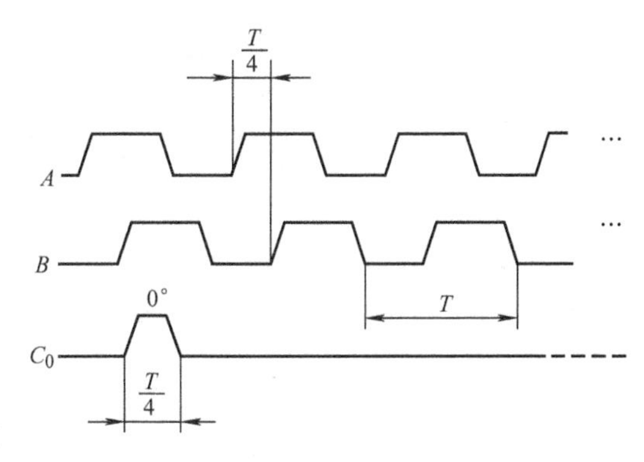

图5-4　光电编码器的输出波形图

3. 旋转变压器

旋转变压器有铁心、两个定子线圈（二次线圈）和两个转子线圈（一次线圈）组成，是测量旋转角度的传感器。旋转变压器同样也是变压器，它的一次线圈随着旋转轴一起转动，并经集电环通有交变电流（图5-5）。旋转变压器具有两个二次线圈，相互成90°放置。

随着转子的旋转，由转子所产生的磁通量跟随一起旋转，当一次线圈与两个二次线圈中的一个平行时，该线圈中的感应电压最大，而在另一个垂直于一次线圈的二次线圈中没有任何感应电压。随着转子的转动，最终第一个二次线圈中的电压达到零，而第二个二次线圈中的电压达到最大值。对于其他角度，两个二次线圈产生与一次线圈夹角正、余弦成正比的电压。虽然旋转变压器的输出是模拟量，但却等同于角度的正弦、余弦值，这就避免了以后计算这些值的必要性。旋转变压器可靠、稳定且准确。

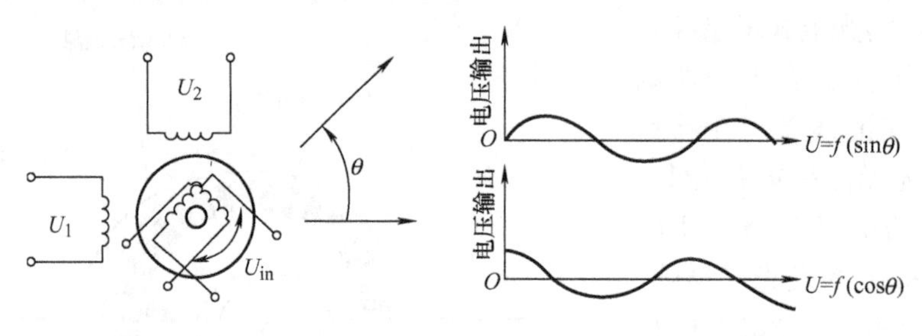

图 5-5　旋转变压器原理图

4. 电位器式位移传感器

电位器式位移传感器（Potentiometer Displacement Transducer）由一个线绕电阻（或碳膜电阻）和一个滑动触点组成。滑动触点通过机械装置受被检测量的控制，当被检测的位置量发生变化时，滑动触点也发生位移，从而改变滑动触点与电位器各端之间的电阻值和输出电压值。传感器根据这种输出电压值的变化，可以检测出机器人各关节的位置和位移量。

按照传感器的结构，电位器式位移传感器可分成两大类：一类是直线型电位器式位移传感器；另一类是旋转型电位器式位移传感器。

（1）直线型电位器式位移传感器　直线型电位器式位移传感器的工作原理和实物分别如图 5-6 和图 5-7 所示。直线型电位器式位移传感器的工作台与传感器的滑动触点相连，当工作台左、右移动时，滑动触点也随之左、右移动，从而改变与电阻接触的位置，通过检测输出电压的变化量，确定以电阻中心为基准位置的移动距离。

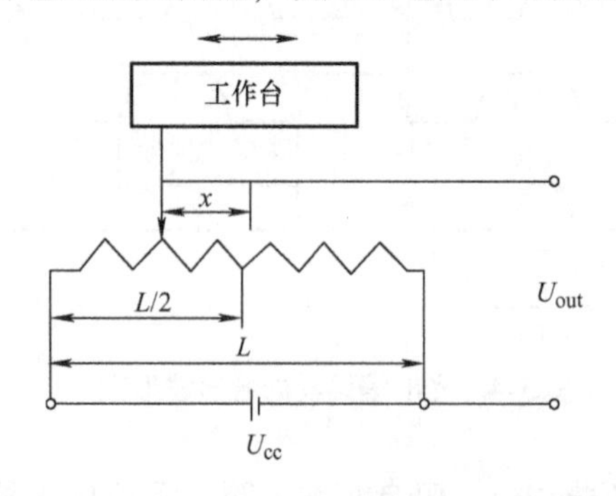

图 5-6　直线型电位器式位移传感器的工作原理

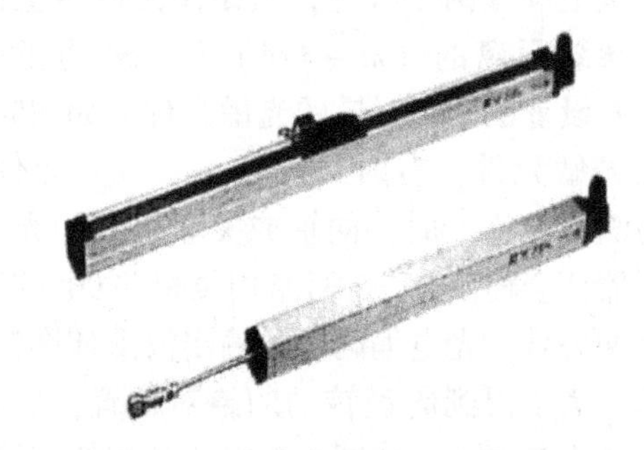

图 5-7　直线型电位器式位移传感器实物

假定输入电压为 U_{cc}，电阻丝长度为 L，触点从中心向左端移动 x，电阻右侧的输出电压为 U_{out}，则根据欧姆定律，移动距离为

$$x=\frac{L(2U_{out}-U_{cc})}{2U_{cc}} \tag{5-1}$$

直线型电位器式位移传感器主要用于检测直线位移，其电阻器采用直线型螺线管或直线型碳膜电阻，滑动触点也只能沿电阻的轴线方向做直线运动。直线型电位器式位移传感器的工作范围和分辨力受电阻器长度的限制，线绕电阻电阻丝本身的不均匀性会造成传感器的输入、输出关系的非线性。

（2）旋转型电位器式位移传感器　旋转型电位器式位移传感器的电阻元件呈圆弧状，滑动触点在电阻元件上做圆周运动。由于滑动触点等的限制，传感器的工作范围只能小于360°。把图5-7中的电阻元件弯成圆弧形，可动触点的另一端固定在圆的中心，并像时针那样回转，由于电阻值随着回转角而改变，因此基于上述同样的理论可构成角度传感器。图5-8和图5-9所示分别为旋转型电位器式位移传感器的工作原理和实物。当输入电压U_{cc}加在传感器的两个输入端时，传感器的输出电压U_{out}与滑动触点的位置成比例。在应用时，机器人的关节轴与传感器的旋转轴相连，这样根据测量的输出电压U_{out}的数值，即可计算出关节对应的旋转角度。

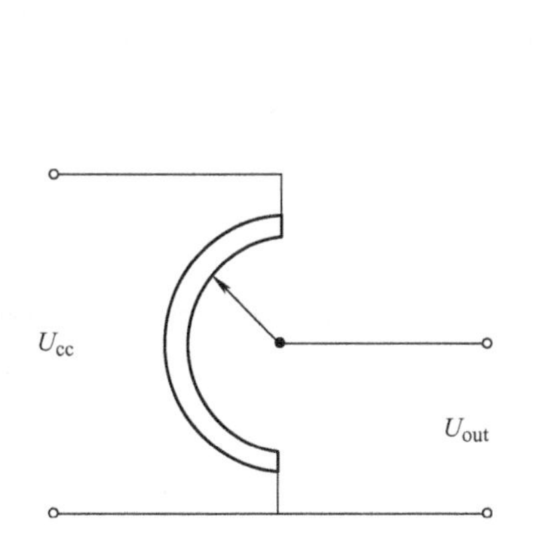

图5-8　旋转型电位器式位移传感器的工作原理

图5-9　旋转型电位器式位移传感器实物

电位器式位移传感器具有性能稳定、结构简单、使用方便、尺寸小、重量轻等优点。它的输入/输出特性可以是线性的，也可以根据需要选择其他任意函数关系的。它的输出信号选择范围很大，只需改变电阻两端的基准电压，就可以得到比较小或比较大的输出电压信号。这种位移传感器不会因为失电而丢失其已感知到的信息。当电源因故断开时，电位器的滑动触点将保持原来的位置不变，只要重新接通电源，原有的位置信息就会重新出现。电位器式位移传感器的一个主要缺点是容易磨损，当滑动触点和线圈（或碳膜）之间的接触面上有磨损或有尘埃附着时会产生噪声，使电位器的可靠性和寿命受到一定影响。正因为如此，电位器式位移传感器在机器人上的应用受到了极大的限制。

5.2.2　机器人速度、角速度传感器

1. 编码器

前面讲过编码器既可以测直线位移，又可以测角位移。如果用编码器测量位移，那么就没有必要再单独使用速度传感器。

增量式光电编码器在机器人中，既可以作为位置传感器测量关节相对位置，又可以作为速度传感器测量关节速度。作为速度传感器时，既可以在模拟方式下使用，又可以在数字方

式下使用。

(1) 模拟方式　在这种方式下，必须有一个频率-电压（F/V）变换器，用来把编码器测得的脉冲频率转换成与速度成正比的模拟电压。其原理如图5-10所示。

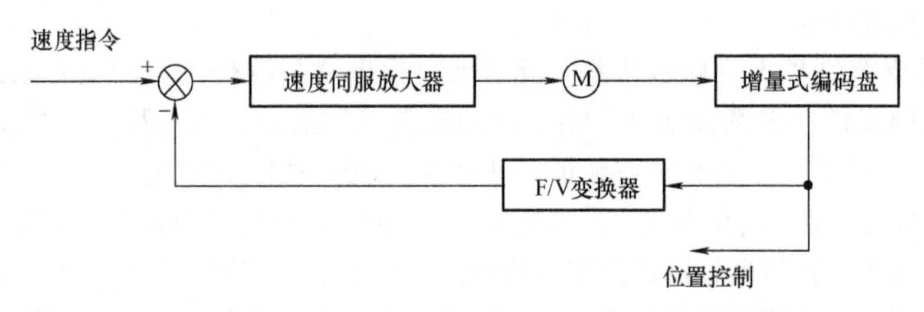

图5-10　模拟方式下的增量式编码盘测速原理

F/V变换器必须有良好的零输入、零输出特性和较小的温度漂移，这样才能满足测试要求。

(2) 数字方式　数字方式测速是指基于数学公式，利用计算机软件计算出速度。由于角速度是转角对时间的一阶导数，如果能测得单位时间 Δt 内编码器转过的角度 $\Delta\theta$，则编码器在该时间内的平均转速为

$$\omega=\frac{\Delta\theta}{\Delta t} \tag{5-2}$$

单位时间值取得越小，则所求得的转速越接近瞬时转速。然而时间太短，编码器通过的脉冲数太少，又会导致所得到的速度分辨力下降。在实践中，通常采用时间增量测量电路来解决这一问题。

编码器一定时，编码器的每转输出脉冲数就确定了。设某一编码器的分辨力为1000脉冲/转，则编码器连续输出两个脉冲时转过的角度为

$$\Delta\theta=\frac{2}{1000}\times2\pi \tag{5-3}$$

而转过该角度的时间增量可用图5-11所示的时间增量测量电路测得。

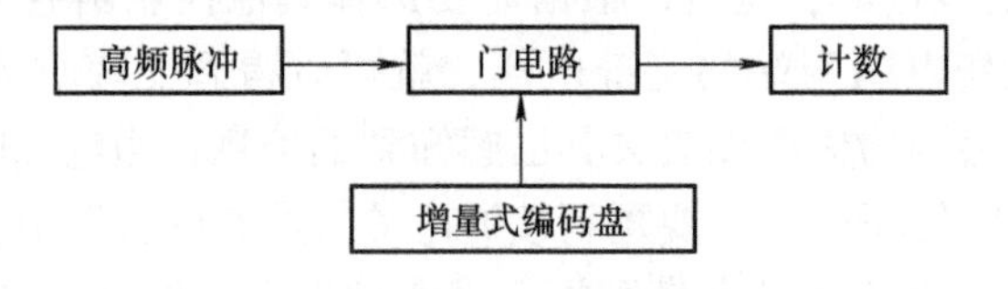

图5-11　时间增量测量电路

测量时，利用一高频脉冲源发出连续不断的脉冲，设该脉冲源的周期为0.1ms，用一计数器测出在编码器发出两个脉冲的时间内高频脉冲源发出的脉冲数。门电路在编码器发出第一个脉冲时开启，发出第二个脉冲时关闭，这样计数器计得的计数值就是时间增量内高频脉冲源发出的脉冲数。设该计数值为100，则得时间增量为

$$\Delta t=0.1\times100\text{ms}=10\text{ms}$$

所以，角速度为

$$\omega=\frac{\Delta\theta}{\Delta t}=\frac{(2/1000)2\pi}{10\times10^{-3}}\text{rad/s}=1.256\text{rad/s}$$

2. 测速发电机

测速发电机（Tachogenerator）是一种把机械转速变换成电压信号，输出电压与输入的转速成正比的机电式信号元件。它可以作为测速、校正和解算元件，广泛应用于机器人的关节速度测量中。

机器人对测速发电机的性能要求，主要是精度高、灵敏度高、可靠性好，包括以下5个方面。

1）输出电压与转速之间有严格的正比关系。

2）输出电压的脉动要尽可能小。

3）温度变化对输出电压的影响要小。

4）在一定转速时所产生的电动势及电压应尽可能大。

5）正反转时输出电压应对称。

测速发电机按输出信号的形式，可分为直流测速发电机和交流测速发电机。直流测速发电机具有输出电压斜率大、没有剩余电压及相位误差、温度补偿容易实现等优点。交流测速发电机的主要优点是不需要电刷和换向器、不产生无线电干扰火花、结构简单、运行可靠、转动惯量小、摩擦阻力小，以及正、反转电压对称等。

（1）直流测速发电机　直流测速发电机有永磁式和电磁式两种，其结构与直流发电机相近。永磁式采用高性能永久磁钢励磁，受温度变化的影响较小、输出变化小、斜率高、线性误差小。这种发电机在20世纪80年代因新型永磁材料的出现而发展较快。电磁式采用他励式，不仅复杂且因励磁受电源、环境等因素的影响，输出电压变化较大，用得不多。图5-12所示为直流测速发电机电路原理图。

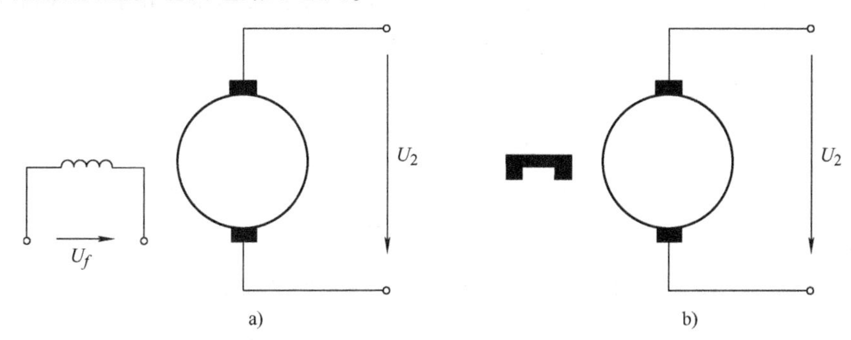

图5-12　直流测速发电机电路原理图

a）电磁式　b）永磁式

用永磁材料制成的直流测速发电机还分有限转角测速发电机和直线测速发电机。它们分别用于测量旋转和直线运动速度，其性能要求与电磁式直流测速发电机相近，但结构有些差别。

直流测速发电机实际上是一种微型直流发电机，它的绕组和磁路经精确设计而成。直流测速发电机的结构如图5-13所示。

直流测速发电机的工作原理基于法拉第电磁感应定律，当通过线圈的磁通量恒定时，位于磁场中的线圈旋转，使线圈两端产生的电压（感应电动势）与线圈（转子）的转速成正比，即

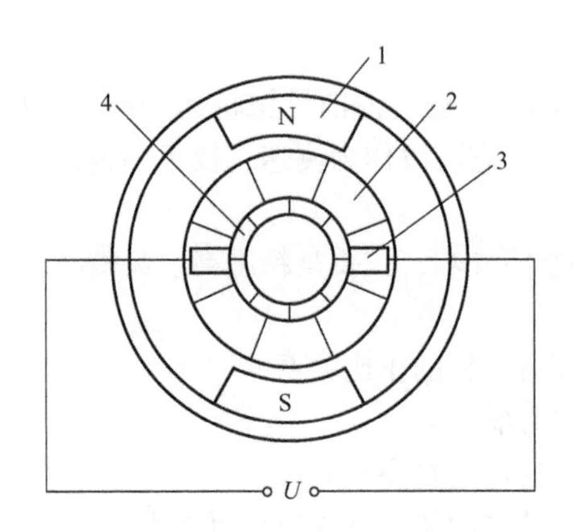

图 5-13　直流测速发电机的结构

1—永久磁铁　2—转子线圈　3—电刷　4—换向器

$$U = kn \tag{5-4}$$

式中，U 为测速发电动机的输出电压（V）；n 为测速发电动机的转速（r/min）；k 为比例系数［V/(r/min)］。

改变旋转方向时，输出电压的极性即相应改变。当被测机构与测速发电机同轴连接时，只要检测出直流测速发电机的输出电压和极性，就能获得被测机构的转速和旋转方向。

将测速发电机的转子与机器人关节伺服驱动电动机轴相连，就能测出机器人运动过程中的关节转动速度，而且测速发电机能用在机器人速度闭环系统中作为速度反馈元件，所以其在机器人控制系统中得到了广泛的应用。机器人速度伺服控制系统的控制原理如图 5-14 所示。

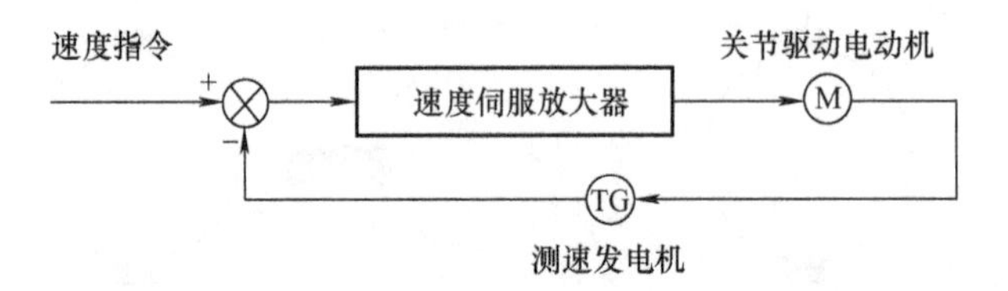

图 5-14　机器人速度伺服控制系统的控制原理

测速发电机线性度好、灵敏度高、输出信号强，目前检测范围一般为 20 ~ 40r/min，精度为 0.2% ~0.5%。在机器人中，交流测速发电机用得不多，多数情况下用的是直流测速发电机。

（2）交流测速发电机　交流测速发电机分为同步测速发电机和异步测速发电机。同步测速发电机输出电压的幅值和频率均随转速的变化而变化，因此一般只用作指示式转速计，很少用于自动控制系统的转速测量。异步测速发电机输出电压的频率和励磁电压频率相同，而与转速无关，其输出电压与转速成正比，因而是交流测速发电机的首选。

根据转子的结构形式，异步测速发电机又可分为笼型转子异步测速发电机和杯型转子异步测速发电机。前者结构简单、输出特性斜率大，但特性差、误差大、转子惯量大，一般用于精度要求不高的系统中；后者转子采用非磁性空心杯，转子惯量小、精度高，是目前应用最广泛的一种交流测速发电机。所以，这里主要介绍杯型转子异步测速发电机。其基本结构如图5-15所示。

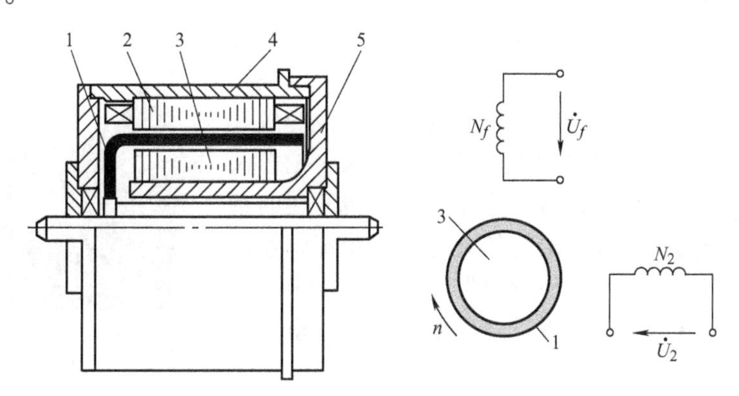

图5-15　杯型转子异步测速发电机基本结构

1—杯型结构　2—外定子　3—内定子　4—机壳　5—端盖

如图5-16所示为杯型转子异步测速发电机工作原理图。励磁磁通是沿励磁绕组轴线方向（直轴方向）的，即与输出绕组轴线方向垂直，因而当发电机的转子不动时，是不会在输出绕组中产生感应电动势的，所以此时输出绕组的电压为零，如图5-16a所示。励磁磁通在转子绕组中会产生变压器电动势和电流，并产生相应的转子磁通，该磁通位于直轴方向，与输出绕组轴线方向垂直，所以也不会在输出绕组中产生感应电动势。空心杯型转子可以看作由无数条并联的导体组成，所以当转子以转速 n 旋转时，转子导体在励磁磁场中就要产生运动电动势，其方向如图5-16b所示。

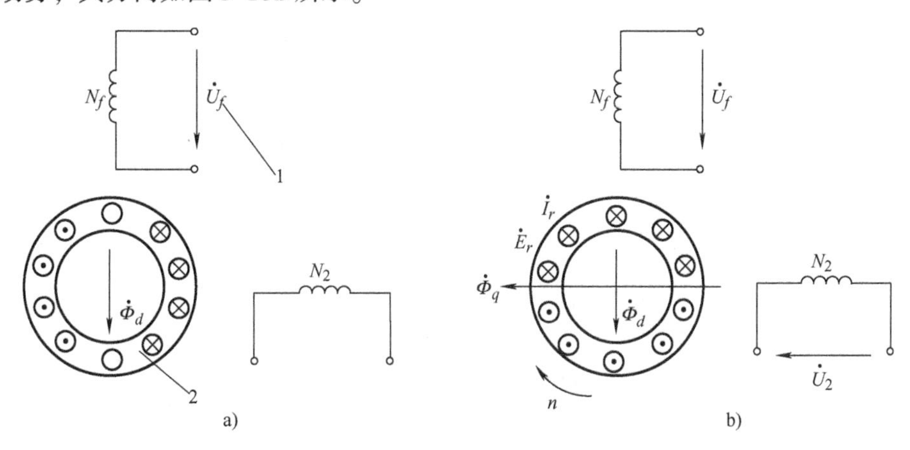

图5-16　杯型转子异步测速发电机工作原理

a）转子静止时　b）转子旋转时

1—变压器电动势　2—杯型转子

图5-16中，$U_2 \propto \Phi_q \propto I_r \propto E_r = C_r \Phi_d n \propto U_f n$。式中，$C_r$ 为电动势系数。由式中可以看出：当交流异步测速发电机励磁绕组施加恒定的励磁电压，发电机以转速 n 旋转时，输出绕组的输出电压 U_2 与转速 n 成正比；当发电机反转时，由于相应的感应电动势、电流及磁通的相位都与原来相反，因此输出电压的相位也与原来相反。这样，异步测速发电机就能将转速信号转换成电压信号，实现测速的目的。

3. 微硅陀螺仪

微硅陀螺仪（Micro-Silicon Gyroscope）是一种新型的电子式陀螺仪（角速度传感器），可以检测移动平台绕轴倾斜的角速度，其外观照片如图5-17所示。微硅陀螺仪是利用科里奥利效应而得到的单轴固态速率陀螺仪，陀螺仪采用硅素振动环状精密设计，可产生正比于旋转速度的精确模拟直流电压输出。由微硅陀螺仪和电子倾角传感器组合构成的姿态传感器，可用于检测机器人行走过程中的运行姿态，目前在步行机器人、平行双轮电动车等上得到了较多的应用。

图5-17　微硅陀螺仪外观照片

4. 位置信号微分

如果位置信号中噪声较小，那么对它进行微分来求取速度信号不仅可行，还很简单。为此，位置信号应尽可能连续，以免在速度信号中产生大的脉动。所以，建议使用碳膜式电位器测量位置，因为绕线式电位器的输出是分段的，不适合微分。然而，信号的微分总是会有噪声的，应该仔细处理。图5-18表示的是带有运算放大器的RC微分和积分电路的简单RC电路，它可用于微分运算。在图5-18中，速度信号为

$$v_{out} = -RC\mathrm{d}V_{in}/\mathrm{d}t \tag{5-5}$$

同样，可以对速度（或加速度）信号积分而得到位置（或速度）信号为

$$v_{out} = -\int \frac{v_{in}}{RC}\mathrm{d}t \tag{5-6}$$

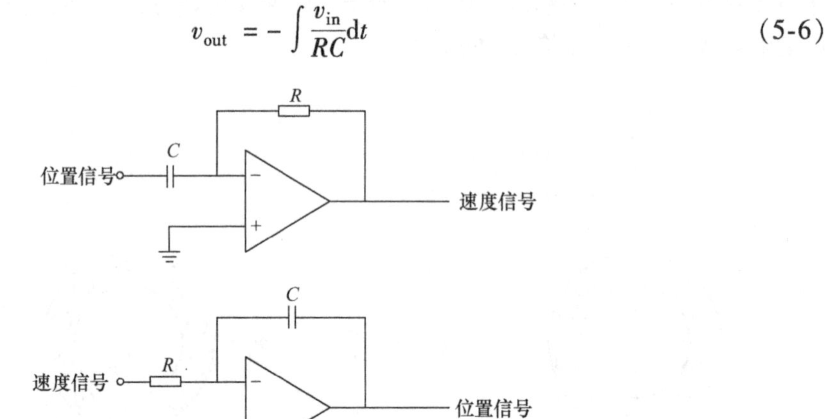

图5-18　带运算放大器的RC微分和积分电路

5.3　常用机器人外部传感器

为了检测作业对象及环境或机器人与它们的关系，在机器人上安装了接触觉传感器、视觉传感器、力觉传感器、接近觉传感器、超声波传感器和听觉传感器等，大大改善了机器人工作状况，使其能够更充分地完成复杂的工作。由于外部传感器为集多种学科于一身的产品，有些方面还在探索之中，随着外部传感器的进一步完善，机器人的功能越来越强大，将

在许多领域为人类做出更大贡献。

5.3.1 机器人接触觉传感器

机器人接触觉传感器是用来判断机器人是否接触物体的器件。传感器一般装于机器人运动部件或末端执行器（手爪）上，用以判断机器人部件是否和对象物体发生了接触，以确定机器人的运动正确性，实现合理抓握或防止碰撞。接触觉是通过与对象物体彼此接触而产生的。接触觉传感器若具有柔性、易于变形、便于和物体接触、则具有较好的感知能力。

下面介绍几种常用的接触觉传感器。

1. 微动开关

微动开关是一种最简单的接触觉传感器，它主要由弹簧和触头构成。触头接触外界物体后动作，造成信号通路断开或闭合，从而检测到与外界物体的接触。微动开关的触点间距小、动作行程短、按动力小、通断迅速，具有结构简单、性能可靠、成本低、使用方便等特点。缺点是易产生机械振荡和触头发生氧化、仅有0和1两个信号。在实际应用中，通常以微动开关和相应的机械装置（如探头、探针等）上结合构成一种触觉传感器。

（1）触须式触觉传感器　机械式触觉传感器与昆虫的触须类似，可以安装在移动机器人的四周，用以发现外界环境中的障碍物。图5-19a所示为猫须传感器结构示意图。该传感器的控制杆用柔软的弹性物质制成，相当于微动开关的触头，当触及物体时接通输出回路，输出电压信号。

可在机器人脚下安装多个猫须传感器，如图5-19b所示，依照接通的传感器个数及方位来判断机器脚在台阶上的具体位置。

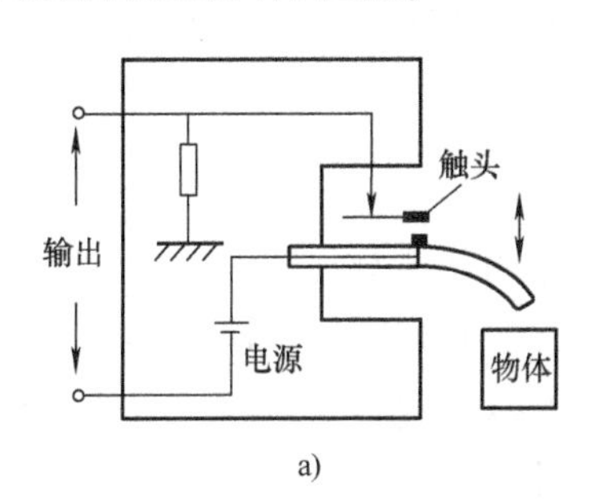

a)

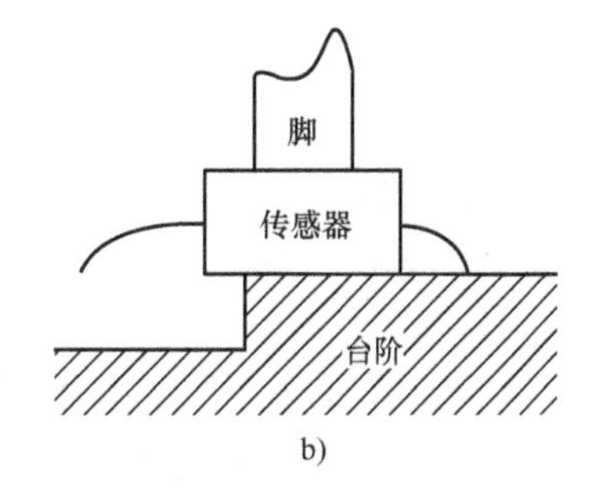

b)

图5-19　猫须传感器
a）结构　b）应用实例

（2）接触棒触觉传感器　接触棒触觉传感器由一端伸出的接触棒和内部开关组成，如图5-20所示。移动过程中，传感器碰到障碍物或接触作业对象时，内部开关接通电路，输出信号。将多个传感器安装在机器人的手臂或腕部，机器人就可以感知障碍物和物体。

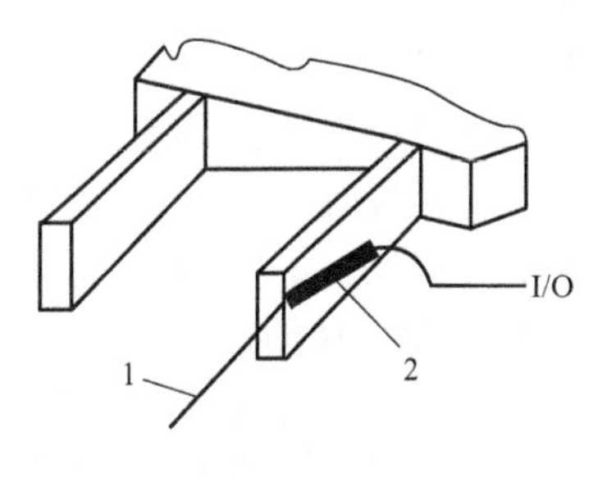

图5-20　接触棒触觉传感器
1—接触棒　2—内部开关

2. 柔性触觉传感器

（1）柔性薄层触觉传感器　柔性薄层触觉传感器具有获取物体表面形状二维信息的潜在能力，它是采用柔性聚氨基甲酸酯泡沫材料的传感器。柔性薄层触觉传感器如图 5-21 所示，泡沫材料用硅橡胶薄层覆盖。这种传感器结构与物体周围的轮廓相吻合，移去物体时，传感器即恢复到最初形状。导电橡胶应变计连到薄层内表面，拉紧或压缩应变计时，薄层的形变会被记录下来。

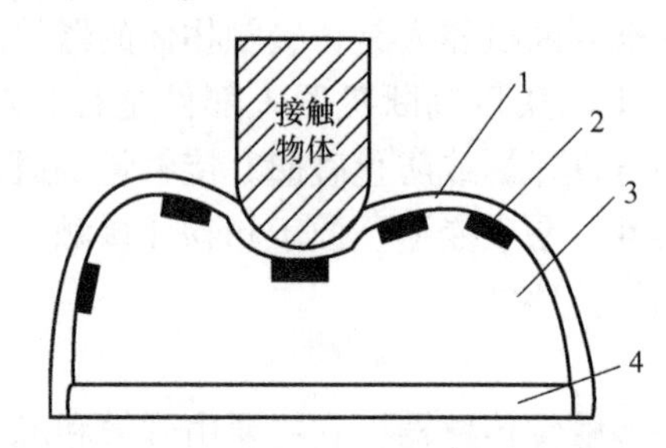

图 5-21　柔性薄层触觉传感器

1—硅橡胶薄层　2—导电橡胶应变计　3—聚氨基甲酸酯泡沫材料　4—刚性支承架

（2）导电橡胶传感器　导电橡胶传感器以导电橡胶为敏感元件，当触头接触外界物体受压后，会压迫导电橡胶，使它的电阻发生改变，从而使流经导电橡胶的电流发生变化。如图 5-22 所示，该传感器为三层结构，外边两层分别是传导塑料层 A 和 B，中间夹层为导电橡胶层 S，相对的两个边缘装有电极。传感器的构成材料柔软而富有弹性，在大块表面积上容易形成各种形状，可以实现触压分布区中心位置的测定。这种传感器的缺点是由于导电橡胶的材料配方存在差异，会出现漂移和滞后特性不一致的情况。其优点是具有柔性。

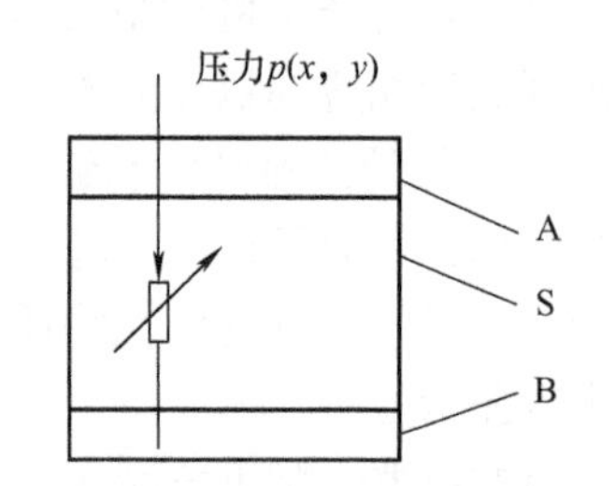

图 5-22　导电橡胶传感器结构

A、B—外敷传导塑料　S—导电橡胶

（3）气压式触觉传感器　气压式触觉传感器主要由体积可变化的波纹管式密闭容腔、内藏于容腔底部的压力传感器和压力信号放大电路组成，如图 5-23 所示。其工作原理为：当波纹管密闭容腔的上端盖（头部）与外界物体接触受压时，将产生轴向移动，使密闭容腔体积缩小，内部气体将被压缩，引起压力变化；密闭容腔内压力的变化值，由内藏于底部的压力传感器检测出来；通过检测容腔内压力的变化，来间接测量波纹管的压缩位移，从而判断传感器与外界物体的接触程度。

气压式触觉传感器具有结构简单可靠、成本低廉、柔软性和安全性高等优点，但由于波纹管在工作过程中存在着微量的横向膨胀，该类传感器输出信号的线性度将受到影响。

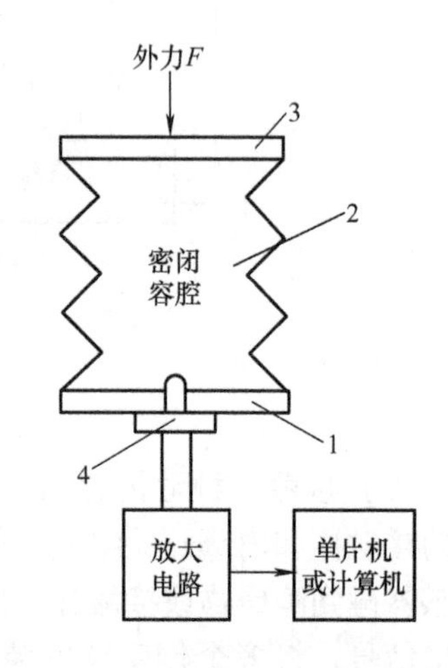

图 5-23　气压式触觉传感器原理图

1—下端盖　2—波纹管

3—上端盖　4—压力传感器

3. 触觉传感器阵列

（1）成像触觉传感器　成像触觉传感器由若干个感知单元组成阵列结构，用于感知目标物体的形状。图 5-24a 所示为美国 LORD 公司研制的 LTS－100 触觉传感器外形。传感器由 64 个感知单元组成 8 × 8 的阵列，形成接触界面。传感器单元的转换原理如图5-24b所示。当弹性材料制作的触点受到法向压力作用时，触杆下伸，挡住发光二极管射向光敏二极管的部分光，于是光敏二极管输出随压力大小变化的电信号。阵列中感知单元的输出电流由多路模拟开关选通检测，经过模数转换成为不同的触觉数字信号，从而感知目标物体的形状。

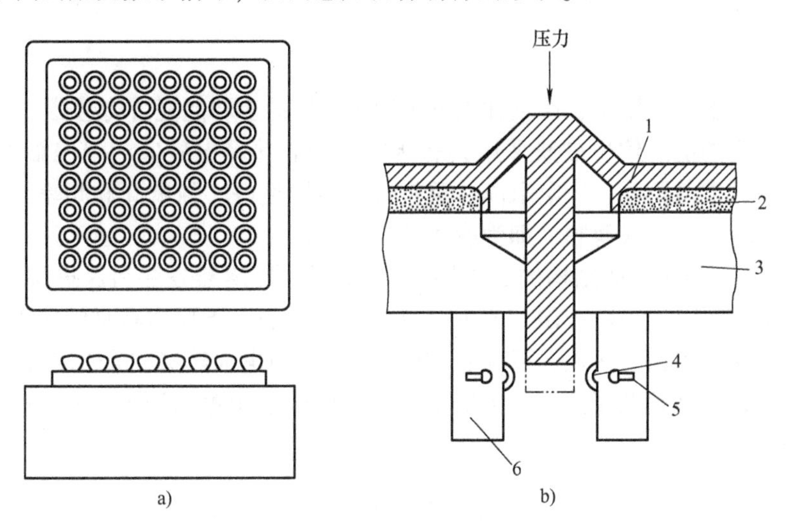

图5-24 LTS-100触觉传感器

a）传感器外形 b）传感器单元的转换原理

1—橡胶垫片 2—金属板 3—Al支持板 4—透镜 5—LED 6—光传感器

（2）TIR触觉传感器 基于光学全反射（Total Internal Reflector，TIR）原理的触觉传感器如图5-25所示。

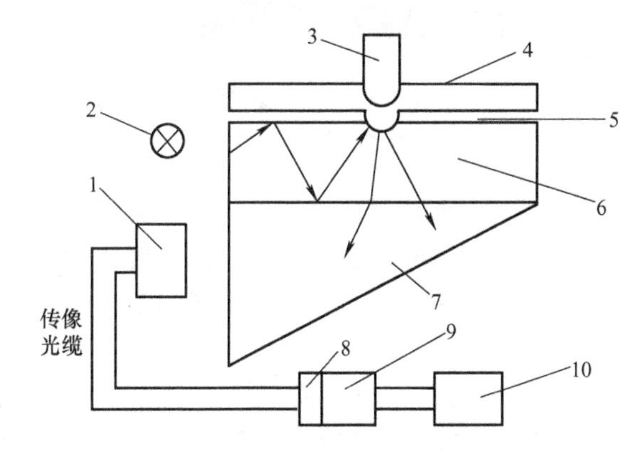

图5-25 TIR触觉传感器

1—自聚焦透镜 2—光源 3—物体 4—B色弹性膜 5—空气间隙

6—光学玻璃波导板 7—棱镜片 8—显微镜 9—CCD成像装置 10—图像监视器

传感器由白色弹性膜、光学玻璃波导板、微型光源、透镜组、CCD成像装置和控制电路组成。光源发出的光从波导板的侧面垂直入射进波导板，当物体未接触敏感面时，波导板与白色弹性膜之间存在空气间隙，进入波导板的大部分光线在波导板内发生全反射。当物体接触敏感面时，白色弹性膜被压在波导板上。在两者贴近部位，波导板内的光线从光疏媒质（光学玻璃波导板）射向光密媒质（白色弹性膜），同时波导板表面发生不同程度的变形，有光线从白色弹性膜和波导板贴近部位泄漏出来，在白色弹性膜上产生漫反射。漫反射光经波导板与棱镜片射出来，形成物体触觉图像。触觉图像经自聚焦透镜、传像光缆和显微镜进入 CCD 成像装置。

4. 仿生皮肤

仿生皮肤是集触觉、压觉、滑觉和温觉传感于一体的多功能复合传感器，具有类似于人体皮肤的多种感觉功能。仿生皮肤采用具有压电效应和热释电效应的聚偏氟乙烯（PVDF）敏感材料，具有温度范围宽、体电阻高、重量轻、柔顺性好、强度高和频率响应宽等特点，采用热成形工艺容易加工成薄膜、细管或微粒。

PVDF 仿生皮肤传感器的结构剖面如图 5-26 所示。传感器表层为保护层（橡胶包封表皮），上层为两面镀银的整块 PVDF，分别从两面引出电极。下层由特种镀膜形成条状电极，引线由导电胶黏接后引出。在上、下两层 PVDF 之间，由电加热层和柔性隔热层（软塑料泡沫）形成两个不同的物理测量空间。上层 PVDF 获取温觉和触觉信号，下层条状 PVDF 获取压觉和滑觉信号。

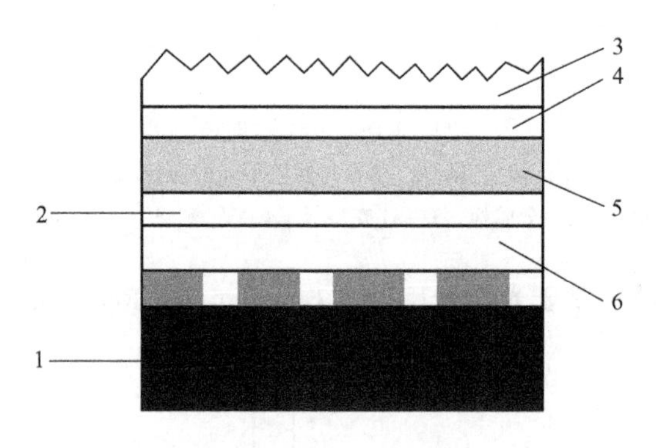

图 5-26　PVDF 仿生皮肤传感器的结构剖面

1—硅电橡胶基底及引线　2—柔性隔热层　3—橡胶包封表皮　4—上层 PVDF　5—电加热层　6—下层 PVDF

为了使 PVDF 具有感温功能，电加热层使上层 PVDF 温度维持在 55℃左右。当待测物体接触传感器时，因待测物体与上层 PVDF 存在温差，发生热传递，使 PVDF 的极化面产生相应数量的电荷，从而输出电压信号。采用阵列 PVDF 形成的多功能复合仿生皮肤，可模拟人类通过触摸识别物体形状。

阵列式仿生皮肤传感器的结构剖面如图 5-27 所示。其层状结构主要由表层、行 PVDF 条、列 PVDF 条、绝缘层、PVDF 层和硅导电橡胶基底构成。行、列 PVDF 条两面镀银，均为用微细切割方法制成的细条，分别粘贴在表层和绝缘层上，由 33 根导线引出。行、列 PVDF 条各 16 条，并有 1 根公共导线，形成 256 个触点单元。PVDF 层也两面镀银，引出两根导线。当 PVDF 层受到高频电压激发时，发出超声波使行、列 PVDF 条共振，输出一定幅值的电压信号。仿生皮肤传感器接触物体时，表面受到一定压力，相应受压触点单元的振幅会降低。根据这一机理，通过行列采样及数据处理，可以检测物体的形状、质心和压力的大小，以及物体相对于传感器表面的滑移。

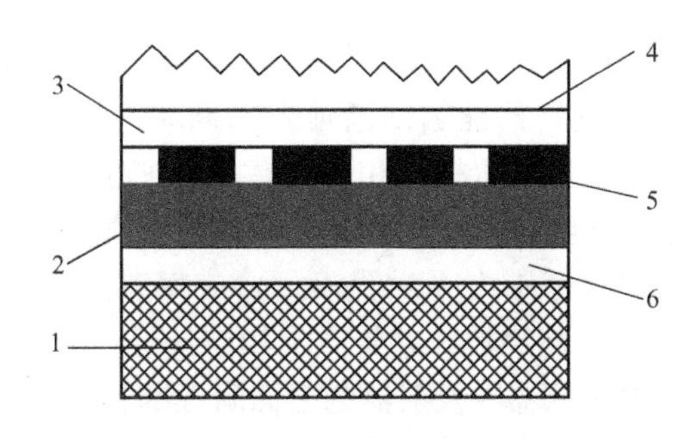

图5-27　阵列式仿生皮肤传感器的结构剖面

1—橡胶基底　2—绝缘层　3—行PVDF条　4—表层　5—列PVDF条　6—PVDF层

5.3.2　接近觉传感器

接近觉是机器人能感知相距几毫米至几十厘米内对象物或障碍物的距离、对象物的表面性质等的传感器。其目的是在接触对象前得到必要的信息，以便后续动作。接近觉传感器有许多不同的类型，如电磁式、涡流式、霍尔效应式、光学式、超声波式、电感式、电容式和气压式等。

1. 电磁式接近觉传感器

图5-28所示为电磁式接近觉传感器。加有高频信号i_s的励磁线圈L产生的高频电磁场作用于金属板，在其中产生涡流，该涡流反作用于线圈。通过检测线圈的输出可反映出传感器与被接近金属间的距离。

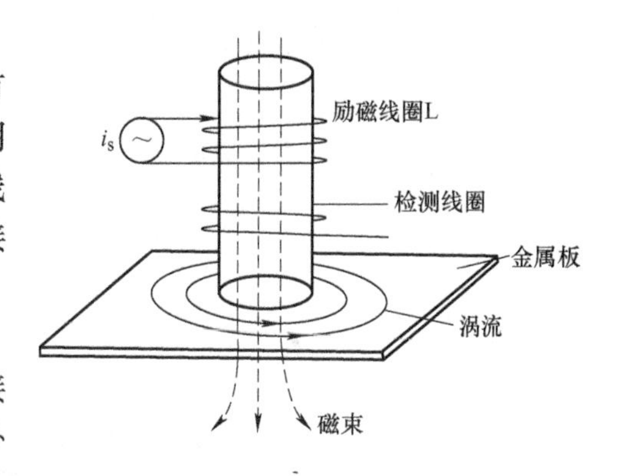

图5-28　电磁式接近觉传感器

2. 光学接近觉传感器

光学接近觉传感器由用作发射器的光源和接收器两部分组成。光源可以在内部，也可以在外部。接收器能够感知光线的有无。接收器通常是光敏晶体管，而发射器则通常是发光二极管，两者结合就形成了一个光传感器，可用于包括光学编码器在内的许多场合。

作为接近觉传感器，发射器及接收器的配置准则是：发射器发出的光只有在物体接近时才能被接收器接收。图5-29所示是光学接近觉传感器的原理图。除非能反射光的物体处在传感器作用范围内，否则接收器就接收不到光线，也就不能产生信号。

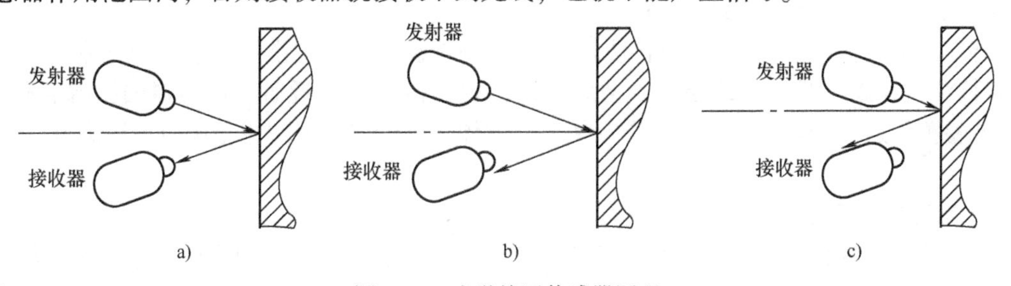

图5-29　光学接近传感器原理

3. 超声波接近觉传感器

在这种传感器中，超声波发射器能够间断地发出高频声波（通常在200kHz范围内）。超声波传感器有两种工作模式，即对置模式和回波模式。在对置模式中，接收器放置在发射器对面，而在回波模式中，接收器放置在发射器旁边或与发射器集成在一起，负责接收反射回来的声波。若接收器在其工作范围内（对置模式）或声波被靠近传感器的物体表面反射（回波模式），则接收器就会检测出声波，并将产生相应信号，否则接收器就检测不到声波，也就没有信号。所有的超声波传感器在发射器的表面附近都有盲区，在此盲区内，传感器不能测距，也不能检测物体的有无。在回波模式中，超声波传感器不能探测表面是橡胶和泡沫材料的物体，这些物体不能很好地反射声波。图5-30所示是超声波接近觉传感器的原理图。图5-31所示是常用超声波传感器的外观。

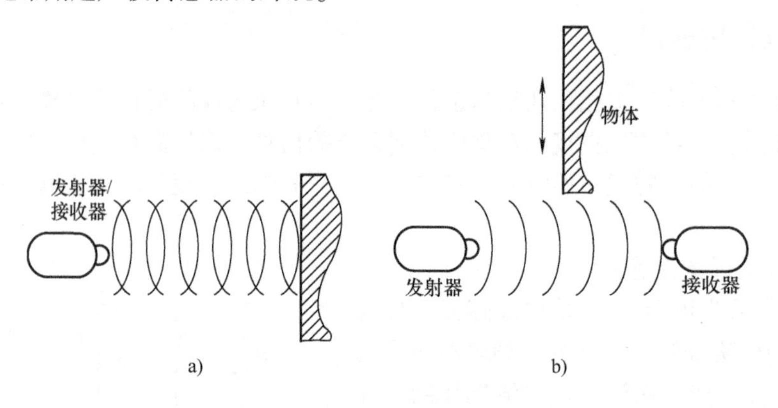

图5-30　超声波接近觉传感器原理
a）回波模式　b）对置模式

图5-31　常用超声波传感器外观

4. 感应式接近觉传感器

感应式接近觉传感器用于检测金属表面。这种传感器其实就是一个带有铁氧体磁心、振荡器-检测器和固态开关的线圈。当金属物体出现在传感器附近时，振荡器的振幅会很小。检测器检测到这一变化后，断开固态开关。当物体离开传感器的作用范围时，固态开关又会接通。

5. 电容式接近觉传感器

电容式接近觉传感器利用电容量的变化产生接近觉，如图5-32所示。其本身作为一个极板，被接近物作为另一个极板。将该电容接入电桥电路或RC振荡电路，利用电容极板距离的变化产生电容的变化，可检测出与被接近物的距离。电容式接近觉传感器具有对物体的颜色、构造和表面都不敏感且实时性好的优点。

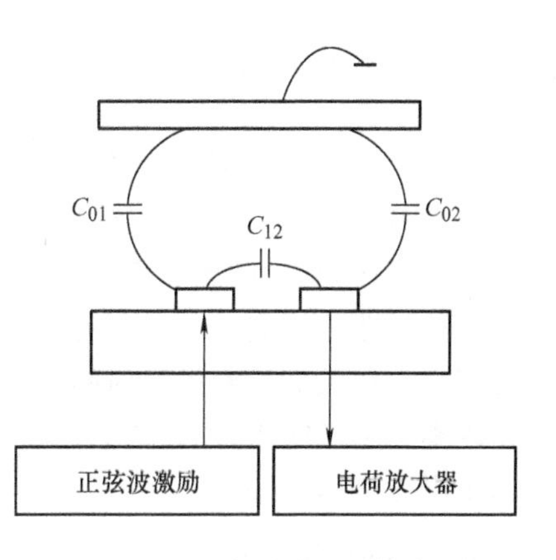

图5-32　电容式接近觉传感器

6. 涡流接近觉传感器

当导体放置在变化的磁场中时，内部就会产生电动势，导体中就会有电流流过，这种电流称为涡流。涡流接近觉传感器具有两个线圈，第一个线圈产生作为参考用的变化磁通，在有导电材料接近时，其中将会感应出涡流，感应出的涡流又会产生一个反向的磁通使总的磁通减少。总磁通的变化与导电材料的接近程度成正比，它可由第二组线圈检测出来。涡流接近觉传感器不仅能检测是否有导电材料，还能够对材料的空隙、裂纹、厚度等进行非破坏性检测。

7. 霍尔传感器

当一块通有电流的金属或半导体薄片垂直地放在磁场中时，薄片的两端就会产生电位差，这种现象就称为霍尔效应。两端具有的电位差值称为霍尔电动势 e，其表达式为

$$e = kiB/d$$

式中，k 为霍尔系数；i 为薄片中通过的电流；B 为外加磁场的磁感应强度；d 是薄片的厚度。

由此可见，霍尔效应的灵敏度高低与外加磁场的磁感应强度成正比。霍尔元件就属于这种有源磁电转换器件，是一种磁敏元件。它是在霍尔效应原理的基础上，利用集成封装和组装工艺制作而成。它可方便地把磁输入信号转换成实际应用中的电信号，还具备工业场合实际应用易操作和可靠性的要求。

霍尔传感器的输入端是以磁感应强度 B 来表征的。当 B 值达到一定的程度时，霍尔传感器内部的触发器翻转，传感器的输出电平状态也随之翻转。输出端一般采用晶体管输出，和其他传感器类似，有NPN、PNP、常开型、常闭型、锁存型（双极性）、双信号输出之分。霍尔开关具有无触电、低功耗、长使用寿命、响应频率高等特点，内部采用环氧树脂封灌成一体化，所以能在各类恶劣环境下可靠地工作。

当霍尔传感器单独使用时，只能检测有磁性的物体。当它与永久磁体以图5-33所示的结构形式联合使用时，就可以用来检测所有的铁磁体。在这种情况下，当传感器附近没有铁磁体时（图5-33a），霍尔元件会感受到一个强磁场；当有铁磁体靠近传感器时，由于铁磁体将磁力线旁路（图5-33b），霍尔元件感受到的磁场强度就会减弱，从而引起输出的霍尔电动势的变化。

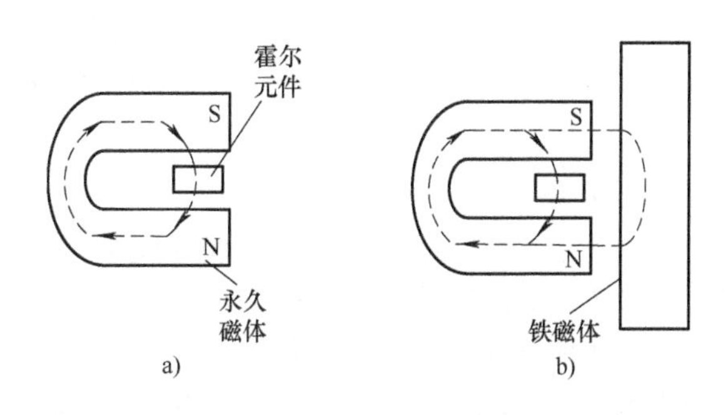

图5-33　霍尔传感器与永久磁体组合使用

8. 气压接近觉传感器

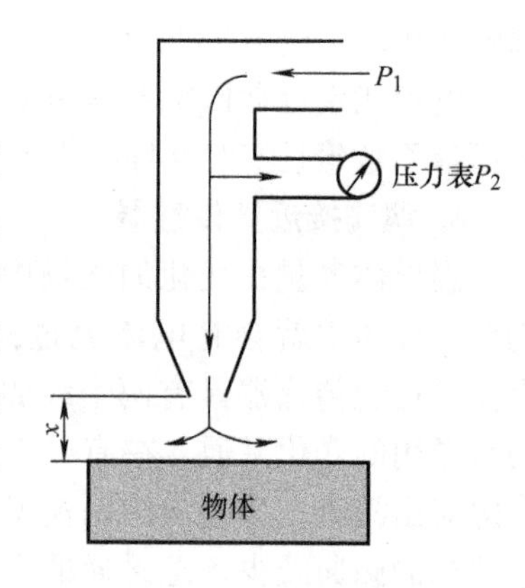

图 5-34　气压接近觉传感器

气压接近觉传感器通过检测气流喷射遇到物体时的压力变化来检测和物体之间的距离，如图 5-34 所示。气源送出具有一定压力 P_1 的压缩空气，并使其从喷嘴中喷出，喷嘴离物体的距离 x 越小，气流喷出时的面积就越窄，气流阻力就大，反馈到检测腔室内的压力 P_2 就越大。如果事先求得距离 x 和气体压力 P_2 的关系，即可根据压力表的读数 P_2 来测定距离 x。

5.3.3　测距仪

与接近觉传感器不同，测距仪用于测量较长的距离，它可以探测障碍物和物体表面的形状，并且用于向系统提供早期信息。测距仪一般是基于光（可见光、红外光或激光）和超声波的。常用的测量方法是三角法和测量传输时间法。

1. 三角法

用单束光线照射物体，会在物体上形成一个光斑，形成的光斑由摄像机或光电晶体管等接收器接受。距离或深度可根据接收器、光源及物体上的光斑所形成的三角形计算出来。三角法测量间距如图 5-35 所示。

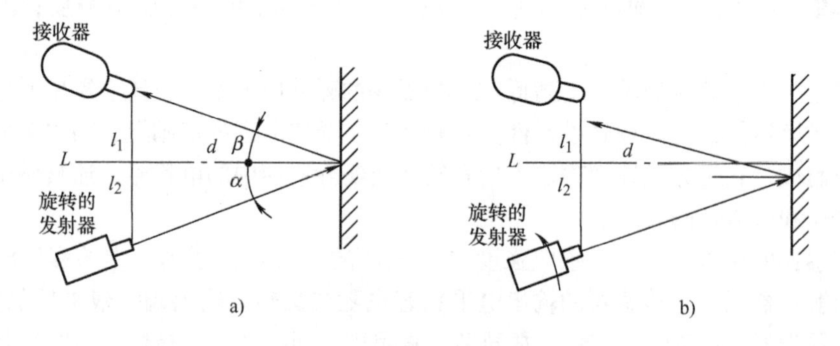

图 5-35　三角法测量间距

从图 5-35a 可以清楚地看出：物体、光源和接收器之间的布局只在某一瞬间能使接收器接收到光斑，此时距离 d 计算如下

$$\begin{cases}\tan\beta = d/l_1 \\ \tan\alpha = d/l_2 \\ L = l_1 + l_2\end{cases} \tag{5-7}$$

经处理可得

$$d = L\tan\alpha\tan\beta/(\tan\alpha + \tan\beta) \tag{5-8}$$

式中，L 和 β 已知，如果能测出 α，那么就可以计算出 d。从图 5-35b 可以看出：除了某一瞬间外，其余时间接收器均不能收到物体反射的光线，于是必须转动发射器；一旦接收器能收到反射回来的光线，就记下此时发射器的角度，利用该角度即可计算出距离。在实际使用中，发射出的光线（比如激光）经过一个旋转的镜面连续地改变传输方向，同时须监测接

收器是否接收到反射光，一旦接收到反射光，就将镜面的角度记录下来。仅在发射器以特定角度发射光线时，接收器才能检测到物体上的光斑，利用发射角的角度可以计算出距离。

2. 测量传输时间法

信号传输的距离包括从发射器到物体和被物体反射到接收器两部分。传感器与物体之间的距离是信号行进距离的1/2，知道了传播速度，通过测量信号的往返时间即可算出距离。为了测量精确，时间的测量必须很快。若被测的距离短，则要求信号的波长必须很短。

3. 超声波测距仪

超声波系统结构坚固、简单、廉价并且能耗低，可以很容易地用于摄像机调焦、运动探测报警、机器人导航和测距。它的缺点是分辨力和最大工作距离受到限制。其中，对分辨力的限制来自声波的波长、传输介质中的温度和传播速度的不一致；对最大距离的限制来自介质对超声波能量的吸收。目前，超声波设备的频率范围在20kHz～2GHz之间。

绝大部分的超声波测距设备采用测量时间的方法进行测距。其工作原理是：发射器发射高频超声波脉冲，它在介质中行近一段距离，遇到障碍物后返回，由接收器接收，发射器和物体之间的距离等于超声波行进距离的1/2，行进距离则等于传输时间与声速的乘积。当然，测量精度不仅与信号的波长有关，还与时间测量精度和声速精度有关。超声波在介质中的传播速度与声波的频率、介质密度及介质温度有关。为提高测量精度，通常在超声波发射器前1in（1in＝25.4mm）处放置一个校准块，用于不同温度下系统校准。这种方法只在传输路径上介质温度一致的情况下才有效，而这种情况有时能满足，有时则不能满足。

时间测量的准确性对距离的测量精度也至关重要。通常，如果接收器一旦接收到达到最小阈值的信号计时就停止，则该方法的最大测量误差约为$\pm 1/2\lambda$。所以，测距仪所用超声波的频率越高，得到的精度就越高。例如，对于20kHz和200kHz的系统，工作波长分别是17mm和1.7mm，对应最快情况下的最小测量误差分别是0.1m和0.01m。采用互相关、相位比较、频率调制、信号整理等方法可以提高超声波测距仪的分辨力和测量精度。必须注意的是：虽然频率越高得到的分辨力越高，但和频率较高的信号相比，它们衰减得更快，这会严重限制作用距离；反之，低频发射器的波束散射角度宽，又会影响横向分辨力。所以，在选择频率时，要协调好横向分辨力和信号衰减之间的关系。

背景噪声是超声波传感器所遇到的另一个问题。许多工业和制造设备会产生含有高达100kHz超声波的声波，它将会影响超声波设备的工作。所以，建议在工业环境中采用100kHz以上的工作波段。

超声波可用来测距、成形和探伤。单点测距称为点测，这是相对于应用在三维成形技术中的多数据点采集技术而言的。在三维成形技术中，需要测量物体上大量不同点的距离，把这些距离数据综合后就可得到物体表面的三维形状。需要指出的是：由于对三维物体只能测量物体的半个表面，而物体的后部或被其他部分遮挡的区域却测不到，所以有时也称为二维半测量。

4. 红外测距仪

红外线是介于可见光和微波之间的一种电磁波，因此它不仅具有可见光直线传播、反射、折射等特性，还具有微波的某些特性，如较强的穿透能力和能贯穿某些不透明物质等。

红外传感器包括红外发射器件和红外接收器件。自然界的所有物体只要温度高于0K都会辐射红外线，因而红外传感器须具有更强的发射和接收能力。

红外测距传感器利用红外信号遇到障碍物距离不同、反射强度也不同的原理，进行障碍物远近的检测。红外测距传感器具有一对红外信号发射与接收二极管：发射管发射特定频率的红外信号；接收管接收这种频率的红外信号。当红外的检测方向遇到障碍物时，红外信号反射回来被接收管接收，经过处理之后，通过数字传感器接口返回到机器人主机，机器人即可利用红外的返回信号来识别周围环境的变化。

受器件特性的影响，一般的红外光电开关抗干扰性差，受环境光影响较大，并且探测物体的颜色、表面光滑程度不同，反射回的红外线强弱就会有所不同。

5.3.4 机器人姿态传感器

姿态传感器是用来检测机器人与地面相对关系的传感器，当机器人被限制在工厂的地面时，没有必要安装这种传感器，如大部分工业机器人。但当机器人脱离了这个限制，并且能够进行自由的移动，如移动机器人，安装姿态传感器就成为必要的了。

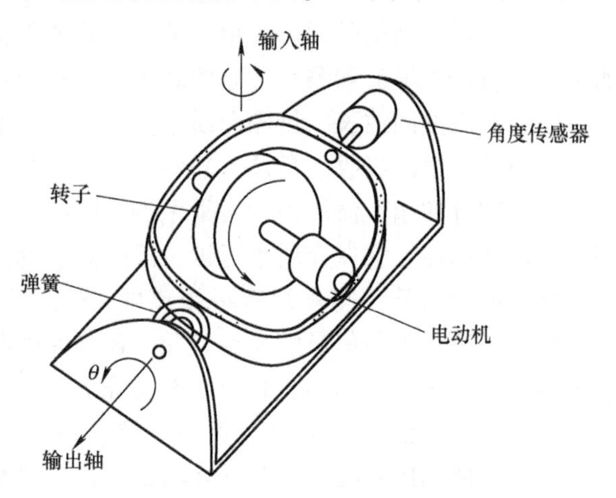

图 5-36　速率陀螺仪原理图

典型的姿态传感器是陀螺仪。陀螺仪是一种传感器，它利用高速旋转物体（转子）经常保持其一定姿态的性质。转子通过一个支承它的，被称为万向接头的自由支持机构，安装在机器人上。图 5-36 所示为速率陀螺仪原理图。机器人围绕输入轴以角速度转动时，与输入轴正交的输出轴仅转过一定的角度。在速率陀螺仪中，加装了弹簧。卸掉这个弹簧后的陀螺仪称为速率积分陀螺仪，此时输出轴以角速度旋转，且此角速度与围绕输入轴的旋转角速度成正比。

姿态传感器设置在机器人的躯干部分，它用来检测移动中的姿态和方位变化，保持机器人的正确姿态，并且实现指令要求的方位。

除此以外，还有气体速率陀螺仪、光陀螺仪。前者利用了姿态变化时，气流也发生变化这一现象；后者则利用当环路状光径相对于惯性空间旋转时，沿这种光径传播的光，会因向右旋转而呈现速度变化的现象。另一种压电振动式陀螺传感器的结构如图 5-37 所示。

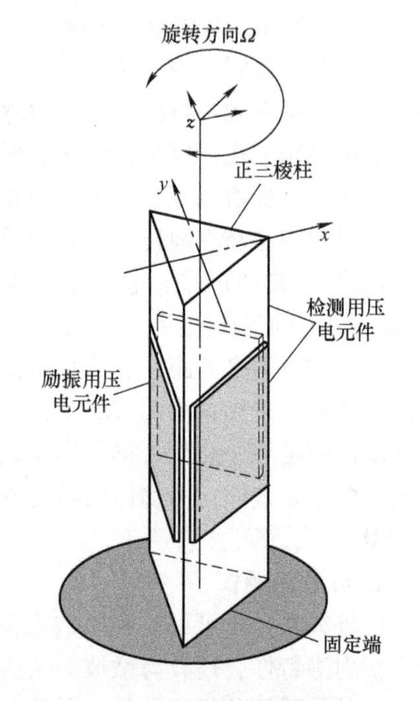

图 5-37　压电振动式陀螺传感器结构

5.3.5 机器人力觉传感器

力觉是指对机器人的指、肢和关节等运动中所受力的感知，用于感知夹持物体的状态，校正由于手臂变形所引起的运动误差，保护机器人及零件不会损坏。

它们对装配机器人具有重要意义。力觉传感器主要包括关节力传感器和腕力传感器等。

1）关节传感器。用于电流检测、液压系统的背压检测和应力式关节力传感器等。

2）腕力传感器。可以采用应变式、电容式、压电式等。主要采用应变式，如筒式六维力和力矩传感器、十字轮六维力和力矩传感器等。

1. 力-力矩传感器

力-力矩传感器主要用于测量机器人自身或与外界相互作用而产生的力或力矩。它通常装在机器人各关节处。刚体在空间的运动可以用6个坐标来描述，如用表示刚体质心位置的3个直角坐标和分别绕3个直角坐标轴旋转的角度坐标来描述。可以用多种结构的弹性敏感元件来敏感机器人关节所受的6个自由度的力或力矩，再由粘贴其上的应变片将力或力矩的各个分量转换为相应的电信号。常用弹性敏感元件的形式有十字交叉式、3根竖立弹性梁式和8根弹性梁的横竖混合结构等。图5-38所示为竖梁式6自由度力传感器的原理图。在每根梁的内侧粘贴张力测量应变片，外侧粘贴剪切力测量应变片，从而构成6个自由度的力和力矩分量输出。

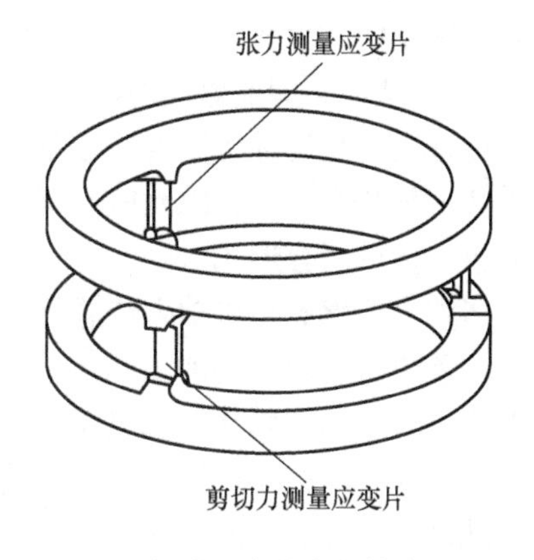

图5-38　竖梁式6自由度力传感器的原理

2. 应变片

应变片也能用于测量力。应变片的输出是与其形变成正比的阻值，而形变本身又与施加的力成正比。于是，通过测量应变片的电阻，就可以确定施加力的大小。应变片常用于测量末端执行器和机器人腕部的作用力。例如，IBM7565机器人的手爪端部就装有一组应变片，通过它们可测定手爪的作用力。一个简单的命令就能让用户读出力的大小，并对此做出相应的反应。应变片也可用于测量机器人关节和连杆上的载荷，但不常用。图5-39a所示是应变片的简单的原理图。应变片常用在惠斯通电桥中，如图5-39b所示，电桥平衡时A点和B点电位相等。4个电阻只要有一个变化，两点间就会有电流通过。因此，必须首先调整电桥使电流计归零。假定R_4为应变片，R_1、R_2、R_3为固定电阻，在压力作用下该阻值会发生变化，导致惠斯通电桥不平衡，并使A点和B点间有电流通过。仔细调整一个其他电阻的阻值，直到电流为零，应变片的阻值变化可由下式得到

$$\frac{R_1}{R_4}=\frac{R_2}{R_3} \tag{5-9}$$

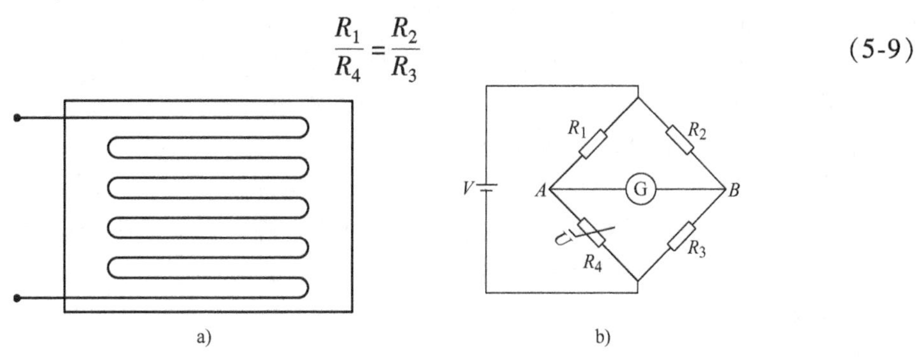

图5-39　应变片传感器

a）应变片　b）惠斯通电桥

应变片对温度变化敏感。为了解决这个问题，可用一个不承受形变的应变片作为电桥的4个电阻之一使用，以补偿温度的变化。

3. 多维力传感器

多维力传感器指的是一种能够同时测量两个方向以上的力及力矩分量的力传感器。在笛卡儿坐标系中，力和力矩可以各自分解为3个分量，因此多维力传感器最完整的形式是六维力-力矩传感器，即能够同时测量3个力分量和3个力矩分量的传感器。目前广泛使用的多维力传感器就是这种传感器。在某些场合，不需要测量完整的6个力和力矩分量，而只需要测量其中某几个分量，因此就有了二、三、四、五维的多维力传感器，其中每一种传感器都可能包含多种组合形式。

多维力传感器与单轴力传感器比较，除了要解决对所测力分量敏感的单调性和一致性问题外，还要解决因结构加工和工艺误差引起的维间（轴间）干扰问题、动静态标定问题以及矢量运算中的解耦算法和电路实现等。我国已经彻底解决了多维力传感器研究中的科学问题，如弹性体的结构设计、力学性能评估、矢量解耦算法等，也掌握了核心制造技术，具有从宏观机械到微机械的设计加工能力。产品覆盖了从二维到六维的全系列多维传感器，量程范围从几牛顿到几十万牛顿，并获得弹性体结构和矢量解耦电路等方面的多项专利技术。

多维力传感器广泛应用于机器人手指和手爪研究、机器人外科手术研究、指力研究、牙齿研究、力反馈、制动检测、精密装配、切削、复原研究、整形外科研究、产品测试、触觉反馈和示教学习。行业覆盖了机器人、汽车制造、自动化流水线装配、生物力学、航空航天、轻纺工业等领域。图5-40所示为六维力传感器结构图。

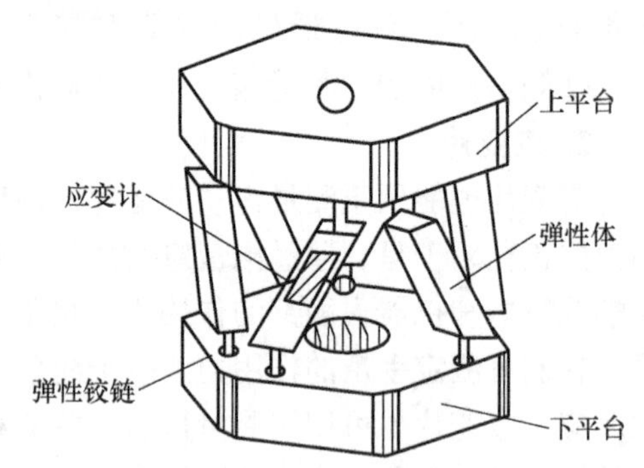

图5-40　六维力传感器结构图

传感器系统中力敏元件的输出是6个弹性体连杆的应力。应力的测量方式很多，这里采用电阻应变计的方式测量弹性体上应力的大小。理论研究表明，在弹性体上只受到轴向的拉压作用力，因此只要在每个弹性体连杆上粘贴一片应变计（图5-40），然后和其他3个固定电阻器正确连接即可组成测量电桥，从而通过电桥的输出电压测量出每个弹性体上的应力大小。整个传感器力敏元件的弹性体连杆有6个，因此需要6个测量电桥分别对6个应变信号进行测量。传感器力敏元件的弹性体连杆机械应变一般都较小，为将这些微小的应变引起的应变计电阻值的微小变化测量出来，并有效提高电压灵敏度，测量电路采用直流电桥的工作方式，其基本形式如图5-41所示。

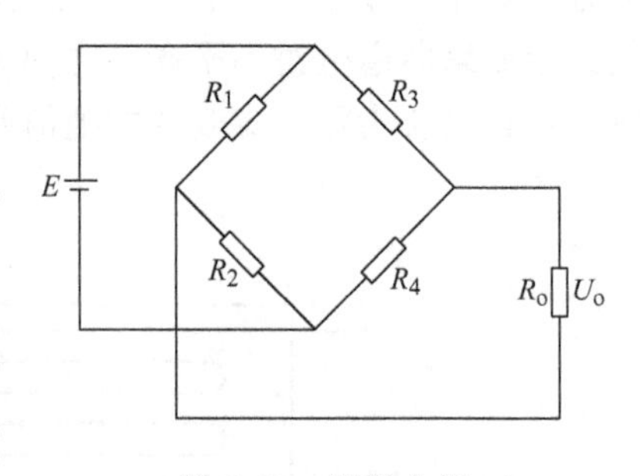

图5-41　测量电桥

4. 机器人腕力传感器

机器人腕力传感器测量的是3个方向的力（力矩），所以一般均采用六维力-力矩传感器。由于腕力传感器既是测量的载体，又是传递力的环节，所以腕力传感器的结构一般为弹性结构梁，通过测量弹性体的变形得到3个方向的力（力矩）。

由于机器人各个杆件通过关节连接在一起，运动时各杆件相互联动，所以单个杆件的受力情况很复杂。但可以根据刚体力学的原理，即刚体上任何一点的力都可以表示为笛卡儿坐标系3个坐标轴的分力和绕3个轴的分力矩。只要测出这3个分力和分力矩，就能计算出该点的合力。

（1）Draper六维腕力传感器　图5-42所示为Draper实验室研制的六维腕力传感器的结构。它将一个整体金属物，按120°周向分布铣成3根细梁。其上部圆环上有螺孔与手臂相联，下部圆环上的螺孔与手爪相接。传感器的测量电路置于空心的弹性构架体内。该传感器结构比较简单，灵敏度较高，全六维力、力矩需要进行解耦运算方能获得，传感器的抗过载能力较差，容易受损。

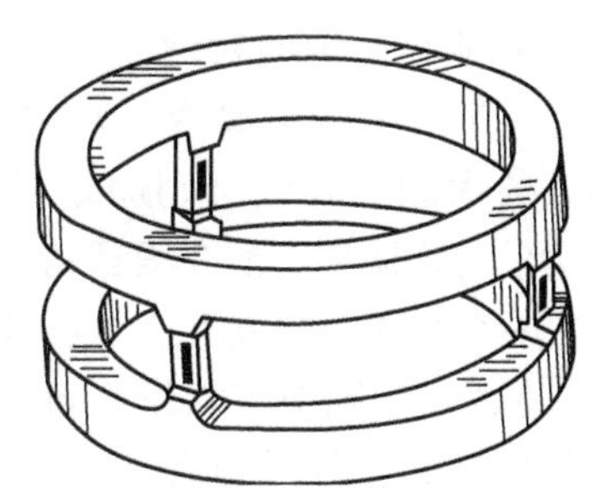

图5-42　Draper Waston六维腕力传感器

（2）林纯一六维腕力传感器　图5-43所示是日本大和制衡株式会社林纯一在JPL实验室研制的腕力传感器基础上提出的一种改进结构。它是一种整体轮辐式结构，传感器在十字架与轮缘连接处有一个柔性环节，因而简化了弹性体的受力模型（在受力分析时可简化为悬臂梁）。在4根交叉梁上总共贴有32个应变片（图中以小方块表示），组成8路全桥输出，六维力的获得须通过解耦计算。这一传感器一般将十字交叉主杆与手臂的连接件设计成弹性体变形限幅的形式，可有效起到过载保护作用，是一种较实用的结构。

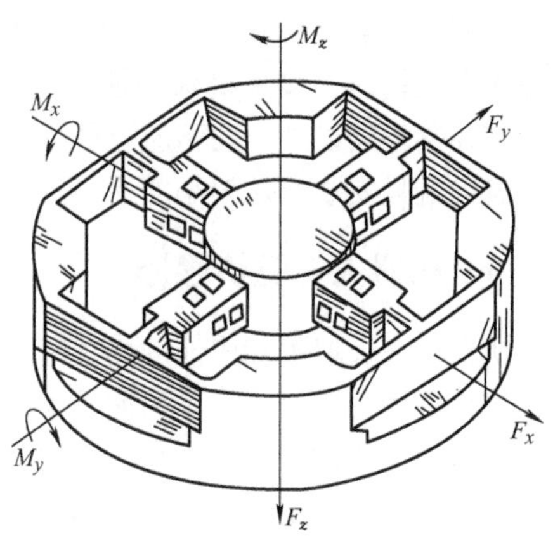

图5-43　林纯一六维腕力传感器

（3）SRI六维腕力传感器　图5-44所示为美国斯坦福大学的SRI（Stanford Research Institute）研制的六维腕力传感器。该传感器利用一段直径为75mm的铝管加工成串联的弹性梁，其有8个窄长的弹性梁。每一个梁颈部开有小槽，使颈部只传递力，扭矩作用很小。梁的另一头两侧粘贴一对应变片（其中一片用于温度补偿）。

用表示P_{x+}、P_{x-}、P_{y+}、P_{y-}、Q_{x+}、Q_{x-}、Q_{y+}、Q_{y-}图5-44中所示8根应变梁的变形信号输出，则六维力（力矩）可表示为

$$F_x = k_1(P_{y+} + P_{y-}) \tag{5-10}$$

$$F_y = k_2(P_{x+} + P_{x-}) \tag{5-11}$$

$$F_z = k_3(Q_{x+} + Q_{x-} + Q_{y+} + Q_{y-}) \tag{5-12}$$

$$M_x = k_4(Q_{y+} - Q_{y-}) \tag{5-13}$$

$$M_y = k_5(Q_{x+} - Q_{x-}) \tag{5-14}$$

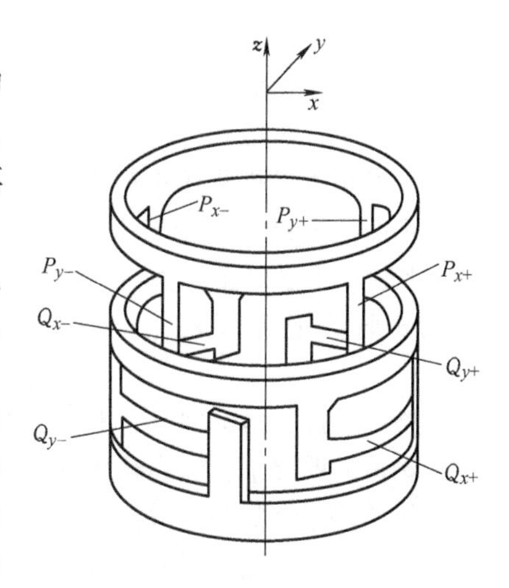

图5-44　SRI六维腕力传感器

$$M_z = k_6(P_{x+} - P_{x-} + P_{y+} - P_{y-}) \tag{5-15}$$

式中，k_1、k_2、k_3、k_4、k_5、k_6 为结构系数，可以由试验测定。

该传感器为直接输出型力传感器，不需要做运算，并能进行温度自动补偿。主要缺点是维间有一定耦合，传感器弹性梁的加工难度大，且传感器刚性较差。

（4）非径向中心对称三梁腕力传感器　图 5-45 所示是一种非径向三梁中心对称结构的腕力传感器。传感器的内圈和外圈分别固定于机器人的手臂和手爪，力沿与内圈相切的 3 根梁进行传递。每根梁的上下、左右各贴 1 对应变片，这样非径向的 3 根梁共贴 6 对应变片，分别组成六组半桥，对这 6 组电桥信号进行解耦运算，可得到六维力-力矩的精确值。这种传感器结构有较好的刚性。

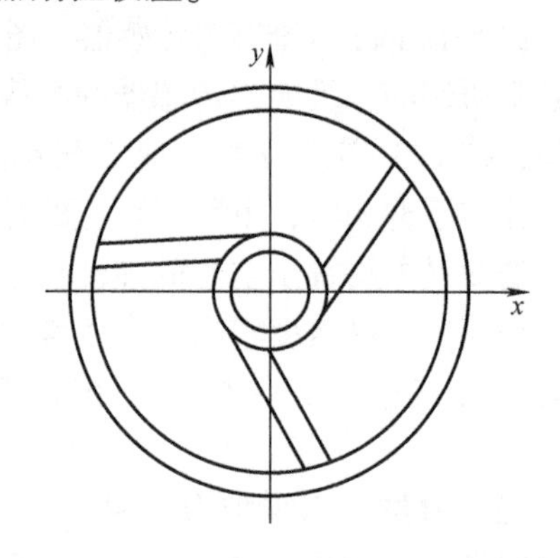

图 5-45　非径向中心对称三梁腕力传感器

传感器的安装位置只有在靠近操作对象时才比较合适，所以安装在手腕上。当传感器与操作对象之间加进多余机构时，多余机构的惯性、黏性及弹性等会出现在控制环路以外。在不能进行反馈控制的机器人动态特性中，会造成残存的偏差，所以在手腕前端只安装惯性较小的手。

5.3.6　机器人滑觉传感器

机器人在抓取不知属性的物体时，其自身应能确定最佳握紧力的给定值。当握紧力不够时，物体会因为摩擦力不足而向下滑落。

如果把物体的运动约束在一定面上的力，即垂直作用在这个面的力称为阻力 R（例如离心力和向心力垂直于圆周运动方向且作用在圆心方向）。考虑面上有摩擦时，还有摩擦力 F 作用在这个面的切线方向阻碍物体运动，其大小与阻力 R 有关。静止物体刚要运动时，假设 μ_0 为静止摩擦系数，则 $F \leqslant \mu_0 R$（$F = \mu_0 R$ 称为最大摩擦力）；设运动摩擦系数为 μ，则运动时，摩擦力 $F = \mu R$。

假设物体的质量为 m，重力加速度为 g，图 5-46 中所示的物体看作是处于滑落状态，则机器人手爪的把持力 F 是为了把物体束缚在手爪面上，垂直作用于手爪面的把持力 F 相当于阻力 R。当向下的重力 mg 比最大摩擦力 $\mu_0 F$ 大时，物体会滑落。重力 $mg = \mu_0 F$ 时的把持力 $F_{\min} = mg/\mu_0$，称为最小把持力。

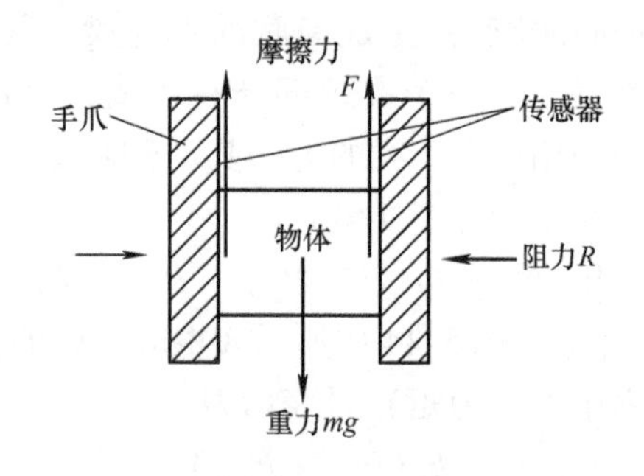

图 5-46　物体滑动时受力状态

要检测被握物体的滑动，利用该检测信号，在不损害物体的前提下，考虑最可靠的夹持方法。实现此功能的传感器称为滑觉传感器。

滑觉传感器有滚动式和球式，还有一种通过振动检测滑觉的传感器。物体在传感器表面上滑动时，与滚轮或环相接触，把滑动变成转动。

磁力式滑觉传感器中，滑动物体引起滚轮滚动，用磁铁和静止的磁头，或用光传感器进行检测，这种传感器只能检测到一个方向的滑动。球式传感器用球代替滚轮，可以检测各个方向的滑动。振动式滑觉传感器表面伸出的触针能和物体接触，物体滚动时，触针与物体接触而产生振动，这个振动由压点传感器或磁场线圈结构的微小位移计检测。

1. 光纤滑觉传感器

目前，将光纤传感器用于机器人机械手上的有关研究主要是光纤压觉或力觉传感器和光纤触觉传感器。有关滑觉传感器的研究仍限于滚轴电编码式和滑球电编码式传感器。

由于光纤传感器具有体积小、不受电磁干扰、本质上防燃防爆等优点，因而在机械手作业过程中可靠性较高。

在光纤滑觉传感系统中，利用滑球的微小转动来进行切向滑觉的转换，在滑球中心嵌入一平面反射镜。光纤探头由中心的发射光纤和对称布设的4根光信号接收光纤组成。

来自发射光纤的出射光经平面镜反射后，被发射光纤周围的4根光纤所接收，形成同一光场的4象限光探测，所接收的4象限光信号经前置放大后被送入信号处理系统。当传感器的滑球在有滑动趋势的物体作用下绕球心产生微小转动时，由此引起反射光场发生变化，导致4象限接收光纤所接收到的光信号受到调制，从而实现全方位光纤滑觉检测。光纤滑觉传感系统框图如图5-47所示。

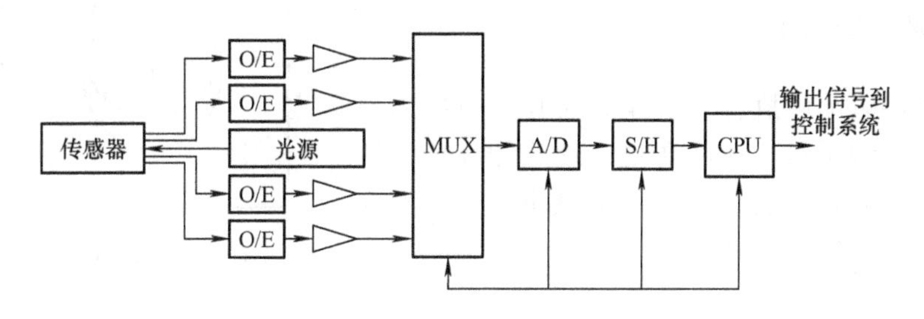

图5-47　光纤滑觉传感系统框图

光纤滑觉传感器结构如图5-48所示。传感器壳体中开有一球冠形槽，可使滑球在其中滑动。滑球的一小部分露出并与弹性膜相接触，滑动物体通过弹性膜与滑球发生相互作用。滑球中心平面与一个内嵌平面反射镜的刚性圆板固接。该圆板通过8个仪表弹簧与传感器壳体相连，构成了该滑觉传感器的弹性恢复系统。

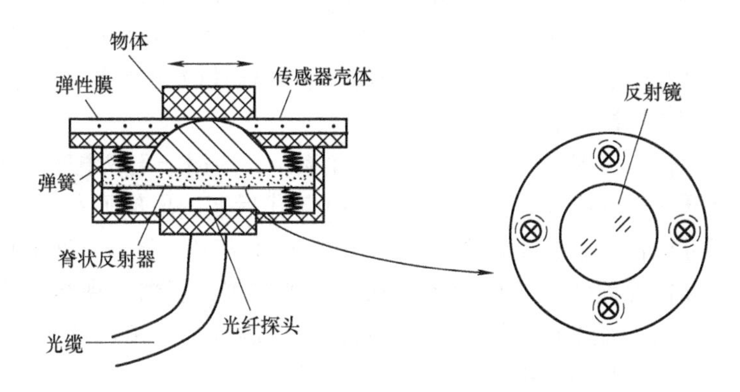

图5-48　光纤滑觉传感器结构

2. 机器人专用滑觉传感器

图 5-49 所示是贝尔格莱德大学研制的球形机器人专用滑觉传感器。它由一个金属球和触针组成，金属球表面分别间隔地排列着许多导电和绝缘小格。触针头很细，每次只能触及一个格。当工件滑动时，金属球也随之转动，在触针上输出脉冲信号。脉冲信号的频率反映了滑移速度，脉冲信号的个数对应滑移的距离。接触器触头面积小于球面上露出的导体面积，它不仅可做得很小，还可检测灵敏度。球与握持的物体相接触，无论滑动方向如何，只要球一转动，传感器就会产生脉冲输出。该球体在冲击力作用下不转动，因此抗干扰能力强。

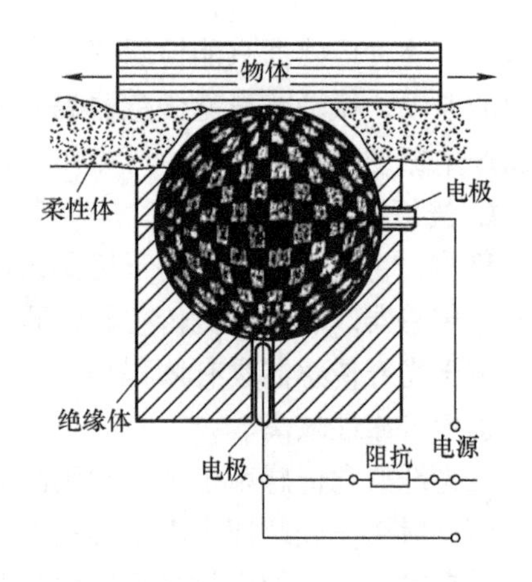

图 5-49　球形机器人专用滑觉传感器

作为滑觉传感器的另外一个例子，可用贴在手爪上的面状压觉传感器。若设把持的物体是圆柱，这时其压觉分布重心移动时的情况如图 5-50 所示。

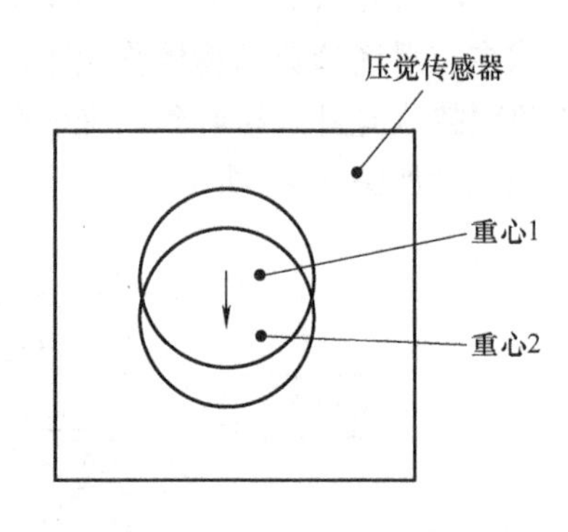

图 5-50　圆柱物料时滑觉传感器的应用

5.3.7　机器人视觉技术

为了使机器人能够胜任更复杂的工作，机器人不仅要有更好的控制系统，还需要更多地感知环境的变化。其中机器人视觉以其可获取的信息量大、信息完整而成为机器人最重要的感知功能。

1. 机器视觉技术

机器视觉（Machine Vision）技术是一门涉及人工智能、神经生物学、心理物理学、计算机科学、图像处理、模式识别等诸多领域的交叉学科。机器视觉主要用计算机来模拟人的视觉功能，但其并不仅是人眼的简单延伸，更重要的是具有人脑的一部分功能——从客观事物的图像中提取信息，进行处理并加以理解，最终用于实际检测、测量和控制。

美国制造工程师协会（Society of Manufacturing Engineers，SME）机器视觉分会和美国机器人工业协会（Robotic Industries Association，RIA）的自动化视觉分会对机器视觉的定义为：机器视觉是通过光学的装置和非接触的传感器自动地接收和处理一个真实物体的图像，以获得所需信息或用于控制机器人的运动。

在 20 世纪 70 年代，出现了一些实用性的视觉系统，应用于集成电路生产、精密电子产品装配、饮料罐装质量的检验等。到了 20 世纪 80 年代后期，出现了专门的图像处理硬件，人们开始系统地研究机器人视觉控制系统。在 20 世纪 90 年代，随着计算机功能的增强及其价格的下降，以及图像处理硬件和 CCD 摄像机的快速发展，机器人视觉系统研究吸引了越来越多的研究人员。20 世纪 90 年代后期，视觉伺服控制技术在结构形式、图像处理方法、控制策略等方面都有了长足的进步。

机器视觉技术伴随计算机技术、现场总线技术的发展日臻成熟，目前已是现代加工制造业不可或缺的一项技术，广泛应用于食品和饮料、化妆品、制药、建材和化工、金属加工、电子制造、包装、汽车制造等行业。例如印制电路板的视觉检查、钢板表面的自动探伤、大型工件平行度和垂直度测量、容器容积或杂质检测、机械零件的自动识别分类和几何尺寸测量等，都用到了机器视觉技术。此外，在许多用其他检测方法难以奏效的场合，利用机器视觉系统都可以有效地完成检测。机器视觉技术的应用，使得机器工作越来越多地代替了人的劳动，这无疑在很大程度上提高了生产自动化水平和检测系统的智能水平。

机器视觉系统的特点有：

(1) 精度高　优秀的机器视觉系统能够对1000个或更多目标中的一个进行空间测量。因为此种测量不需要接触目标，所以对目标没有损伤和危险，同时由于采用了计算机技术，因此具有极高的精确度。

(2) 连续性　机器视觉系统可以使人们免受疲劳之苦。因为没有人工操作者，也就没有了人为造成的操作变化。

(3) 灵活性　机器视觉系统能够进行各种不同信息的获取或测量。当应用需求发生变化以后，只需对软件做相应改变或升级就可适应新的需求。

(4) 标准性　机器视觉系统的核心是视觉图像技术，因此不同厂商的机器视觉系统产品的标准是一致的。这为机器视觉的广泛应用提供了极大的方便。

2. 机器视觉系统的组成

机器视觉系统是指通过机器视觉传感器抓取图像，然后将该图像传送至处理单元，通过数字化处理，根据像素分布和亮度、颜色等信息，进行尺寸、形状、颜色等的判别，进而根据判别的结果来控制现场设备动作的系统。机器人视觉系统要能达到实用，至少要满足实时性、可靠性、有柔性和价格适中这几方面的要求。机器人视觉作用的过程如图5-51所示。

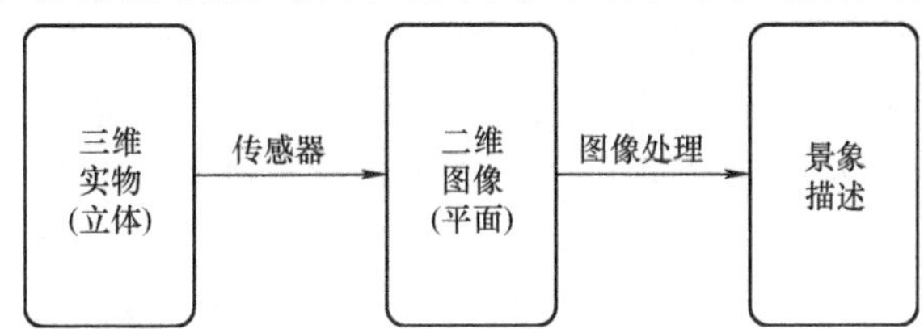

图5-51　机器人视觉作用的过程

以汽车整车尺寸机器视觉系统为例，如图5-52所示，其工作过程为：车辆驶入检测位置停车，位置传感器感知该信息，并给出一个触发信号，使计算机启动机器视觉系统，控制照明系统，通过CCD/CMOS图像传感器与图像采集卡采集被测车辆的图像，然后由软件系统执行程序、处理采集到的图像数据，将处理结果发送给数据库服务器或进行打印。

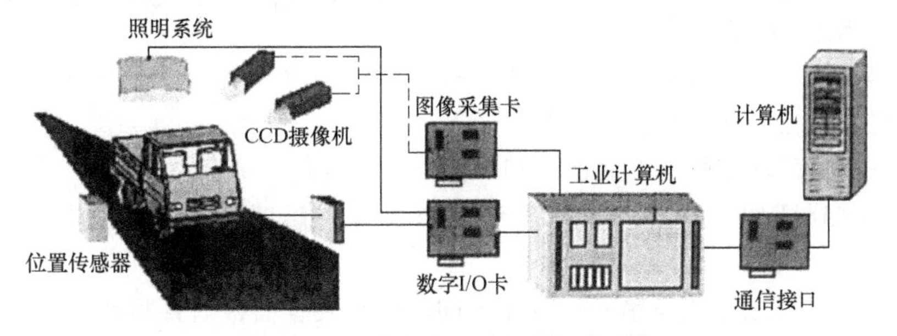

图5-52　汽车整车尺寸机器视觉系统

由此可见，机器视觉系统一般由照明系统、视觉传感器、图像采集卡、图像处理软件、显示器、计算机、通信（输入/输出）单元组成，各部分之间的关系如图 5-53 所示。

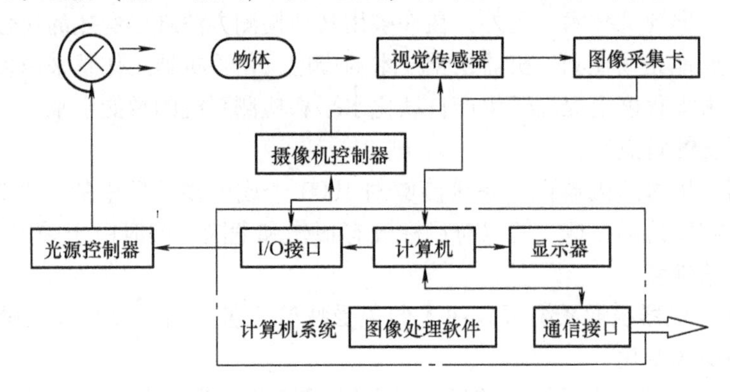

图 5-53　机器视觉系统组成

（1）视觉传感器　视觉传感器是将景物的光信号转换成电信号的器件。大多数机器视觉都不必通过胶卷等媒介物，而是直接把景物摄入，即将视觉传感器所接收到的光学图像转化为计算机所能处理的电信号。通过对视觉传感器所获得的图像信号进行处理，即得出被测对象的特征量（如面积、长度、位置等）。

视觉传感器具有从一整幅图像中捕获数以千计的像素（Pixel）的功能。图像的清晰和细腻程度通常用分辨力来衡量，以像素数量表示。在捕获图像之后，视觉传感器将其与内存中存储的基准图像进行比较，以做出分析与判断。

目前，典型的光电转换器件主要有 CCD 图像传感器和 CMOS 图像传感器等同体视觉传感器。固体视觉传感器又可以分为一维线性传感器和二维线性传感器，目前二维线性传感器所捕获图像的分辨力已可达 4000 像素以上。固体视觉传感器具有体积小、重量轻等优点，因此应用日趋广泛。

1）CCD 图像传感器。CCD 图像传感器是目前机器视觉系统最为常用的图像传感器。它集光电转换及电荷存储、电荷转移、信号读取功能于一体，是典型的固体成像器件。它存储由光或电激励产生的信号电荷，当对它施加特定时序的脉冲时，其存储的信号电荷便能在 CCD 图像传感器内定向传输，如图 5-54 所示。

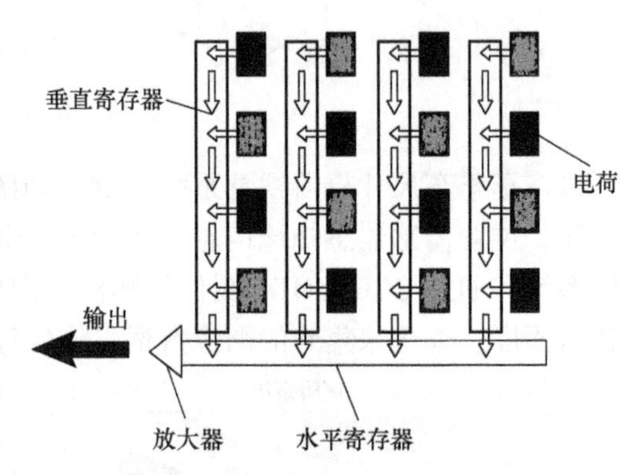

图 5-54　CCD 图像传感器原理图

同摄像管相比，CCD 图像传感器具有尺寸小，工作电压低（DC7 ~ DC9V），使用寿命长，坚固、耐冲击，信息处理容易和在弱光下灵敏度高等特点，广泛应用于工业检测和机器人视觉系统。CCD 图像传感器主要有线型 CCD 图像传感器和面型 CCD 图像传感器两种类型。

典型的 CCD 摄像机由光学镜头、时序及同步信号发生器、垂直驱动器、模数信号处理电路组成，其工作原理如图 5-55 所示：被摄物体反射光线，传播到镜头，经镜头聚焦到

CCD 芯片上，CCD 芯片根据光的强弱聚集相应的电荷，经周期放电，产生表示一幅幅画面的电信号，经过滤波、放大处理，通过摄像头的输出端输出一个标准的复合视频信号。

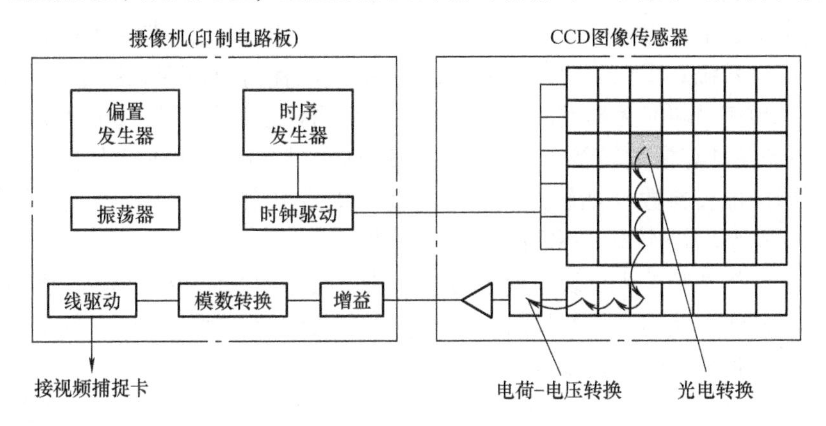

图 5-55 CCD 摄像机工作原理

2）CMOS 传感器。CMOS 是互补性氧化金属半导体。CMOS 传感器由集成在一块芯片上的光敏元阵列、图像信号放大器、信号读取电路、模数转换电路、图像信号处理器及控制器构成。它具有局部像素的编程随机访问功能。目前，CMOS 图像传感器以其良好的集成性、低功耗、宽动态范围和输出图像几乎无拖影等特点而得到广泛应用。CMOS 的每个像素点有一个放大器，而且信号是直接在最原始的时候转换，读取更加方便。其传输的是已经经过转换的电压，所以所需的电压和功耗更低。但是由于每个信号都有一个放大器，产生的噪声较大。

3）人工网膜。人工网膜是用光电管阵列代替网膜感受光信号。其最简单的形式是 3×3 的光电管矩阵，多的可达 256×256 像素的阵列甚至更高。

以 3×3 阵列为例：数字字符 1，得到的正、负像如图 5-56 所示；大写字母字符 I，所得正、负像如图 5-57 所示。事先将其作为标准图像存储起来。工作时得到数字字符 1 的输入，其正、负像可与已存储的 1 和 I 的正、负像进行比较。比较结果见表 5-1。

$$
\text{正像}\quad\begin{matrix}0&1&0\\0&1&0\\0&1&0\end{matrix}\qquad\text{负像}\quad\begin{matrix}-1&0&-1\\-1&0&-1\\-1&0&-1\end{matrix}
$$

图 5-56 数字字符 1 的正、负像

$$
\text{正像}\quad\begin{matrix}0&\mathrm{I}&0\\0&\mathrm{I}&0\\0&\mathrm{I}&0\end{matrix}\qquad\text{负像}\quad\begin{matrix}-\mathrm{I}&0&-\mathrm{I}\\-\mathrm{I}&0&-\mathrm{I}\\-\mathrm{I}&0&-\mathrm{I}\end{matrix}
$$

图 5-57 大写字母字符 I 的正、负像

表 5-1 比较结果

相关值	与 1 比较	与 I 比较
正像相关值	3	3
负像相关值	6	2
总相关值	9	5

在两者比较中，是 1 的总相关值是 9，等于阵列中光电管的总数。这表示所输入的图像信息与预先存储的图像数字字符 1 的信息是完全一致的。由此可判断输入的字符是数字字符 1，不是大写字母字符 I，也不是其他字符。

（2）图像采集/处理卡　图像采集卡是机器视觉系统的重要组成部分，其主要功能是对摄像机输出的视频数据进行实时的采集，并提供与计算机的高速接口。图像采集卡主要完成对模拟视频信号的数字化过程。视频信号首先经低通滤波器滤波，转换为在时间上连续的模拟信号；按照应用系统对图像分辨力的要求，使用采样/保持电路对视频信号在时间上进行间隔采样，把视频信号转换为离散的模拟信号；然后再由模数转换器转变为数字信号输出。图像采集/处理卡在具有模数转换功能的同时，还具有对视频图像进行分析、处理的功能，它可以提供控制摄像头参数（如触发、曝光时间、快门速度等）的信号。图像采集卡形式很多，支持不同类型的摄像头和不同的计算机总线。

图像采集卡包括视频输入模块、模数转换模块、时序及采集控制模块、图像处理模块、总线接口及控制模块、输出及控制模块。基本技术参数包括：输入接口（数字和模拟）、灰度等级、分辨力、带宽、传输速率等。

（3）光源　光源是影响机器视觉系统输入的重要因素，因为它直接影响输入数据的质量和应用效果。由于没有通用的机器视觉照明设备，所以针对每个特定的应用实例，要选择相应的照明装置，以达到最佳效果。许多工业用的机器视觉系统用可见光作为光源，这主要是因为可见光容易获得，价格低，并且便于操作。常用的几种可见光源是白炽灯、荧光灯、汞灯和钠灯。但是，这些光源的一个最大缺点是光能不能保持稳定。以日光灯为例，在使用的第一个 100h 内，光能将下降 15%，随着使用时间的增加，光能将不断下降。因此，如何使光能在一定的程度上保持稳定，是在机器视觉系统实用化过程中亟须解决的问题。

另外，环境光会改变这些光源照射到物体上的总光能，使输出的图像数据存在噪声。一般采用加防护屏的方法来减少环境光的影响。由于存在上述问题，在现今的工业应用中，对于某些要求高的检测任务，常采用 X 射线、超声波等不可见光作为光源。

由光源构成的照明系统的照射方法可分为背向照明、前向照明、结构光照明和频闪光照明等。其中：背向照明是指将被测物放在光源和摄像机之间，它的优点是能获得高对比度的图像；前向照明是指光源和摄像机位于被测物的同侧，这种方式便于安装；结构光照明是指将光栅或线光源等投射到被测物上，根据它们产生的畸变，解调出被测物的三维信息；频闪光照明是指将高频率的光脉冲照射到物体上，要求摄像机的扫描速度与光源的频闪速度同步。

（4）计算机　计算机是机器视觉的关键组成部分，由视觉传感器得到的图像信息要由计算机存储和处理，根据各种目的输出处理后的结果。20 世纪 80 年代以前，由于微型计算机的内存量小、内存条的价格高，因此往往需另加一个图像存储器来存储图像数据。现在，除了某些大规模视觉系统之外，一般使用微型计算机或小型计算机就行了，不需另加图像存储器。计算机的运算速度越快，视觉系统处理图像的时间就越短。由于在制造现场中，经常有振动、灰尘、热辐射等，所以一般需要工业计算机。除了通过显示器显示图形之外，还可以用打印机或绘图仪输出图像。

3. 图像处理技术

图像处理技术（Image Processing Technology）又称为计算机图像处理技术，是指将图像信号转换成数字信号并利用计算机对其进行处理的技术。常用的图像处理方法包括图像增强、图像平滑、边缘锐化、图像分割、图像识别、图像编码与压缩等。在图像处理中，输入的是质量低的图像，输出的是改善质量后的图像。对图像进行处理，既可改善图像的视觉效果，又便于计算机对图像进行分析、处理和识别。

（1）图像增强　图像增强（Image Enhancement）用于调整图像的对比度，突出图像中的重要细节，改善视觉质量。通常采用灰度直方图修改技术进行图像增强。图像的灰度直方图是表示一幅图像灰度分布情况的统计特性图表，与对比度联系紧密。如果获得一幅图像的直方图效果不理想，可以通过直方图均衡化处理技术做适当修改，即对一幅已知灰度概率分布图像中的像素灰度做某种映射变换，使它变成一幅具有均匀灰度概率分布的新图像，达到使图像清晰的目的。

（2）图像平滑　图像平滑（Image Smoothing）处理技术即图像的去噪声处理技术，噪声会恶化图像质量，使图像变得模糊、特征不清晰。实际获得的图像在形成、传输、接收和处理的过程中，不可避免地存在着外部干扰和内部干扰，如光电转换过程中，敏感元件灵敏度的不均匀性、数字化过程的量化噪声、传输过程中的误差及人为因素等，均会使图像失真。去除噪声，主要是为了去除实际成像过程中，因成像设备和环境所造成的图像失真，提取有用信息，恢复原始图像，这是图像处理中的一个重要内容。可通过邻域平均法、中值滤波法、空间域低通滤波等算法实现。

（3）边缘锐化　边缘锐化（Image Sharpening）处理主要是指加强图像中的轮廓边缘和细节，开成完整的物体边界，达到将物体从图像中分离出来或将表示同一物体表面的区域检测出来的目的。边缘锐化的作用是使灰度反差增强，因为边缘和轮廓都位于灰度突变处。锐化算法的实现基于微分作用。边缘锐化是早期视觉理论和算法中的基本问题。

（4）图像分割　图像分割（Image Division）是将图像分成若干部分，每一部分对应于某一物体表面。在进行分割时，每一部分的灰度或纹理符合某一种均匀测试度量标准。其本质是将像素进行分类，把人们对图像中感兴趣的部分或目标从图像中提取出来，以进行进一步的分析和应用。图像分割通常有以下两种方法。

1）阈值处理法。以区域为对象进行分割，根据图像的灰度、色彩和图像的灰度值或色彩变化得到的特征的相似性来划分图像空间。通过把同一灰度级或相同组织结构的像素聚集起来而形成区域，这一方法依赖于相似性准则的选取。

2）边缘检测法。以物体边界为对象进行分割，首先通过检测图像中的局部不连续性得到图像的边缘（通常将画面上灰度突变部分当作边缘），把边界分解成一系列的局部边缘，再按照一些策略把这些边缘确定为一定的分割区域。

（5）图像识别　图像识别（Image Recognition）实际上可以看作一个标记过程，即利用识别算法来辨别景物中已分割好的各个物体，给这些物体赋予特定的标记。它是机器视觉系统必须完成的一个任务。按照图像识别的难易程度，图像识别问题可分为以下三类。

1）图像中的像素表达了某一物体的某种特定信息，如遥感图像中的某一像素代表地面某一位置地物的一定光谱波段的反射特性，通过它即可判别出该地物的种类。

2）待识别物是有形的整体。通过二维图像信息已经足够识别该物体，如文字识别、某些具有稳定可视表面的三维体识别等。但这类问题不像第一类问题容易表示成特征矢量，在识别过程中，应先将待识别物体正确地从图像的背景中分割出来，再设法建立起图像中物体的属性图与假定模型库的属性图之间的匹配。

3）由输入的二维图、要素图等，得出被测物体的三维表示。如何将隐含的三维信息提取出来是当今研究的热点问题。

（6）图像编码与压缩　图像编码与压缩（Image Coding and Compression）是图像数据存储与传输中的一项重要技术。数字图像要占用大量的内存，一幅 512×512 像素的数字图像的数据量为 256KB，若假设每秒传输 25 帧图像，则传输的信道速率为 52.4MB/s。高信道速率意味着高投资。因此，在传输过程中，对图像数据进行压缩显得非常重要。数据压缩主要通过对图像数据的编码和变换压缩实现。常用的编码方法有轮廓编码和扫描编码。轮廓编码是在图像灰度变化较小的情况下，用轮廓线来描述图像的特征。扫描编码是将一张图像按一定的间距进行扫描，在每条扫描线上找出浓度相同区域的起点和长度，将编号的扫描线段的起点、长度连同号码按先后顺序存储起来。扫描线没有碰到图像时，不记录数据，如图 5-58 所示。

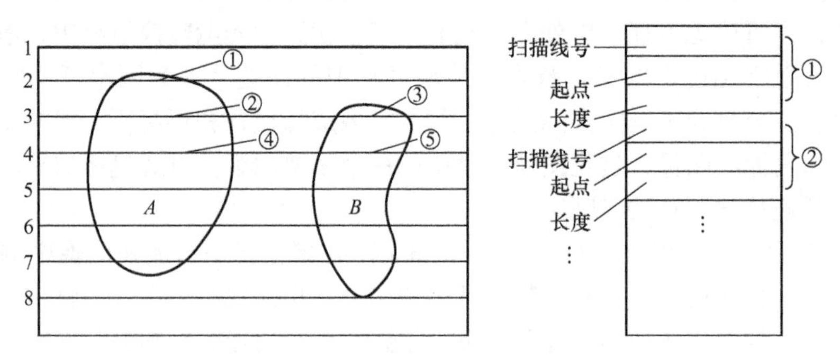

图 5-58　扫描编码方式和数据存储

4. 工业机器人视觉伺服系统

工业机器人视觉伺服系统（Visual Servo System）是机器视觉和机器人控制的有机结合，是一个非线性、强耦合的复杂系统，其内容涉及图像处理、机器人运动学和动力学、控制理论等研究领域。随着摄像设备性价比和计算机信息处理速度的提高，以及有关理论的日益完善，机器人视觉伺服系统已具备实际应用的技术条件，相关的技术问题也成为当前研究的热点。

机器人视觉伺服系统是指利用视觉传感器得到的图像作为反馈信息，构造的机器人的位置闭环反馈系统。视觉伺服和一般意义上的机器视觉有所不同。机器视觉强调的是自动地获取、分析图像，以得到描述一个景物或控制某种动作的数据；视觉伺服则是以实现对机器人的控制为目的而进行图像的自动获取与分析，它是根据机器视觉的原理，利用直接得到的图像反馈信息快速进行图像处理，并在尽量短的时间内给出反馈信息，以便于控制决策的产生，而构成机器人位置闭环控制系统。

目前，机器人视觉伺服控制系统有以下几种分类方式。

1）按摄像机的数目，可以分为单目视觉伺服系统、双目视觉伺服系统及多目视觉伺服系统。单目视觉伺服系统只能得到二维平面图像，无法直接得到目标的深度信息；多目视觉伺服系统可以获取目标多方向的图像，得到的信息丰富，但图像信息的处理量大，且因摄像机较多，难以保证系统的稳定性。当前主要采用双目视觉伺服控制系统。

2）按摄像机放置的位置，可以分为手眼系统（Eye in Hand）和固定摄像机系统（Eye to Hand）。在理论上，手眼系统能够实现精确控制，但对系统的标定误差和机器人运动误差敏感；固定摄像机系统对机器人的运动误差不敏感，但同等情况下得到的目标位姿信息的精度不如手眼系统，所以控制精度相对也较低。

3）按机器人的空间位置或图像特征，可以分为基于位置的视觉伺服系统和基于图像的视觉伺服系统。

图5-59所示为基于位置控制的动态观察–移动（Look and Move）视觉伺服系统，其可通过从图像中得到的目标物体的特征信息，基于物体的几何模型与摄像机模型，估计出目标物体相对于摄像机的位姿，然后利用与期望位姿的偏差进行反馈控制。这种控制系统的优点是可以直接在机器人的关节空间里进行控制，并可以运用已经成熟的相关的控制方法。其缺点是摄像机的校准精度及目标物体三维模型的精度，都会影响到对目标物体相对摄像机的期望位姿，以及当前目标物体相对摄像机位姿的估计；另外，由于其对图像没有任何控制，目标可能越过视野范围，导致跟踪控制失败。

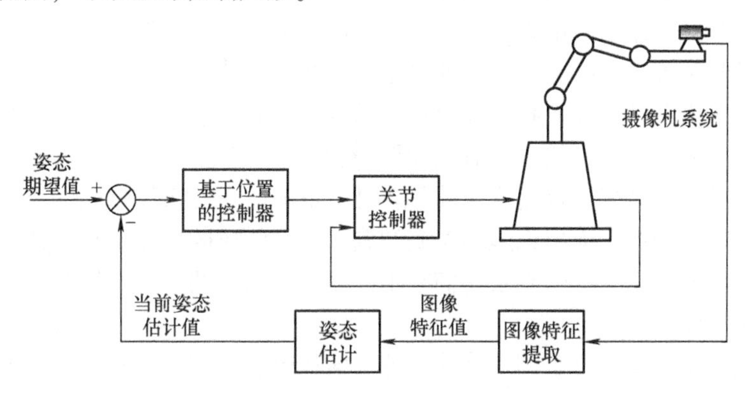

图5-59　基于位置控制的动态观察–移动视觉伺服系统

基于图像控制的直接视觉伺服系统如图5-60所示。

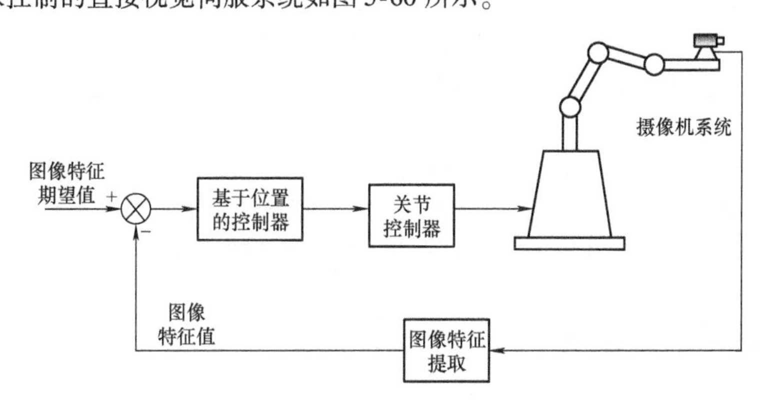

图5-60　基于图像控制的直接视觉伺服系统

控制误差信息直接取自平面图像的特征值，系统利用期望特征与实时观测到的相应特征的差值进行控制。对于这种控制系统，需要解决的关键问题是如何得到反映图像特征与机器人末端执行器位姿和速度之间关系的雅可比矩阵。

雅可比矩阵的计算方法有公式推导法、标定法、估计法及学习法等。雅可比矩阵推导和标定分别可以根据模型推导或标定进行，采用估计法时可以在线估计，而学习法主要为神经网络法。这种控制系统的优点是：如果可消除图像差，那么相应地摄像机也将达到期望的位姿，对摄像机的标定精度有鲁棒性。同时，它的实时计算量相对于基于位置的视觉伺服系统要小得多。但是，它有一个极大的缺点，那就是雅可比矩阵奇异点的存在，会使逆雅可比矩阵控制率存在不稳定点，而这种情况在基于位置控制的视觉伺服系统中是不会发生的。另外一个问题是：计算雅可比矩阵需要估计目标深度（三维信息），而深度估计一直是计算机视觉技术的难点。

5.3.8　听觉、嗅觉传感器和其他外部传感器

人的听觉的外周感受器官是耳，耳的适宜刺激是一定频率范围内的声波振动。科蒂器官和其中所含的毛细胞，是真正的声音感受装置。听神经纤维就分布在毛细胞下方的基底膜中，对声音信息进行编码，传送到大脑皮层的听觉中枢，产生听觉。

机器人的听觉从应用的目的来看，可以分为两大类，包括：发声人识别系统和语义识别系统。机器人听觉系统中的听觉传感器的基本形态与传声器相同，多为利用压电效应、磁电效应等。识别系统借助于计算机技术和语言学编制的计算机软件。听觉传感器和送话器的基本形态没有什么不同，所以在输入端方面问题很少。

人的嗅觉感受器是位于上鼻道及鼻中隔后上部的嗅上皮，两侧总面积约 $5cm^2$。嗅上皮含有 3 种细胞，即主细胞、支持细胞和基底细胞。不同性质的气味刺激有其相对专用的感受位点和传输线路。非基本的气味则由它们在不同线路上引起的不同数量冲动的组合，在中枢引起特有的主观嗅觉感受。

机器人的嗅觉传感器主要采用气体传感器、射线传感器等。机器人的嗅觉传感器主要用于检测空气中的化学成分、浓度等，一般用于与原子能等相关联的需要在高温，存在放射线、可燃性气体及有毒气体的恶劣环境下工作的机器人中，以便了解环境污染状况、预防火灾和毒气泄漏报警。

味觉传感器则用于对液体进行化学成分的分析。实用的味觉传感器有 pH 计、化学分析器等。通常味觉传感器可探测溶于水中的物质。在一般情况下，探测化学物质时，嗅觉比味觉更敏感。

此外，还有纯工程学的传感器，如检测磁场的磁传感器，检测各种异常情况（如异常电压和油压、发热、噪声等）的安全用传感器和电波传感器等。配备这些传感器的机器人主要用于科学研究、海洋资源探测、食品分析、救火等特殊场合。

5.4　多传感器信息融合

传感器信息融合又称数据融合，是对多种信息的获取、表示及其内在联系进行综合处理和优化的技术。传感器信息融合技术从多信息的视角进行处理及综合，得到各种信息的内在联系和规律，从而剔除无用的和错误的信息，保留正确的和有用的成分，最终实现信息的优化。它也为智能信息处理技术的研究提供了新的观念。

1. 定义

将经过集成处理的多传感器信息进行合成，形成一种对外部环境或被测对象某一特征的表达方式。单一传感器只能获得环境或被测对象的部分信息段，而多传感器信息经过融合后能够完善地、准确地反映环境的特征。经过融合后的传感器信息具有信息冗余性、信息互补

性、信息实时性、信息获取的低成本性等特征。

2. 信息融合的核心

1）信息融合是在几个层次上完成对多源信息的处理过程，其中各个层次都表示不同级别的信息抽象。

2）信息融合处理包括探测、互联、相关、估计及信息组合。

3）信息融合包括较低层次上的状态和身份估计，以及较高层次上的整个战术态势估计。

3. 多传感器信息融合过程

图5-61所示为典型的多传感器信息融合过程框图。

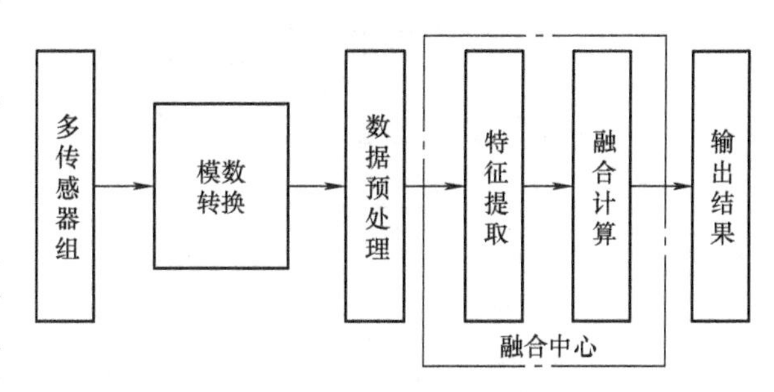

图5-61　多传感器信息融合过程

4. 信息融合的分类

（1）组合　组合是由多个传感器组合成平行或互补方式来获得多组数据输出的一种处理方法，是一种最基本的方式，涉及的问题有输出方式的协调、综合以及传感器的选择，在硬件这一级上应用。

（2）综合　综合是信息优化处理中的一种获得明确信息的有效方法。例如在虚拟现实技术中，使用两个分开设置的摄像机同时拍摄到一个物体的不同侧面的两幅图像，综合这两幅图像可以复原出一个准确的有立体感的物体的图像。

（3）融合　融合是当将传感器数据组之间进行相关或将传感器数据与系统内部的知识模型进行相关，而产生信息的一个新的表达式。

（4）相关　通过处理传感器信息获得某些结果，不仅需要单项信息处理，还需要通过相关来进行处理，获悉传感器数据组之间的关系，从而得到正确信息，剔除无用和错误的信息。

相关处理的目的是对识别、预测、学习和记忆等过程的信息进行综合和优化。

5. 信息融合的结构

信息融合的结构分为串联、并联和混合3种，如图5-62所示。

C_1、C_2、…、C_n 表示 n 个传感器；S_1、S_2、…、S_n 表示来自各个传感器信息融合中心的数据；Y_1、Y_2、…、Y_n 表示融合中心。

6. 融合方法

融合处理方法是交多维输入数据根据信息融合的功能，在不同融合层次上采用不同的数学方法，对数据进行综合处理，最终实现融合。多传感器信息融合的数学方法很多，常用的方法可以概括为概率统计方法和人工智能方法两大类。与概率统计有关的方法包括估计理论、卡尔曼滤波、假设检测、贝叶斯方法、统计决策理论以及其他变形的方法；而人工智能类则有模糊逻辑理论、神经网络、粗集理论和专家系统等。

7. 多传感器信息融合的典型应用

图5-63所示为多传感器信息融合自主移动装配机器人。

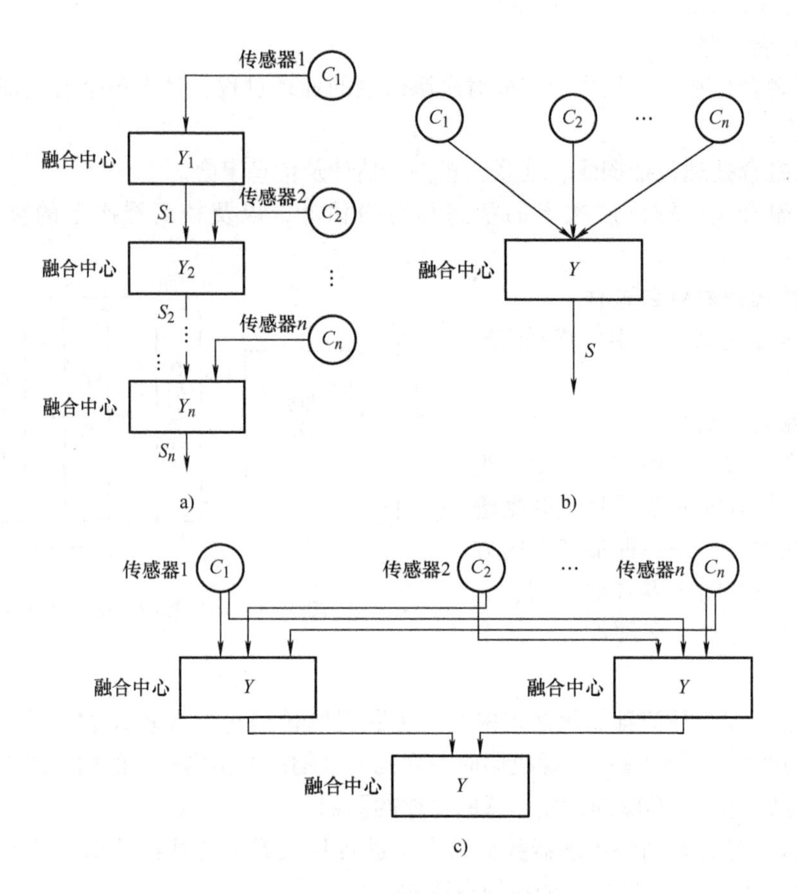

图 5-62　信息融合的结构

a）串联形式　b）并联形式　c）混合形式

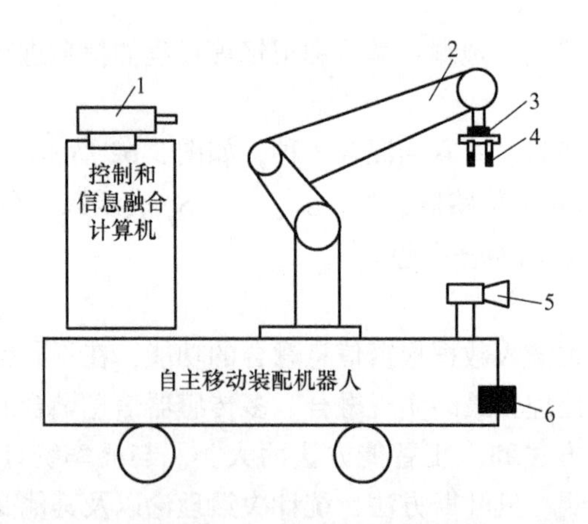

图 5-63　多传感器信息融合自主移动装配机器人

1—激光测距传感器　2—装配机械手　3—力觉传感器　4—触觉传感器　5—视觉传感器　6—超声波传感器

习　题

5-1　试述机器人常用传感器的分类。

5-2　选择机器人传感器时主要需考虑哪些因素？

5-3　机器人的内部和外部传感器的作用各是什么？包括哪些传感器？

5-4　常用的机器人位移测量传感器有哪些？基本原理是什么？

5-5　机器人力觉传感器包含哪几种？都有什么形式？

5-6　机器人的触觉传感器能感知哪些环境信息？

5-7　机器视觉系统包括哪些组成部分？简要叙述机器视觉系统的工作原理，并说明机器视觉伺服系统与机器视觉系统的区别。

5-8　什么是多传感器信息融合？它的核心是什么？

5-9　举例说明机器人的多传感器信息融合的应用。

第6章

机器人轨迹规划

机器人轨迹规划属于机器人底层规划，基本上不涉及人工智能问题，而是在机械手运动学和动力学的基础上，讨论在关节空间和笛卡儿空间中机器人运动的轨迹规划和轨迹生成方法。所谓轨迹，是指机械手在运动过程中的位移、速度和加速度。而轨迹规划是根据作业任务的要求，计算出预期的运动轨迹。

首先对机器人的任务、运动路径和轨迹进行描述。轨迹规划器可使编程手续简化，只要求用户输入有关路径和轨迹的若干约束和简单描述，而复杂的细节问题则由规划器解决。例如，用户只需给出手部的目标位姿，让规划器确定到该目标的路径点、持续时间、运动速度等轨迹参数，并在计算机内部描述所要求的轨迹，即选择习惯规定及合理的软件数据结构。最后对内部描述的轨迹，实时计算机器人运动的位移、速度和加速度，生成运动轨迹。

6.1 轨迹规划应考虑的问题

通常将机械手的运动看作是工具坐标系 $\{T\}$ 相对于工作坐标系 $\{S\}$ 的运动。这种描述方法既适用于各种机械手，又适用于同一机械手上装夹的各种工具。对于移动工作台（例如传送带），这种方法同样适用。这时工作坐标系 $\{S\}$ 的位姿随时间而变化。

对抓放作业（Pick and Place Operation）的机器人（如用于上、下料），需要描述它的起始状态和目标状态，工具坐标系的起始值 $\{T_0\}$ 和目标值 $\{T_g\}$。在此用“点”这个词表示工具坐标系位姿，如起始点和目标点等。

对于另外一些作业（如弧焊和曲面加工等），不仅要规定机械手的起始点和终止点，还要指明两点之间的若干中间点（称路径点），必须沿特定的路径运动（路径约束）。这类运动称为连续路径运动（Continuous-Path Motion）或轮廓运动（Contour Motion），而前者称为点到点运动（Point-to-Point Motion）。

在规划机器人的运动轨迹时，还需要弄清楚在其路径上是否存在障碍物（障碍约束）。路径约束和障碍约束的组合把机器人的规划与控制方式划分为四类，见表6-1。本节主要讨论连续路径的无障碍的轨迹规划方法。轨迹规划器可形象地看成为一个黑箱（图6-1）。其输入包括路径的设定和约束，输出的是机械手末端手部的位姿序列，表示手部在各离散时刻的中间位形（Configurations）。机械手最常用的轨迹规划方法有两种：第一种方法要求用户对于选定的转变节点（插值点）上的位姿、速度和加速度给出一组显式约束（例如连续性和光滑程度等），轨迹规划器从一类函数（例如 n 次多项式）中选取参数化轨迹，对节点进行插值、并满足约束条件；第二种方法要求用户给出运动路径的解析式，如为直角坐标空间中的直线路径，轨迹规划器在关节空间或直角坐标空间中，确定一条轨迹来逼近预定的路径。在第一种方法中，约束的设定和轨迹规划均在关节空间进行，因此可能会与障碍物相碰。第二种方法的路径约束是在直角坐标空间中给定的，而关节驱动器是在关节空间中受控的。因此，为了得到与给定路径十分接近的轨迹，首先必须采用某种函数逼近的方法，将直角坐标路径约束转化为关节坐标路径约束，然后确定满足关节路径约束的参数化路径。

表 6-1　操作臂控制方式

		障碍约束	
		有	无
路径约束	有	离线无碰撞路径规划 + 在线路径跟踪	离线路径规划 + 在线路径跟踪
	无	位置控制 + 在线障碍探测和避障	位置控制

轨迹规划既可在关节空间又可在直角空间中进行，但是所规划的轨迹函数都必须连续和平滑，使得操作臂的运动平稳。在关节空间进行规划时，是将关节变量表示成时间的函数，并规划它的一阶和二阶时间导数；在直角空间进行规划是指将手部位姿、速度和加速度表示为时间的函数。而相应的关节位移、速度和加速度由手部的信息导出。通常通过运动学反解得出关节位移，用逆雅可比矩阵求出关节速度，用逆雅可比矩阵及其导数求解关节加速度。

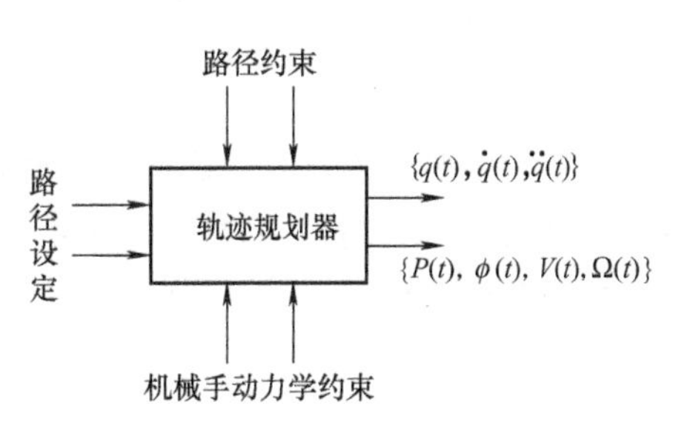

图 6-1　轨迹规划器框图

用户根据作业给出各个路径节点后，规划器的任务包含解变换方程、进行运动学反解和插值运算等。在关节空间进行规划时，大量工作是对关节变量的插值运算。

6.2　关节轨迹的插值计算

下面讨论关节轨迹的插值计算。机械手运动路径点（节点）一般用工具坐标系 $\{T\}$ 相对于工作坐标系 $\{S\}$ 的位姿来表示。为了求得在关节空间形成所求轨迹，首先用运动学反解将路径点转换成关节矢量角度值，然后对每个关节拟合一个光滑函数，使之从起始点开始，依次通过所有路径点，最后到达目标点。对于每一段路径，各个关节运动时间均相同，这样保证所有关节同时到达路径点和终止点，从而得到工具坐标系 $\{T\}$ 应有的位姿。尽管每个关节在同一段路径中的运动时间相同，但各个关节函数之间却是相互独立的。

关节空间法是以关节角度的函数描述机器人轨迹的，关节空间法不必在直角坐标系中描述两个路径点之间的路径形状，计算简单、容易。此外，由于关节空间与直角坐标空间之间并不是连续的对应关系，因而不会发生机构的奇异性问题。

在关节空间中进行轨迹规划，需要给定机器人在起始点和终止点手臂的位形。对关节进行插值时，应满足一系列的约束条件。例如抓取物体时，手部运动方向（初始点），提升物体离开的方向（提升点），放下物体（下放点）和停止点等节点上的位姿、速度和加速度的要求；与此相应的各个关节位移、速度、加速度在整个时间间隔内连续性要求；其极值必须在各个关节变量的容许范围之内等。在满足所要求的约束条件下，可以选取不同类型的关节插值函数，生成不同的轨迹。

下面着重讨论关节轨迹的插值方法。关节轨迹插值计算的方法较多，现简述如下。

6.2.1 三次多项式插值

在机械手运动过程中，由于相应于起始点的关节角度 θ_0 是已知的，而终止点的关节角 θ_f 可以通过运动学反解得到。因此运动轨迹的描述，可用起始点关节角度与终止点关节角度的一个平滑插值函数 $\theta(t)$ 来表示。$\theta(t)$ 在 $t_0=0$ 时刻的值是起始关节角度 θ_0，在终端时刻 t_f 的值是终止关节角度 θ_f。显然，平滑插值函数可作为关节插值函数，如图6-2所示。

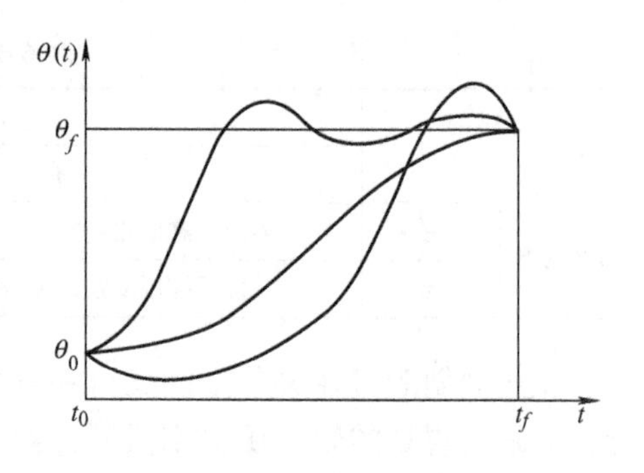

图 6-2 单个关节的不同轨迹曲线

为了实现单个关节的平稳运动，轨迹函数 $\theta(t)$ 至少需要满足四个约束条件，其中两个约束条件是起始点和终止点对应的关节角度

$$\left.\begin{aligned}\theta(0)&=\theta_0\\ \theta(t_f)&=\theta_f\end{aligned}\right\} \tag{6-1}$$

为了满足关节运动速度的连续性要求，另外还有两个约束条件，即在起始点和终止点的关节速度要求。在当前情况下，规定

$$\left.\begin{aligned}\dot{\theta}(0)&=0\\ \dot{\theta}(t_f)&=0\end{aligned}\right\} \tag{6-2}$$

式(6-1) 和式(6-2) 确定了一个三次多项式

$$\theta(t)=a_0+a_1t+a_2t^2+a_3t^3 \tag{6-3}$$

运动轨迹上的关节速度和加速度则为

$$\left.\begin{aligned}\dot{\theta}(t)&=a_1+2a_2t+3a_3t^2\\ \ddot{\theta}(t)&=2a_2+6a_3t\end{aligned}\right\} \tag{6-4}$$

对式(6-3) 和式(6-4) 代入相应的约束条件，得到有关系数 a_0、a_1、a_2 和 a_3 的四个线性方程

$$\left.\begin{aligned}&\theta_0=a_0\\ &\theta_f=a_0+a_1t_f+a_2t_f^{\,2}+a_3t_f^{\,3}\\ &0=a_1\\ &0=a_1+2a_2t_f+3a_3t_f^{\,2}\end{aligned}\right\} \tag{6-5}$$

求解上述方程组可得

$$\left.\begin{aligned}
a_0 &= \theta_0 \\
a_1 &= 0 \\
a_2 &= \frac{3}{t_f^2}(\theta_f - \theta_0) \\
a_3 &= -\frac{2}{t_f^3}(\theta_f - \theta_0)
\end{aligned}\right\} \tag{6-6}$$

这组解只用于关节起始速度和终止速度为零的运动情况。对于其他情况，后面另行讨论。

6.2.2 过路径点的三次多项式插值

一般情况下，要求规划过路径点的轨迹。若机械手在路径点停留，则可直接使用前面三次多项式插值的方法；若只是经过路径点，并不停留，则需要推广上述方法。

实际上，可以把所有路径点也看作是“起始点”或“终止点”，求解逆运动学，得到相应的关节矢量值。然后确定所要求的三次多项式插值函数，把路径点平滑地连接起来。但是，在这些“起始点”或“终止点”的关节运动速度不再是零。

路径点上的关节速度可以根据需要设定，这样一来，确定三次多项式的方法与前面所述的完全相同，只是速度约束条件式(6-2) 变为

$$\left.\begin{aligned}
\dot{\theta}(0) &= \dot{\theta}_0 \\
\dot{\theta}(t_f) &= \dot{\theta}_f
\end{aligned}\right\} \tag{6-7}$$

确定三次多项式的四个方程为

$$\left.\begin{aligned}
\theta_0 &= a_0 \\
\theta_f &= a_0 + a_1 t_f + a_2 t_f^2 + a_3 t_f^3 \\
\dot{\theta}_0 &= a_1 \\
\dot{\theta}_f &= a_1 + 2a_2 t_f + 3a_3 t_f^2
\end{aligned}\right\} \tag{6-8}$$

求解以上方程组，即可求得三次多项式的系数

$$\left.\begin{aligned}
a_0 &= \theta_0 \\
a_1 &= \dot{\theta}_0 \\
a_2 &= \frac{3}{t_f^2}(\theta_f - \theta_0) - \frac{2}{t_f}\dot{\theta}_0 - \frac{1}{t_f}\dot{\theta}_f \\
a_3 &= -\frac{2}{t_f^3}(\theta_f - \theta_0) + \frac{1}{t_f^2}(\dot{\theta}_0 + \dot{\theta}_f)
\end{aligned}\right\} \tag{6-9}$$

实际上，由上式确定的三次多项式描述了起始点和终止点具有任意给定位置和速度的运动轨迹，是式(6-6) 的推广。剩下的问题就是如何确定路径点上的关节速度，可由以下三种方法规定：

1）根据工具坐标系在直角坐标空间中的瞬时线速度和角速度来确定每个路径点的关节

速度。

2）在直角坐标空间或关节空间中采用适当的启发式方法，由控制系统自动地选择路径点的速度。

3）为了保证每个路径点上的加速度连续，由控制系统按此要求自动地选择路径点的速度。

6.2.3 高阶多项式插值

如果对于运动轨迹的要求更为严格，约束条件增多，那么三次多项式就不能满足需要，必须用更高阶的多项式对运动轨迹的路径段进行插值。例如，对某段路径的起始点和终止点都规定了关节的位置、速度和加速度，则要用一个五次多项式进行插值，即

$$\theta(t)=a_0+a_1t+a_2t^2+a_3t^3+a_4t^4+a_5t^5 \tag{6-10}$$

多项式的系数 a_0、a_1、a_2、a_3、a_4 和 a_5 必须满足 6 个约束条件

$$\left.\begin{aligned}
&\theta_0=a_0\\
&\theta_f=a_0+a_1t_f+a_2t_f^2+a_3t_f^3+a_4t_f^4+a_5t_f^5\\
&\dot{\theta}_0=a_1\\
&\dot{\theta}_f=a_1+2a_2t_f+3a_3t_f^2+4a_4t_f^3+5a_5t_f^4\\
&\ddot{\theta}_0=2a_2\\
&\ddot{\theta}_f=2a_2+6a_3t_f+12a_4t_f^2+20a_5t_f^3
\end{aligned}\right\} \tag{6-11}$$

这个线性方程组含有 6 个未知数和 6 个方程，其解为

$$\left.\begin{aligned}
&a_0=\theta_0\\
&a_1=\dot{\theta}_0\\
&a_2=\frac{\ddot{\theta}_0}{2}\\
&a_3=\frac{20\theta_f-20\theta_0-(8\dot{\theta}_f+12\dot{\theta}_0)t_f-(3\ddot{\theta}_0-\ddot{\theta}_f)t_f^2}{2t_f^3}\\
&a_4=\frac{30\theta_0-30\theta_f+(14\dot{\theta}_f+16\dot{\theta}_0)t_f+(3\ddot{\theta}_0-2\ddot{\theta}_f)t_f^2}{2t_f^4}\\
&a_5=\frac{12\theta_f-12\theta_0-(6\dot{\theta}_f+6\dot{\theta}_0)t_f-(\ddot{\theta}_0-\ddot{\theta}_f)t_f^2}{2t_f^5}
\end{aligned}\right\} \tag{6-12}$$

6.2.4 用抛物线过渡的线性插值

对于给定的起始点和终止点的关节角度，也可以选择直线插值函数来表示路径的形状。值得指出的是：虽然每个关节都做匀速运动，但是手部的运动轨迹一般不是直线。

显然，单纯线性插值将导致在节点处关节运动速度不连续，加速度无限大。为了生成一

条位移和速度都连续的平滑运动轨迹，在使用线性插值时，在每个节点的领域内增加一段抛物线的缓冲区段。由于抛物线对于时间的二阶导数为常数，即相应区段内的加速度恒定不变，这样使得平滑过渡，不致在节点处产生跳跃，从而使整个轨迹上的位移和速度都连续。线性函数与两段抛物线函数平滑地衔接在一起形成的轨迹，称为带有抛物线过渡域线性轨迹，如图6-3a所示。

为了构造这段运动轨迹，假设两端的过渡域（抛物线）具有相同的持续时间，因而在这两个域中采用相同的恒加速度值，只是符号相反。正如图6-3b所示，存在多个解，得到的轨迹不是唯一的。

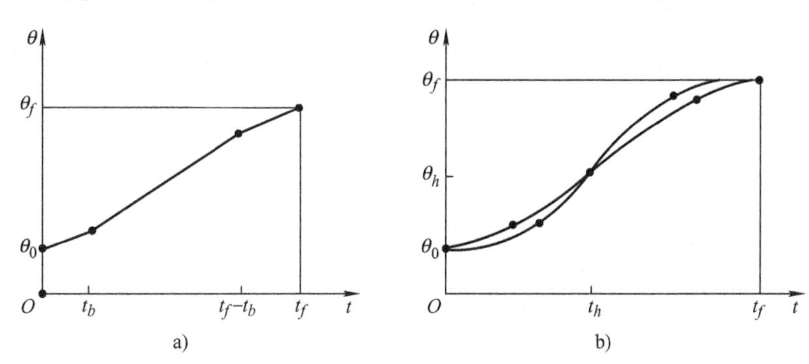

图6-3　带抛物线过渡的线性插值

a）含有一个解　b）含有多个解

但是每个结果都对称于时间中点 t_h 和位置中点 θ_h。由于过渡域 $[t_0, t_b]$ 终点的速度必须等于线性域的速度，所以

$$\dot{\theta}_{tb} = \frac{\theta_h - \theta_b}{t_h - t_b} \tag{6-13}$$

式中，θ_b 为过渡域终点 t_b 处的关节角度。用 $\ddot{\theta}$ 表示过渡域内的加速度，θ_b 的值可按式(6-14)解得

$$\theta_b = \theta_0 + \frac{1}{2}\ddot{\theta} t_b^2 \tag{6-14}$$

令 $t = 2t_h$，根据式(6-13）和式(6-14）可得

$$\ddot{\theta} t_b^2 - \ddot{\theta} t t_b + (\theta_f - \theta_0) = 0 \tag{6-15}$$

这样对于任意给定的 θ_f、θ_0 和 t，可以按式(6-15）选择相应的 $\ddot{\theta}$ 和 t_b，得到路径曲线。通常的做法是先选择加速度 $\ddot{\theta}$ 的值，然后按式(6-15）算出相应的 t_b

$$t_b = \frac{t}{2} - \frac{\sqrt{\ddot{\theta}^2 t^2 - 4\ddot{\theta}(\theta_f - \theta_0)}}{2\ddot{\theta}} \tag{6-16}$$

由式(6-16）可知：为保证 t_b 有解，过渡域加速度值 $\ddot{\theta}$ 必须选得足够大，即

$$\ddot{\theta} \geqslant \frac{4(\theta_f - \theta_0)}{t^2} V \tag{6-17}$$

当式(6-17）中的等号成立时，线性域的长度缩减为零，整个路径段由两个过渡域组成，这

两个过渡域在衔接处的斜率（代表速度）相等。当加速度的取值越来越大时，过渡域的长度会越来越短。如果加速度选为无限大，路径又回复到简单的线性插值情况。

6.2.5 过路径点用抛物线过渡的线性插值

如图6-4所示，某个关节在运动中设有n个路径点，其中三个相邻的路径点表示为j、k和l，每两个相邻的路径点之间都以线性函数相连，而所有路径点附近由抛物线过渡。

在图6-4中，在k点的过渡域的持续时间为t_k；点j和点k之间线性域的持续时间为t_{jk}；连接j与k点的路径段全部持续时间为t_{djk}。另外，j与k点之间线性域速度为$\dot{\theta}_{jk}$，j点过渡域的加速度为$\ddot{\theta}_j$。现在的问题是在含有路径点的情况下，如何确定带有抛物线过渡域的线性轨迹。

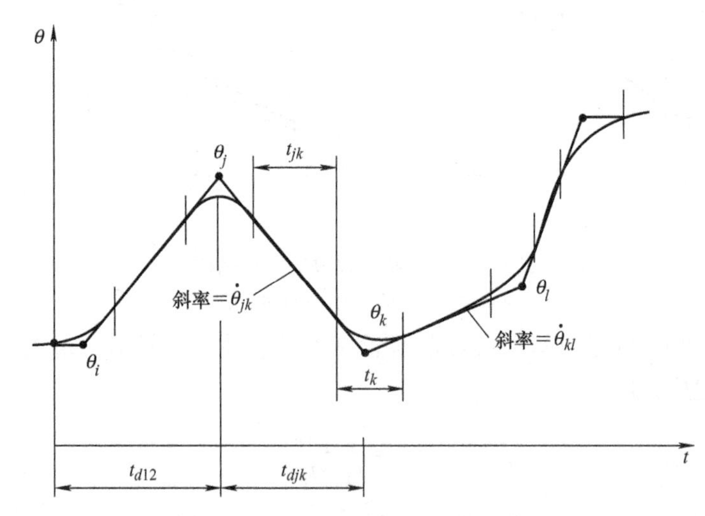

图6-4 多段带有抛物线过渡的线性插值轨迹

与上述用抛物线过渡的线性插值相同，这个问题有许多解，每一解对应于一个选取的速度值。给定任意路径点的位置θ_k、持续时间t_{djk}及加速度的绝对值$|\ddot{\theta}_k|$，可以计算出过渡域的持续时间t_k。对于那些内部路径段（j、$k\neq1$，2；j、$k\neq n-1$），根据下列方程求解

$$\left.\begin{aligned}
\dot{\theta}_{jk} &= \frac{\theta_k-\theta_j}{t_{djk}} \\
\ddot{\theta}_k &= \mathrm{sgn}(\dot{\theta}_{kl}-\dot{\theta}_{jk})|\ddot{\theta}_k| \\
t_k &= \frac{\dot{\theta}_{kl}-\dot{\theta}_{jk}}{\ddot{\theta}_k} \\
t_{jk} &= t_{djk}-\frac{1}{2}t_j-\frac{1}{2}t_k
\end{aligned}\right\} \tag{6-18}$$

第一个路径段和最后一个路径段的处理与式(6-18)略有不同，因为轨迹端部的整个过渡域的持续时间都必须计入这一路径段内。对于第一个路径段，令线性域速度的两个表达式相等，就可求出t_1

$$\frac{\theta_2-\theta_1}{t_{d12}-\frac{1}{2}t_1}=\ddot{\theta}_1 t_1 \tag{6-19}$$

用式(6-19) 算出起始点过渡域的持续时间 t_1 之后，进而求出 $\dot{\theta}_{12}$和 t_{12}

$$\left.\begin{aligned}
&\ddot{\theta}_1=\mathrm{sgn}(\dot{\theta}_2-\dot{\theta}_1)\,|\,\ddot{\theta}_1\,| \\
&t_1=t_{d12}-\sqrt{t_{d12}^2-\frac{2(\theta_2-\theta_1)}{\ddot{\theta}_1}} \\
&\dot{\theta}_{12}=\frac{\theta_2-\theta_1}{t_{d12}-\frac{1}{2}t_1} \\
&t_{12}=t_{d12}-t_1-\frac{1}{2}t_2
\end{aligned}\right\} \tag{6-20}$$

对于最后一个路径段，路径点 $n-1$ 与终止点 n 之间的参数与第一个路径段相似，即

$$\frac{\theta_{n-1}-\theta_n}{t_{d(n-1)n}-\frac{1}{2}t_n}=\ddot{\theta}_n t_n \tag{6-21}$$

根据式(6-21) 便可求出

$$\left.\begin{aligned}
&\ddot{\theta}_n=\mathrm{sgn}(\dot{\theta}_{n-1}-\dot{\theta}_n)\,|\,\ddot{\theta}_n\,| \\
&t_n=t_{d(n-1)n}-\sqrt{t_{d(n-1)n}^2+\frac{2(\theta_n-\theta_{n-1})}{\ddot{\theta}_n}} \\
&\dot{\theta}_{(n-1)n}=\frac{\theta_n-\theta_{n-1}}{t_{d(n-1)n}-\frac{1}{2}t_n} \\
&t_{(n-1)n}=t_{d(n-1)n}-t_n-\frac{1}{2}t_{n-1}
\end{aligned}\right\} \tag{6-22}$$

式(6-18)～式(6-22) 可用来求出多段轨迹中，各个过渡域的时间和速度。通常用户只需给定路径点和各个路径段的持续时间。在这种情况下，系统使用各个关节的隐含加速度值。有时为了简便起见，系统还可按隐含速度值来计算持续时间。对于各段的过渡域的加速度值，加速度值应取得足够大，以使各路径段有足够长的线性域。

值得注意的是：多段用抛物线过渡的直线样条函数一般并不经过那些路径点，除非在这些路径点处停止。若选取的加速度充分大，则实际路径将与理想路径点十分靠近。如果要求机器人途经某个节点，那么将轨迹分成两段，把此节点作为前一段的终止点和后一段的起始点即可。

6.3 笛卡儿路径轨迹规划

在这种轨迹规划系统中，作业是用机械手终端夹手位姿的笛卡儿坐标节点序列规定的。

因此，节点指的是表示夹手位姿的齐次变换矩阵。

1. 物体对象的描述

任一刚体相对参考系的位姿是用与它固接的坐标系来描述的。相对于固接坐标系，物体上任一点用相应的位置矢量 $\boldsymbol{p}$ 表示；任一方向用方向余弦表示。给出物体的几何图形及固接坐标系后，只要规定固接坐标系的位姿，便可重构该物体。

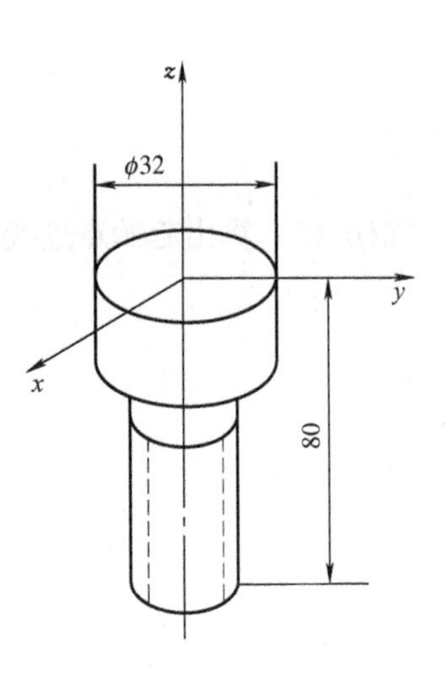

图 6-5　对象的描述

如图 6-5 所示的螺栓，其轴线与固接坐标系的 z 轴重合。螺栓头部直径为 32mm，中心取为坐标原点，螺栓长 80mm，直径 20mm，则可根据固接坐标系的位姿重构螺栓在空间（相对参考系）的位姿和几何形状。

2. 作业的描述

作业和机械手的运动可用手部位姿节点序列来规定，每个节点是由工具坐标系相对于作业坐标系的齐次变换来描述。相应的关节变量可用运动学反解程序计算。

例如，要求机器人按直线运动，把螺栓从槽中取出并放入托架的一个孔中，如图 6-6 所示。

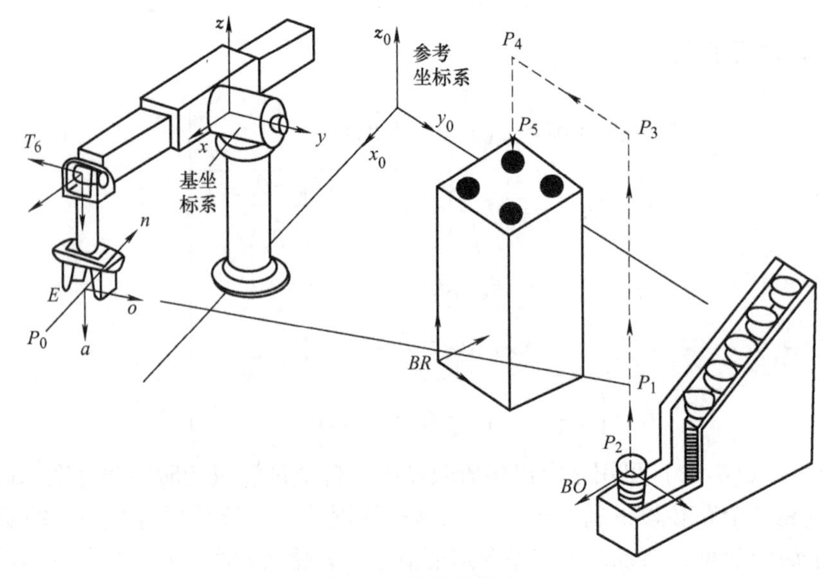

图 6-6　作业的描述

用符号表示沿直线运动的各节点的位姿，使机器人能沿虚线运动并完成作业。令 P_i（i=1、2、3、4、5）为夹手必须经过的直角坐标节点。参照这些节点的位姿将作业描述为表 6-2 所示的手部的一连串运动和动作。

表 6-2　螺栓的抓取和插入过程

节点	P_0	P_1	P_2	P_2	P_3	P_4	P_5	P_5	P_n
运动	INIT	MOVE	MOVE	GRASP	MOVE	MOVE	MOVE	RELEASE	MOVE
目标	原始	接近螺栓	到达	抓住	提升	接近托架	放入孔中	松夹	移开

3. 两个结点之间的"直线"运动

机械手在进行作业时，夹手的位姿可用一系列结点 P_i 来表示。因此，在直角坐标空间中进行轨迹规划的首要问题是由两结点 P_i 和 P_{i+1} 所定义的路径起点和终点之间，如何生成一系列中间点。两结点之间最简单的路径是在空间的一个直线移动和绕某定轴的转动。若运动时间给定之后，则可以产生一个使线速度和角速度受控的运动。如图6-6所示，要生成从结点 P_0（原位）运动到 P_1（接近螺栓）的轨迹。更一般地，从一结点 P_i 到下一结点 P_{i+1} 的运动可表示为从

$$^{0}\boldsymbol{T}_6 = {}^{0}\boldsymbol{T}_B^B\boldsymbol{P}_i^6\boldsymbol{T}_E^{-1} \tag{6-23}$$

到

$$^{0}\boldsymbol{T}_6 = {}^{0}\boldsymbol{T}_B^B\boldsymbol{P}_{i+1}^6\boldsymbol{T}_E^{-1} \tag{6-24}$$

的运动。其中$^6\boldsymbol{T}_E$ 是工具坐标系 $\{T\}$ 相对末端连杆系 $\{6\}$ 的变换。$^B\boldsymbol{P}_i$ 和$^B\boldsymbol{P}_{i+1}$分别为两结点 P_i 和 P_{i+1}相对坐标系 $\{B\}$ 的齐次变换。如果起始点 P_i 是相对另一坐标系 $\{A\}$ 描述的，那么可通过变换过程得到

$$^{B}\boldsymbol{P}_i = {}^{0}\boldsymbol{T}_B^{-1\,0}\boldsymbol{T}_A^A\boldsymbol{P}_i \tag{6-25}$$

基于式(6-23) 和式(6-24)，则从结点 P_i 到 P_{i+1}的运动可由"驱动变换" $\boldsymbol{D}(\lambda)$ 来表示

$$^{0}\boldsymbol{T}_6(\lambda) = {}^{0}\boldsymbol{T}_B^B\boldsymbol{P}_i\boldsymbol{D}(\lambda)^6\boldsymbol{T}_E^{-1} \tag{6-26}$$

式中，驱动变换 $\boldsymbol{D}(\lambda)$ 是归一化时间 λ 的函数；$\lambda = t/T$，$\lambda \in [0,1]$；t 为自运动开始算起的实际时间；T 为走过该轨迹段的总时间。

在结点 P_i，实际时间 $t=0$，因此 $\lambda=0$，$\boldsymbol{D}(0)$ 是 4×4 的单位矩阵，因而式(6-26) 与式(6-23) 相同。

在结点 P_{i+1}，$t=T$，$\lambda=1$，有

$$^{B}\boldsymbol{P}_i\boldsymbol{D}(1) = {}^{B}\boldsymbol{P}_{i+1}$$

式(6-26) 与式(6-24) 相同，因此得

$$\boldsymbol{D}(1) = {}^{B}\boldsymbol{P}_i^{-1\,B}\boldsymbol{P}_{i+1} \tag{6-27}$$

可将工具（夹手）从一个结点 P_i 到下一个结点 P_{i+1}的运动看成和夹手固接的坐标系的运动。规定手部坐标系的三个坐标轴用 n、o 和 a 表示，坐标原点用 p 表示。

因此，结点 P_i 和 P_{i+1} 相对于目标坐标系$\{B\}$的描述可用相应的齐次变换矩阵来表示，即

$$^{B}\boldsymbol{P}_i = \begin{pmatrix} n_i & o_i & a_i & p_i \\ 0 & 0 & 0 & 1 \end{pmatrix} = \begin{pmatrix} n_{i_x} & o_{i_x} & a_{i_x} & p_{i_x} \\ n_{i_y} & o_{i_y} & a_{i_y} & p_{i_y} \\ n_{i_z} & o_{i_z} & a_{i_z} & p_{i_z} \\ 0 & 0 & 0 & 1 \end{pmatrix}$$

$$^{B}\boldsymbol{P}_{i+1} = \begin{pmatrix} n_{i+1} & o_{i+1} & a_{i+1} & p_{i+1} \\ 0 & 0 & 0 & 1 \end{pmatrix} = \begin{pmatrix} n_{(i+1)_x} & o_{(i+1)_x} & a_{(i+1)_x} & p_{(i+1)_x} \\ n_{(i+1)_y} & o_{(i+1)_y} & a_{(i+1)_y} & p_{(i+1)_y} \\ n_{(i+1)_z} & o_{(i+1)_z} & a_{(i+1)_z} & p_{(i+1)_z} \\ 0 & 0 & 0 & 1 \end{pmatrix}$$

利用矩阵求逆公式求出$^B\boldsymbol{P}_i^{-1}$，再右乘$^B\boldsymbol{P}_{i+1}$，则得

$$D(1)=\begin{pmatrix} n_i \cdot n_{i+1} & n_i \cdot o_{i+1} & n_i \cdot a_{i+1} & n_i \cdot (p_{i+1}-p_i) \\ o_i \cdot n_{i+1} & o_i \cdot o_{i+1} & o_i \cdot a_{i+1} & o_i \cdot (p_{i+1}-p_i) \\ a_i \cdot n_{i+1} & a_i \cdot o_{i+1} & a_i \cdot a_{i+1} & a_i \cdot (p_{i+1}-p_i) \\ 0 & 0 & 0 & 1 \end{pmatrix}$$

其中，$\boldsymbol{n} \cdot \boldsymbol{o}$ 表示矢量 $\boldsymbol{o}$ 与 $\boldsymbol{o}$ 的标积。

工具坐标系从结点 P_i 到 P_{i+1} 的运动可分解为一个平移运动和两个旋转运动；第一个转动使工具轴线与预期的接近方向 a 对准；第二个转动是绕工具轴线（a）转动，使方向矢量 $\boldsymbol{o}$ 对准，则驱动函数 $\boldsymbol{D}(\lambda)$ 由一个平移运动和两个旋转运动构成，即

$$\boldsymbol{D}(\lambda)=\boldsymbol{L}(\lambda)\boldsymbol{R}_m(\lambda)\boldsymbol{R}_n(\lambda) \tag{6-28}$$

式中，$\boldsymbol{L}(\lambda)$ 是表示平移运动的齐次变换，其作用是把结点 P_i 的坐标原点沿直线运动到 P_{i+1} 的原点；第一个转动用齐次变换 $\boldsymbol{R}_m$（λ）表示，其作用是将 P_i 的接近矢量 $\boldsymbol{a}_i$ 转向 P_{i+1} 的接近矢量 $\boldsymbol{a}_{i+1}$；第二个转动用齐次变换 $\boldsymbol{R}_m$（λ）表示，其作用是将 P_i 的方向矢量 $\boldsymbol{o}_i$ 转向 P_{i+1} 的方向矢量 $\boldsymbol{o}_{i+1}$

$$\boldsymbol{L}(\lambda)=\begin{pmatrix} 1 & 0 & 0 & \lambda x \\ 0 & 1 & 0 & \lambda y \\ 0 & 0 & 1 & \lambda z \\ 0 & 0 & 0 & 1 \end{pmatrix} \tag{6-29}$$

$$\boldsymbol{R}_a(\lambda)=\begin{pmatrix} s^2\psi v(\lambda\theta)+c(\lambda\theta) & -s\psi c\psi v(\lambda\theta) & c\psi v(\lambda\theta) & 0 \\ -s\psi c\psi v(\lambda\theta) & c^2\psi v(\lambda\theta)+c(\lambda\theta) & s\psi s(\lambda\theta) & 0 \\ -c\psi s(\lambda\theta) & -s\psi s(\lambda\theta) & c(\lambda\theta) & 0 \\ 0 & 0 & 0 & 1 \end{pmatrix} \tag{6-30}$$

$$\boldsymbol{R}_o(\lambda)=\begin{pmatrix} c(\lambda\varphi) & -s(\lambda\varphi) & 0 & 0 \\ s(\lambda\varphi) & c(\lambda\varphi) & 0 & 0 \\ 0 & 0 & 1 & 0 \\ 0 & 0 & 0 & 1 \end{pmatrix} \tag{6-31}$$

式中，$v(\lambda\theta)=vers(\lambda\theta)=1-\cos(\lambda\theta)$；$c(\lambda\theta)=\cos(\lambda\theta)$；$s(\lambda\theta)=\sin(\lambda\theta)$；$c(\lambda\varphi)=\cos(\lambda\varphi)$；$s(\lambda\varphi)=\sin(\lambda\varphi)$；$\lambda\in[0,1]$

旋转变换 $\boldsymbol{R}_a$（λ）表示绕矢量 $\boldsymbol{k}$ 转动 θ 角得到的，而矢量 $\boldsymbol{k}$ 是 P_i 的 y 轴绕其 z 转过 ψ 角得到的，即

$$\boldsymbol{k}=\begin{pmatrix} -s\psi \\ c\psi \\ 0 \\ 1 \end{pmatrix}=\begin{pmatrix} c\psi & -s\psi & 0 & 0 \\ s\psi & c\psi & 0 & 0 \\ 0 & 0 & 1 & 0 \\ 0 & 0 & 0 & 1 \end{pmatrix}\begin{pmatrix} 0 \\ 1 \\ 0 \\ 1 \end{pmatrix}$$

根据旋转变换通式，即可得到式(6-30)；旋转变换 $\boldsymbol{R}_a(\lambda)$ 表示绕接近矢量 $\boldsymbol{a}$ 转角 ϕ 的变换矩阵。显然，平移量 λx、λy、λz 和转动量 $\lambda\theta$ 及 $\lambda\varphi$ 将与 λ 成正比。若 λ 随时间线性变化，则 $\boldsymbol{D}(\lambda)$ 所代表的合成运动将是一个恒速移动和两个恒速转动的合成运动。

将矩阵式(6-29)～式(6-31)相乘代入式(6-28)，得到

$$\boldsymbol{D}(\lambda)=\begin{pmatrix} dn & do & da & dp \\ 0 & 0 & 0 & 1 \end{pmatrix} \tag{6-32}$$

其中

$$do=\begin{pmatrix} -s(\lambda\varphi)[s^2\psi v(\lambda\theta)+c(\lambda\theta)]+c(\lambda\varphi)[-s\psi c\psi r(\lambda\theta)] \\ -s(\lambda\varphi)[-s\psi c\psi v(\lambda\varphi)]+c(\lambda\varphi)[c^2\varphi r(\lambda\theta)+c(\lambda\theta)] \\ -s(\lambda\theta)[-c\psi s(\lambda\theta)]+c(\lambda\varphi)[-s\psi s(\lambda\theta)] \end{pmatrix}$$

$$da=\begin{pmatrix} c\psi s(\lambda\theta) \\ s\psi s(\lambda\theta) \\ c(\lambda\theta) \end{pmatrix},\quad dp=\begin{pmatrix} \lambda x \\ \lambda y \\ \lambda z \end{pmatrix},\quad dn=do\times da$$

将逆变换方法用于式(6-28)，在式(6-28) 两边右乘 $\boldsymbol{R}_0^{-1}(\lambda)\boldsymbol{R}_a^{-1}(\lambda)$，使位置矢量的各元素分别相等，令 $\lambda=1$，则得

$$\left.\begin{aligned} x&=\boldsymbol{n}_i\cdot(\boldsymbol{p}_{i+1}-\boldsymbol{p}_i) \\ y&=\boldsymbol{o}_i\cdot(\boldsymbol{p}_{i+1}-\boldsymbol{p}_i) \\ z&=\boldsymbol{a}_i\cdot(\boldsymbol{p}_{i+1}-\boldsymbol{p}_i) \end{aligned}\right\} \tag{6-33}$$

式中，矢量 $\boldsymbol{n}_i$、$\boldsymbol{o}_i$、$\boldsymbol{a}_i$ 和 $\boldsymbol{p}_i$、$\boldsymbol{p}_{i+1}$ 都是相对于目标坐标系 $\{B\}$ 表示的。将式(6-28) 两边右乘 $\boldsymbol{R}_0^{-1}(\lambda)$，再乘 $\boldsymbol{L}^{-1}(\lambda)$，并使得第三列元素分别相等，可解得 θ 和 ψ

$$\psi=\operatorname{atan}\left(\frac{\boldsymbol{o}_i\cdot\boldsymbol{a}_{i+1}}{\boldsymbol{n}_i\cdot\boldsymbol{a}_{i+1}}\right)\quad -\pi\leqslant\psi<\pi \tag{6-34}$$

$$\theta=\operatorname{atan}\left[\frac{[(\boldsymbol{n}_i\cdot\boldsymbol{a}_{i+1})^2+(\boldsymbol{o}_i\cdot\boldsymbol{a}_{i+1})^2]^{\frac{1}{2}}}{\boldsymbol{a}_i\cdot\boldsymbol{a}_{i+1}}\right]\quad -\pi\leqslant\varphi\leqslant\pi \tag{6-35}$$

为了求出 φ，可将式(6-28) 两边左乘 $\boldsymbol{R}_a^{-1}(\lambda)\ \boldsymbol{L}^{-1}(\lambda)$，并使它们的对应元素分别相等，得

$$s\varphi=-s\psi c\psi v(\theta)(\boldsymbol{n}_i\cdot\boldsymbol{n}_{i+1})+[c^2\psi v(\theta)+c(\theta)](\boldsymbol{o}_i\cdot\boldsymbol{n}_{i+1})-s\psi s(\theta)(\boldsymbol{a}_i\cdot\boldsymbol{n}_{i+1})$$

$$c\varphi=-s\psi c\psi v(\theta)(\boldsymbol{n}_i\cdot\boldsymbol{o}_{i+1})+[c^2\psi v(\theta)+c(\theta)](\boldsymbol{o}_i\cdot\boldsymbol{o}_{i+1})-s\psi s(\theta)(\boldsymbol{a}_i\cdot\boldsymbol{o}_{i+1})$$

$$\varphi=\operatorname{atan}\left(\frac{s\varphi}{c\varphi}\right)\quad -\pi\leqslant\varphi\leqslant\pi \tag{6-36}$$

4. 两段路径之间的过渡

前面利用驱动变换 $\boldsymbol{D}(\lambda)$ 来控制一个移动和两个转动，生成两结点之间的“直线”运动轨迹 ${}^0\boldsymbol{T}_6(\lambda)={}^0\boldsymbol{T}_B^B\boldsymbol{P}_i\boldsymbol{D}(\lambda){}^6\boldsymbol{T}_E^{-1}$，现在讨论两段路径之间的过渡问题。为了避免两段路径衔接点处速度不连续，当由一段轨迹过渡到下一段轨迹时，需要加速度或减速度。在机械手手部到达结点前的时刻 τ 开始改变速度，然后保持加速度不变，直至到达结点之后 τ（单位时间）为止，如图 6-7 所示。

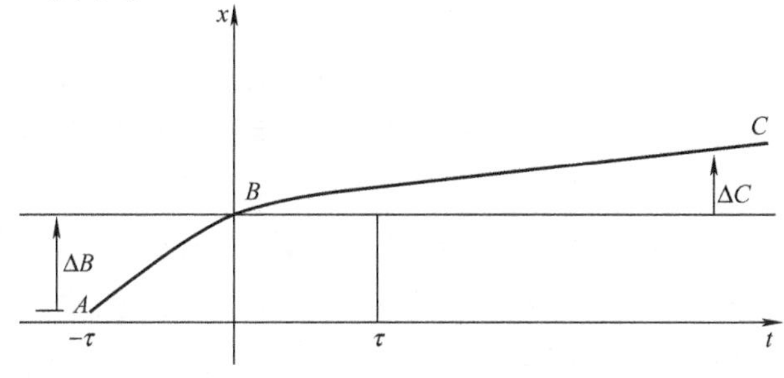

图 6-7　两段路径间的过渡

在此时间区间 $[-\tau,\tau]$，每一分量的加速度保持不变，其值为

$$\ddot{\boldsymbol{x}}(t)=\frac{1}{2\tau^2}\left(\Delta \boldsymbol{C}\frac{\tau}{T}+\Delta \boldsymbol{B}\right)-\tau<\varphi<\tau \tag{6-37}$$

式中

$$\ddot{\boldsymbol{x}}(t)=\begin{pmatrix}\ddot{x}\\ \ddot{y}\\ \ddot{\theta}\\ \ddot{\varphi}\end{pmatrix}\quad \Delta \boldsymbol{C}=\begin{pmatrix}x_{BC}\\ y_{BC}\\ \theta_{BC}\\ \varphi_{BC}\end{pmatrix}\quad \Delta \boldsymbol{B}=\begin{pmatrix}x_{BA}\\ y_{BA}\\ \theta_{BA}\\ \varphi_{BA}\end{pmatrix}$$

式中，矢量 $\Delta\boldsymbol{C}$ 和 $\Delta\boldsymbol{B}$ 的各元素分别为结点 B 到 C 和结点 B 到 A 的直角坐标距离和角度；T 为机械手手部从结点 B 到 C 所需时间。

由式(6-37) 可以得出相应的在区间 $-\tau<t<\tau$ 中的速度和位移

$$\dot{\boldsymbol{x}}(t)=\frac{1}{\tau}\left(\Delta \boldsymbol{C}\frac{\tau}{T}+\Delta \boldsymbol{B}\right)\lambda-\frac{\Delta \boldsymbol{B}}{\tau} \tag{6-38}$$

$$\boldsymbol{x}(t)=\left[\left(\Delta \boldsymbol{C}\frac{\tau}{T}+\Delta \boldsymbol{B}\right)\lambda-2\Delta \boldsymbol{B}\right]\lambda+\Delta \boldsymbol{B} \tag{6-39}$$

式中

$$\boldsymbol{x}(t)=\begin{pmatrix}x\\ y\\ z\\ \theta\\ \varphi\end{pmatrix}\quad \dot{\boldsymbol{x}}(t)=\begin{pmatrix}\dot{x}\\ \dot{y}\\ \dot{z}\\ \dot{\theta}\\ \dot{\varphi}\end{pmatrix}\quad \lambda=\frac{t+\tau}{2\tau}$$

在时间区间 $-\tau<t<\tau$，运动方程为

$$x=\Delta \boldsymbol{C}\lambda,\quad \dot{x}=\frac{\Delta \boldsymbol{C}}{T},\quad \ddot{x}=0$$

式中，$\lambda=t/T$，代表归一化时间，变化范围是 $\ddot{x}=0$ [0，1]。不过，对于不同的时间间隔，归一化因子通常是不同的。

对于由 A 到 B，再到 C 的运动，把 ψ 定义为在时间区间 $-\tau<t<\tau$ 中运动的线性插值，即

$$\psi'=(\psi_{BC}-\psi_{AB})\lambda+\psi_{AB} \tag{6-40}$$

式中，ψ_{AB}和ψ_{BC}分别是由 A 到 B 和由 B 到 C 的运动规定的，和式(6-34) 类似。因此，ψ 将由 ψ_{AB}变化到 ψ_{BC}。

总之，为了从结点 P_i 运动到 P_{i+1}，首先由式(6-28) ~式(6-36) 算出驱动函数。然后按式(6-26) 计算${}^0\boldsymbol{T}_6(\lambda)$，再由运动学反解程序算出相应的关节变量。必要时，可在反解求出的结点之间再用二次多项式进行插值。

笛卡儿空间的规划方法不但概念上直观，而且规划的路径准确。笛卡儿空间的直线运动

仅仅是轨迹规划的一类，更加一般的应包含其他轨迹，如椭圆、抛物线、正弦曲线等。可是缺乏适当的传感器测量手部笛卡儿坐标进行位置和速度反馈。笛卡儿空间路径规划的结果需要实时变换为相应的关节坐标，计算量很大，致使控制间隔拖长。如果在规划时考虑机械手的动力学特性，就要以笛卡儿坐标给定路径约束，同时以关节坐标给定物理约束（例如，各电动机的容许力和转矩，速度和加速度极限），使得优化问题具有在两个不同坐标系中的混合约束。因此，笛卡儿空间规划存在由于运动学反解带来的问题。

6.4 规划轨迹的实时生成

前面所述的计算结果即构成了机器人的轨迹规划。运行中的轨迹实时生成是指由这些数据以轨迹更新的速率不断产生 θ、$\dot{\theta}$ 和 $\ddot{\theta}$ 所表示的轨迹，并将此信息送至机械手的控制系统。

1. 关节空间轨迹的生成

前面介绍了几种关节空间轨迹规划的方法。按照这些方法，其计算结果都是有关各个路径段的一组数据。控制系统的轨迹生成器利用这些数据以轨迹更新速率具体计算出 θ、$\dot{\theta}$ 和 $\ddot{\theta}$。

对于三次样条，轨迹生成器只需随 t 的变化不断地按式(6-3）和式(6-4）计算 θ、$\dot{\theta}$ 和 $\ddot{\theta}$。当到达路径段的终点时，调用新路径段的三次样条系数，重新赋 t 为零，继续生成轨迹。

对于带抛物线过渡的直线样条插值，每次更新轨迹时，应首先检查时间 t 的值，以判断当前处于路径段的是线性域还是过渡域。当处于线性域时，各关节的轨迹按下式计算

$$\left.\begin{aligned}\theta &= \theta_j + \dot{\theta}_{jk} t\\ \dot{\theta} &= \dot{\theta}_{jk}\\ \ddot{\theta} &= 0\end{aligned}\right\} \tag{6-41}$$

式中，t 是从第 j 个路径点算起的时间；$\dot{\theta}_{jk}$的值在轨迹规划时，由式(6-18）算出。当处于过渡域时，各关节轨迹按下式计算：$t_{inb} = t - \left(\frac{1}{2}t_j + t_{jk}\right)$，则

$$\left.\begin{aligned}\theta &= \theta_j + \dot{\theta}_{jk}(t - t_{inb}) + \frac{1}{2}\ddot{\theta}_k t_{inb}^2\\ \dot{\theta} &= \dot{\theta}_{jk} + \ddot{\theta}_k t_{inb}\\ \ddot{\theta} &= \ddot{\theta}_k\end{aligned}\right\} \tag{6-42}$$

式中，$\dot{\theta}_{jk}$、$\ddot{\theta}_k$、t_j 和 t_{jk}在轨迹规划时，已由式(6-18）和式(6-22）算出。当进入新的线性域时，重新把 t 置成$\frac{1}{2}t_k$，利用该路径段的数据，继续生成轨迹。

2. 笛卡儿空间轨迹的生成

前面已经讨论了笛卡儿空间轨迹规划方法。机械手的路径点通常是用工具坐标系相对工作坐标系的位姿表示的。为了在笛卡儿空间中生成运动轨迹，根据路径段的起始点和目标点构造驱动函数 $\boldsymbol{D}(1)$，见式(6-27)；再将驱动函数 $\boldsymbol{D}(\boldsymbol{\lambda})$ 用一个平移运动和两个旋转运动来等效代替，见式(6-28)；然后对平移运动和旋转运动进行插值，便得到笛卡儿空间路径（包括位置和方向），其中方向的表示方法类似于欧拉角。

仿照关节空间方法，使用带抛物线过渡的线性函数比较合适。在每一路径段的直线域内，描述位置 P 的三元素按线性函数运动，可以得到直线轨迹；然而，若把各种路径点的姿态用旋转矩阵 $\boldsymbol{R}$ 表示，则就不能对它的元素进行直线插值。因为任一旋转矩阵都由三个规一正交列组成，如果在两个旋转矩阵的元素间进行插值就难以保证满足规一正交的要求，不过可以用等效转轴-转角来表示函数 $\boldsymbol{D}(\boldsymbol{\lambda})$ 的旋转矩阵部分。

实际上，任何两个路径点 ${}^B\boldsymbol{P}_i$ 和 ${}^B\boldsymbol{P}_{i+1}$ 都代表两个坐标系，驱动函数 $\boldsymbol{D}(1)$ 表示 ${}^B\boldsymbol{P}_{i+1}$ 相对 ${}^B\boldsymbol{P}_i$ 的位姿，即

$$\boldsymbol{D}(1) = {}^B\boldsymbol{P}_i^{-1}\,{}^B\boldsymbol{P}_{i+1}$$

根据等效转轴-转角的概念，$\boldsymbol{D}(1)$ 的旋转矩阵可用一个单位矢量-等效转轴 $\boldsymbol{k} = (k_x, k_y, k_z)^{\mathrm{T}}$，和一个等效角度 θ 表示，即 ${}^B\boldsymbol{P}_{i+1}$ 的姿态可以视为开始与 ${}^B\boldsymbol{P}_i$ 的一致，然后绕 $\boldsymbol{k}$ 轴按右手规则转 θ 角而得。因此，${}^B\boldsymbol{P}_{i+1}$ 相对于 ${}^B\boldsymbol{P}_i$ 的姿态记为 ${}_{i+1}^{\ \ i}\boldsymbol{R}(k, \theta)$。

把等价转轴-转角用三维矢量 ${}^i\boldsymbol{k}_{i+1} = \boldsymbol{k\theta} = (k_x, k_y, k_z)^{\mathrm{T}}\theta$ 表示。${}^B\boldsymbol{P}_{i+1}$ 相对于 ${}^B\boldsymbol{P}_i$ 的位置用三维矢量 ${}^B\boldsymbol{P}_{i+1}$ 表示。用 6×1 的矢量 ${}^i\boldsymbol{X}_{i+1}$ 表示 ${}^B\boldsymbol{P}_{i+1}$ 相对于 ${}^B\boldsymbol{P}_i$ 的位姿，即

$$ {}^i\boldsymbol{X}_{i+1} = \begin{pmatrix} {}^ip_{i+1} \\ {}^ik_{i+1} \end{pmatrix} \tag{6-43}$$

两路径点之间的运动采用这种表示之后，就可以选择适当的样条函数，使这 6 个分量从一个路径点平滑地运动到下一点。例如带抛物线过渡的线性样条，使得两路径点间的路径是直线的，当经过路径点时，夹手运动的线速度和角速度将平稳变化。

另外还要说明的是，等效转角不是唯一的，因为 (k,θ) 等效于 $(k,\theta+n\,360°)$，n 为整数。从一路径点向下一点运动时，总的转角一般应取最小值，即使它小于180°。

在采用带抛物线过渡的线性轨迹规划方法时，需要附加一个约束条件：每个自由度的过渡域持续时间必须相同，这样才能保证各自由度形成的复合运动在空间形成一条直线。因为相对各自由度在过渡域的时间相同，因而在过渡域的加速度便不相同。所以在规定过渡域的持续时间时，应该计算相应的加速度，使之不要超过加速度的允许上限。

笛卡儿空间轨迹实时生成方法与关节空间相似。例如，带有抛物线过渡的线性轨迹，在线性域中，由式(6-41)，X 的每一自由度按下式计算

$$\left.\begin{aligned} x &= x_j + \dot{x}_{jk}t \\ \dot{x} &= \dot{x}_{jk} \\ \ddot{x} &= 0 \end{aligned}\right\} \tag{6-44}$$

式中，t 是从第 j 个路径点算起的时间；$\dot{x}_{jk}$ 是在轨迹规划过程中由类似于式(6-18) 的方程求出的。在过渡域中，由式(6-42)，每个自由度的轨迹按下式计算

$$\left.\begin{aligned}
t_{inb}&=t-\left(\frac{1}{2}t_j+t_{jk}\right)\\
x&=x_j+\dot{x}_{jk}(t-t_{inb})+\frac{1}{2}\ddot{x}_k t_{inb}{}^2\\
\dot{x}&=\dot{x}_{jk}+\ddot{x}_k t_{inb}\\
\ddot{x}&=\ddot{x}_k
\end{aligned}\right\}\tag{6-45}$$

式中，$\ddot{x}_k$、$\dot{x}_{jk}$、t_j 和 t_{jk}的值在轨迹规划过程中算出，与关节空间的情况完全相同。

最后，必须将这些笛卡儿空间轨迹（X、$\dot{X}$和 $\ddot{X}$）转换成等价的关节空间的量。对此，可以通过求解逆运动学得到关节位移；用逆雅可比计算关节速度；用逆雅可比及其导数计算角加速度。在实际中往往采用简便的方法，即将 X 以轨迹更新速率转换成等效的驱动矩阵 $\boldsymbol{D}(\lambda)$，再由运动学反解子程序计算相应的关节矢量 $\boldsymbol{q}$，然后由数值微分计算 $\dot{q}$ 和 $\ddot{q}$，算法如下

$$\left.\begin{aligned}
&X\rightarrow D(\lambda)\\
&q(t)=\mathrm{Solve}(D(\lambda))\\
&\dot{q}(t)=\frac{q(t)-q(t-\delta t)}{\delta t}\\
&\ddot{q}(t)=\frac{\dot{q}(t)-\dot{q}(t-\delta t)}{\delta t}
\end{aligned}\right\}\tag{6-46}$$

根据计算结果 q、$\dot{q}$ 和 $\ddot{q}$，由控制系统执行。

习　　题

6-1　已知一台单连杆机械手的关节静止位置为 $\theta=-5°$。该机械手从静止位置开始在4s 内平滑转动到 $\theta=80°$停止位置。试行下列计算：

1）计算完成此运动并使机械臂停在目标点的 3 次曲线的系数。

2）计算带抛物线过渡的线性插值的各个参数。

3）画出该关节的位移、速度和加速度曲线。

6-2　已知一台单连杆机械手的关节静止位置为 $\theta=-5°$。该机械手从静止位置开始，在4s 内平滑转动到 $\theta=80°$位置并平滑地停止。试行下列计算：

1）计算带抛物线拟合的直线轨迹的各个参数。

2）画出该关节的位置、速度和加速度曲线。

6-3　平面机械手的两连杆长度均为 1m，要求从初始位置（x_0,y_0）=(1.96,0.50）移至终止位置（x_f,y_f）=(1.00,0.75)。初始位置和终止位置的速度和加速度均为 0，试求每一关节的三次多项式系数。可把关节轨迹分成几段路径来求解。

6-4　六关节机械手沿着一条三次曲线通过 2 个中间点并停止在目标点需要计算几条不同的三次曲线？

6-5　针对以下两种情况，用 MATLAB 编写一个程序，以建立单关节多项式关节空间轨迹生成方程，对给定任务输出结果。对于每种情况，给出关节角、角速度、角加速度及角加

速度变化率的多项式函数。

1）三阶多项式。令起始点和终止点的角速度为0。已知初始点的 $\theta_0=120°$，终止点的 $\theta_f=60°$，$t_f=1\text{s}$。

2）五阶多项式。令起始点和终止点的角速度和角加速度均为0。已知初始点的 $\theta_0=120°$，终止点的 $\theta_f=60°$，$t_f=1\text{s}$。把计算结果与1）加以比较。

6-6 试求单个关节从运动到的三次样条（多项式）曲线，要求 $\dot{\theta}(0)=0$，$\dot{\theta}(t_f)=0$，而且 $\|\dot{\theta}(t)\|>\dot{\theta}_{\max}$，$\|\dot{\theta}(t)\|>\dot{\theta}_{\max}$，$\|\ddot{\theta}(t)\|<\ddot{\theta}_{\max}$，$t\in[0,t_f]$。求出三次多项式的系数及 t_f 值。

6-7 在［0,1］时间区间内，使用一条三次样条曲线轨迹 $\theta(t)=10+90t^2-60t^3$。试求该轨迹的起始点和终止点位置、速度和加速度。

6-8 在［0,2］时间区间内，使用一条三次样条曲线轨迹 $\theta(t)=10+90t^2-60t^3$。试求该轨迹的起始点和终止点位置、速度和加速度。

6-9 在［0,1］时间区间内，使用一条三次样条曲线轨迹 $\theta(t)=10+5t+70t^2-45t^3$。试求该轨迹的起始点和终止点位置、速度和加速度。

6-10 在［0,2］时间区间内，使用一条三次样条曲线轨迹 $\theta(t)=10+5t+70t^2-45t^3$。试求该轨迹的起始点和终止点位置、速度和加速度。

6-11 一台单连杆旋转式机械手停在初始位置 $\theta=-5°$处。要求在4s内平滑移动它至目标位置 $\phi=80°$，并实现平滑停车。当路径为混合抛物线的线性轨迹时，试计算此轨迹的相应参数，并画出此关节的位置、速度和加速度随时间变化的曲线。

6-12 已知

$$\varphi_1(t)=a_{10}+a_{11}t+a_{12}t^2+a_{13}t^3$$

和

$$\varphi_2(t)=a_{20}+a_{21}t+a_{22}t^2+a_{23}t^3$$

为两个描述某个经过中间点的两段连续加速度仿样函数的三次方程。令初始角度为 θ_0，中间点位置 θ_v，目标点为 θ_g。每个三次方程将在 $t=0$（开始时间）至 $t=t_{fi}$（结束时间，$i=1$、2）时间隔内进行计算。强加约束如下

$$\begin{aligned}
&\theta_0=a_{10}\\
&\theta_v=a_{10}+a_{11}t_{f1}+a_{12}t_{f1}^2+a_{13}t_{f1}^3\\
&\theta_v=a_{20}\\
&\theta_2=a_{20}+2a_{21}t_{f2}+a_{22}t_{f2}^2+a_{23}t_{f2}^3\\
&0=a_{11}\\
&0=a_{21}t_{f2}+2a_{22}t_{f2}+3a_{23}t_{f2}^2\\
&a_{11}+2a_{12}t_{f1}+3a_{13}t_{f1}^2=a_{21}\\
&2a_{12}+6a_{13}t_{f1}=2a_{22}
\end{aligned}$$

对于 $\theta_0=5°$，$\theta_v=15°$，$\theta_g=40°$以及每段持续时间为1s时，画出这两段连续轨迹的关节位置、速度和加速度图。

第 7 章

机器人语言和编程

机器人的程序编写是机器人运动和控制的结合点，是实现人与机器人通信的主要方法，也是研究机器人系统的最困难和关键问题之一。编程系统的核心问题是操作运动控制问题。

7.1 机器人编程语言

机器人的主要特点之一是其通用性，使机器人具有可编程能力是实现这一特点的重要手段。机器人编程必然涉及机器人语言，机器人语言是使用符号来描述机器人动作的方法。它通过对机器人动作的描述，使机器人按照编程者的意图进行各种操作。机器人语言的产生和发展是与机器人技术的发展以及计算机编程语言的发展紧密相关的。编程系统的核心问题是机器人操作运动控制问题。图 7-1 所示为机器人语言系统。

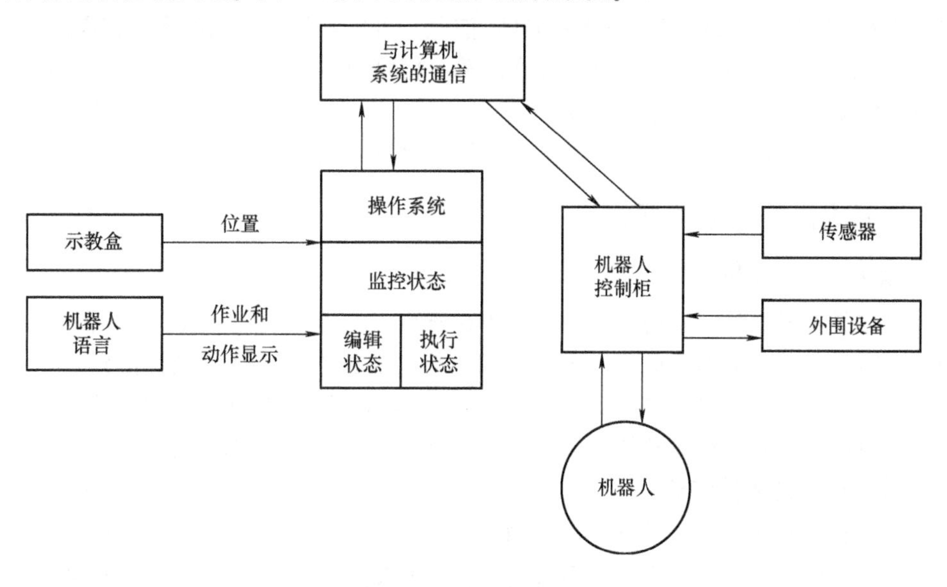

图 7-1　机器人语言系统

7.1.1 机器人编程系统

当前实用的工业机器人编程方法主要为：离线编程和示教。在调试阶段可通过示教盒对编译好的程序进行一步一步的执行，调试成功后可投入正式运行。

机器人语言操作系统包括三个基本操作状态：监控状态、编辑状态、执行状态。

监控状态：用于整个系统的监督控制，操作者可以用示教盒定义机器人在空间中的位置，设置机器人的运动速度，存储和调出程序等。

编辑状态：提供操作者编制或编辑程序。一般都包括：写入指令、修改或删去指令、及插入指令等。

执行状态：用来执行机器人程序。在执行状态，机器人执行程序的每一条指令，都是经过调试的，不允许执行有错误的程序。

与计算机语言类似，机器人语言程序可以编译，把机器人源程序转换成机器码，以便机器人控制柜能直接读取和执行。

1. 示教编程方式

目前，相当数量的机器人仍采用示教编程方式。机器人示教后可以立即应用。在再现时，机器人重复示教时存入存储器的轨迹和各种操作，如果需要，过程可以重复多次。

优点：简单方便；不需要环境模型；对实际的机器人进行示教时，可以修正机械结构带来的误差。

缺点：功能编辑比较困难，难以使用传感器，难以表现条件分支；对实际的机器人进行示教时，要占用机器人。

2. 离线编程

离线编程克服了在线编程的许多缺点，充分利用了计算机的功能。

优点：编程时可以不用机器人，机器人可以进行其他工作；可预先优化操作方案和运行周期时间；可将以前完成的过程或子程序结合到待编程序中去；可利用传感器探测外部信息；控制功能中可以包括现有的 CAD 和 CAM 信息，可以预先运行程序来模拟实际动作，从而不会出现危险，利用图形仿真技术可以在屏幕上模拟机器人运动来辅助编程；对于不同的工作目的，只需要替换部分特定的程序。

缺点：所需的能补偿机器人系统误差的功能、坐标系数据仍难以得到。

7.1.2 机器人语言的编程要求

1. 能够建立世界模型

在进行机器人编程时，需要一种描述物体在三维空间内运动的方式，所以需要给机器人及其相关物体建立一个基础坐标系。这个坐标系与大地相连，也称“世界坐标系”。机器人工作时，为了方便起见，也建立其他坐标系，同时建立这些坐标系与基础坐标系的变换关系。机器人编程系统应具有在各种坐标系下描述物体位姿的能力和建模能力。

2. 能够描述机器人的作业

机器人作业的描述与其环境模型密切相关，编程语言水平决定了描述水平。其中以自然语言输入为最高水平。现有的机器人语言需要给出作业顺序，由语法和词法定义输入语言，并由它描述整个作业。

3. 能够描述机器人的运动

描述机器人需要进行的运动是机器人编程语言的基本功能之一。用户能够运用语言中的运动语句，与路径规划器和发生器连接。允许用户规定路径上的点及目标点，决定是否采用点插补运动或笛卡儿直线运动。用户还可以控制运动速度或运动持续时间。对于简单的运动语句，大多数编程语言具有相似的语法。不同语言间在主要运动基元上的差别是比较表面的。

4. 允许用户规定执行流程

同一般的计算机编程语言一样，机器人编程系统允许用户规定执行流程，包括试验和转移、循环、调用子程序及中断等。对于许多计算机应用，并行处理对于自动工作站是十分重要的。首先，一个工作站常常运用两台或多台机器人同时工作以减少过程周期。在单台机器人的情况，工作站的其他设备也需要机器人控制器以并行方式控制。因此，在机器人编程语言中常常含有信号和等待等基本语句或指令，而且往往提供比较复杂的并行执行结构。通常需要用某种传感器来监控不同的过程。然后，通过中断或登记通信，机器人系统能够反应由传感器检测到的一些事件。有些机器人语言提供规定这种事件的监控器。

5. 要有良好的编程环境

如同任何计算机一样，一个好的编程环境有助于提高程序员的工作效率。机械手的程序编制是困难的，其编程趋向于试探对话式。如果用户忙于应付连续重复的编译语言的编辑—编译—执行循环，那么其工作效率必然是低的。因此，现在大多数机器人编程语言含有中断功能，以便能够在程序开发和调试过程中每次只执行一条单独语句。典型的编程支撑和文件系统也是需要的。根据机器人编程特点，其支撑软件应具有下列功能：在线修改和立即重新启动；传感器的输出和程序追踪；仿真。

6. 需要人机接口和综合传感信号

在编程和作业过程中，应便于人与机器人之间进行信息交换，以便在运动出现故障时能及时处理，确保安全。而且，随着作业环境和作业内容复杂程度的增加，需要有功能强大的人机接口。机器人语言的一个极其重要的部分是与传感器的相互作用。语言系统应能提供一般的决策结构，以便根据传感器的信息来控制程序的流程。在机器人编程中，传感器的类型一般分为三类：位置检测、力觉和触觉、视觉。如何对传感器的信息进行综合，各种机器人语言都有它自己的句法。

7.1.3 机器人编程语言的类型

1973年，美国斯坦福人工智能实验室研究和开发了第一种机器人语言：WAVE语言，它具有动作描述，能配合视觉传感器进行手眼协调控制等功能。

1974年，在WAVE语言的基础上开发了AL语言，它是一种编译形式的语言，可以控制多台机器人协调动作。

1979年，美国Unimation公司开发了VAL语言，并配置在PUMA机器人上。它是一种类BASIC语言，语句结构比较简单，易于编程。

美国IBM公司的ML语言，用于机器人装配作业。AML语言用于IBM机器人控制。

机器人语言尽管有很多分类方法，但根据作业描述水平的高低，通常可分为三级：① 动作级；② 对象级；③ 任务级。

1. 动作级编程语言

动作级语言是以机器人的运动作为描述中心，通常由使夹手从一个位置到另一个位置的一系列命令组成。动作级语言的每一个命令（指令）对应于一个动作。如可以定义机器人的运动序列（MOVE），基本语句形式为：MOVE　TO 动作级语言的语句比较简单，易于编程。其缺点是不能进行复杂的数学运算，不能接收复杂的传感器信息，仅能接收传感器的开关信号，并且和其他计算机的通信能力很差。动作级编程又可分为关节级编程和终端执行器级编程两种。

（1）关节级编程　关节级编程程序给出机器人各关节位移的时间序列。这种程序可以用汇编语言、简单的编程指令实现，也可通过示教盒示教或键入示教实现。关节级编程是一种在关节坐标系中工作的初级编程方法。用于直角坐标型机器人和圆柱坐标型机器人编程还较为简便，但用于关节型机器人，即使完成简单的作业，也首先要做运动综合才能编程，整个编程过程很不方便。关节级编程得到的程序没有通用性，因为一台机器人编制的程序一般难以用到另一台机器人上。这样得到的程序也不能模块化，它的扩展也十分困难。

（2）终端执行器级编程　终端执行器级编程是一种在作业空间内各种设定好的坐标系里编程的编程方法。终端执行器级编程程序给出机器人终端执行器的位姿和辅助机能的时间序列，包括力觉、触觉、视觉等机能以及作业用量、作业工具的选定等。这种语言的指令由系统软件解释执行。可提供简单的条件分支，可应用于程序，并提供较强的感受处理功能和工具使用功能，这类语言有的还具有并行功能。这种语言的基本特点是：① 各关节的求逆变换由系统软件支持进行；② 数据实时处理且导于前执行阶段；③ 使用方便，占内存较少；④ 指令语句有运动指令语言、运算指令语句、输入输出和管理语句等。

2. 对象级编程语言

对象级编程语言解决了动作级语言的不足，它是描述操作物体间关系使机器人动作的语言，即是以描述操作物体之间的关系为中心的语言。它具有以下特点：

（1）运动控制　具有与动作级语言类似的功能。

（2）处理传感器信息　可以接收比开关信号复杂的传感器信号，并可利用传感器信号进行控制、监督以及修改和更新环境模型。

（3）通信和数字运算　能方便地和计算机的数据文件进行通信，数字计算功能强，可以进行浮点计算。

（4）具有很好的扩展性　用户可以根据实际需要，扩展语言的功能，如增加指令等。

作业对象级编程语言以近似自然语言的方式描述作业对象的状态变化、指令语句是复合语句结构，用表达式记述作业对象的位姿时序数据及作业用量、作业对象承受的力、力矩等时序数据。

将这种语言编制的程序输入编译系统后，编译系统将利用有关环境、机器人几何尺寸、中断执行器、作业对象、工具等的知识库和数据库对操作过程进行仿真。这种语言的代表是IBM公司在20世纪70年代后期针对装配机器人开发出的AUTOPASS语言。它是一种用于计算机控制下进行机械零件装配的自动编程系统，该系统面对作业对象及装配操作而不直接面对装配机器人的运动。

3. 任务级编程语言

任务级编程语言是比较高级的机器人语言，这类语言允许使用者对工作任务所要求达到的目标直接下命令，不需要规定机器人所做的每一个动作的细节。只要按某种原则给出最初的环境模型和最终工作状态，机器人可自动进行推理、计算，最后自动生成机器人的动作。

任务级编程语言的概念类似于人工智能中程序自动生成的概念。任务级机器人编程系统能够自动执行许多规划任务。任务级机器人编程系统必须能把指定的工作任务翻译为执行该任务的程序。

4. 机器人编程语言的基本功能

机器人编程语言的基本功能包括运算、决策、通信、机械手运动、工具指令及传感器数据处理等。

许多正在运行的机器人系统，只提供机械手运动和工具指令以及某些简单的传感数据处理功能。机器人语言体现出来的基本功能都是机器人系统软件支持形成的。

（1）运算　对于装有传感器的机器人所进行的最有用的运算是解析几何计算。这些运算结果能使机器人自行做出决定，在下一步把工具或夹手置于何处。用于解析几何运算的计算工具可能包括下列内容：

1）机械手解答及逆解答。

2）坐标运算和位置表示。例如，相对位置的构成和坐标的变化等。

3）矢量运算。例如，点积、交积、长度、单位矢量、比例尺以及矢量的线性组合等。

（2）决策　机器人系统能够根据传感器输入信息，做出决策，而不必执行任何运算。按照传感器数据计算得到的结果，是做出下一步该干什么这类决策的基础。这种决策能力使机器人控制系统的功能更强有力。一条简单的条件转移指令（例如检验零值）就足以执行任何决策算法。供采用的形式包括符号检验（正、负或零）、关系检验（大于、不等于等）、布尔检验（开或关、真或假）、逻辑检验（对一个计算字进行位组检验）及集合检验（一个集合的数、空集等）。

（3）通信　机器人系统与操作人员之间的通信能力，允许机器人要求操作人员提供信息、告诉操作者下一步该干什么，以及让操作者知道机器人打算干什么。人和机器能够通过许多不同方式进行通信。

机器人向人提供信息的设备，按其复杂程度排列：

1）信号灯，通过发光二极管，机器人能够给出显示信号。

2）字符打印机、显示器。

3）绘图仪。

4）语言合成器或其他音响设备（铃、扬声器等）。

输入设备包括：按钮、拨动开关、旋钮和按钮；数字或字母数字键盘；光笔、光标指示器和数字变换板；远距离操纵主控装置，如悬挂式操作台等；光学字符阅读机。

（4）机械手运动　采用计算机之后，极大地提高了机械手的工作能力，包括：

1）使复杂得多的运动顺序成为可能。

2）使运用传感器控制机械手运动成为可能。

3）能够独立存储工具位置，而与机械手的设计及刻度系数无关。

用与机械手形状无关的坐标来表示工具位置是更先进的方法，而且（除 $X-Y-Z$ 机械手外）需要用一台计算机对解答进行计算。在笛卡儿空间内插入工具位置能使工具端点沿着路径跟随轨迹平滑运动。引入一个参考坐标系，用以描述工具位置，然后让该坐标系运动。这对许多情况是很方便的。

（5）工具控制指令　一个工具控制指令通常是由闭合某个开关或继电器而开始触发的，而继电器又可能把电源接通或断开，以直接控制工具运动，或者送出一个小功率信号给电子控制器，让后者去控制工具。直接控制是最简单的方法，而且对控制系统的要求也较少。可以用传感器来感受工具运动及其功能的执行情况。

当采用工具功能控制器时，对机器人主控制器来说就可能对机器人进行比较复杂的控制。采用单独控制系统能够使工具功能控制与机器人控制协调一致地工作。这种控制方法已被成功地用于飞机机架的钻孔和铣削加工。

(6) 传感数据处理　用于机械手控制的通用计算机只有与传感器连接起来，才能发挥其全部效用。传感数据处理是许多机器人程序编制的十分重要而又复杂的组成部分。当采用触觉、听觉或视觉传感器时，更是如此。例如，当应用视觉传感器获取视觉特征数据、辨识物体和进行机器人定位时，对视觉数据的处理往往是极其大量的和费时的。

7.1.4　机器人语言指令集

机器人语言指令集一般按照功能进行区分。常有以下几种与功能相对的指认集：移动插补功能（直线、圆弧插补），环境定义功能，数据结构及其运算功能，程序控制功能（跳转运行或转入循环），数值运算功能（四则运算、关系运算），输入、输出和中断功能，文件管理功能和其他功能（工具变换、基本坐标设置和初始值设置，作业条件的设置等）。

7.2　常用的机器人编程语言

国外主要机器人语言见表7-1。

表7-1　国外主要机器人语言

序号	语言名称	国家	研究单位	简要说明
1	AL	美	Stanford Artificial Intelligence Laboraory	机器人动作及对象物描述，是今日机器人语言研究的源流
2	AUTOPASS	美	IBM Watson Research Laboratory	组装机器人用语言
3	LAMA - S	美	MIT	高级机器人语言
4	VAL	美	Unimation 公司	用于PUMA机器人（采用MC6800和DECLSI - 11两级微型计算机
5	RIAL	美	AUTOMATIC 公司	用视觉传感器检查零件时用的机器人语言
6	WAVE	美	Stanford Artificial Intelligence Laboraory	操作器控制符号语言，在T型水泵装配曲柄摇杆等工作中使用
7	DIAL	美	Charles Stark Draper Laboratory	具有RCC顺应性手腕控制的特殊指令
8	RPL	美	Stanford Research Institute Internaional	可与Unimation机器人操作程序结合，预先定义子程序库
9	REACH	美	Bendix Corporation	适于两臂协调动作，和VAL一样是使用范围广的语言
10	MCL	美	Mc Donnell Douglas Corporation	编程机器人数控机床传感器、摄像机及其控制的计算机综合制造用语言
11	INDA	美英	SRI International and Philips	相当于RTL/2编程语言的子集，具有使用方便的处理系统

（续）

序号	语言名称	国家	研究单位	简要说明
12	RAPT	英	University of Edinurgh	类似 NC 语言 APT（用 DEC20，LSI11/2 微型计算机）
13	LM	法	Artificial Intell Inelligencc Group of IMAG	类似 PASCAL，数据类似 AL。用于装配机器人（用 LS11/3 微型计算机）
14	ROBEX	前联邦德国	Machine Tool Laboratory TH Archen	具有与高级 NC 语言 EXAPT 相似结构的脱机编程语言
15	SIGLA	意	Olivetti	SIGMA 机器人语言
16	MAL	意	Milan Polytechnic	两臂机器人装配语言，其特征是方便、易于编程
17	SERF	日	三协精机	SKILAM 装配机器人（用 Z－80 微型计算机）
18	PLAW	日	小松制作所	RW 系列弧焊机器人
19	IML	日	九州大学	动作级机器人语言

7.2.1 VAL 语言

1979 年美国 Unimation 公司推出了 VAL 语言。VAL 语言是在 BASIC 语言的基础上扩展的机器人语言，它具有 BASIC 式的结构，在此基础上添加了一批机器人编程指令和 VAL 监控操作系统。此操作系统包括用户交联、编辑和磁盘管理等部分。VAL 语言可连续实时运算，迅速实现复杂的运动控制。VAL 语言适用于机器人两级控制系统。VAL 语言目前主要用在各种类型的 PUMA 机器人以及 UNIMATE 2000 和 UNIMATE 4000 系列机器人上。

VAL 语言的主要特点：

1）编程方法和全部指令可用于多种计算机控制的机器人。

2）指令简明，指令语句由指令字及数据组成，实时及离线编程均可应用。

3）指令及功能均可扩展，可用于装配线及制造过程控制。

4）可调用子程序组成复杂操作控制。

5）可连续实时计算，迅速实现复杂运动控制，能连续产生机器人控制指令，同时实现人机交互。

在 VAL 语言中，机器人终端位置和姿势用齐次变换表征。当精度要求较高时，可用精确位的数据表征终端位置和姿势。

VAL 语言的指令可分为两类：程序指令和监控指令。

1. 程序指令

1）运动指令：描述基本运动的指令。

MOVE（loc）　　关节插补

MOVES（loc）　　笛卡儿直线运动

例如：在运动中进行手爪的控制。

MOVETPI，75

意思是从目前位置到 *PI* 点的关节插补运动，并在运动过程手爪打开75mm。相应的直线插补运动为：

MOVESTPI，75

VAL 语言具有接近点和退避点的自动生成功能，如：

APPRO（loc）（dist）

表示终端从当前位置以关节插补方式，移动到与目标点（loc）在 *Z* 方向上相隔一定距离的（dist）处。

DEPART（dist）表示终端从当前位置，以关节插补形式在 *Z* 方向移动一段距离（dist）。相应的直线插补方式为：APPROS 和 DEPARTS。

2）手爪控制指令。OPEN 和 CLOSE 分别使手爪全部张开和闭合，并且在机器人下个运动过程中执行。而 OPENI 和 CLOSEI 表示立即执行，执行完后，在转下一个指令。

3）程序控制指令。

GOTO（label）　无条件转移

GOSUB　调子程序

4）位姿控制指令。在 VAL 语言中，有专门的指令用以控制机器人的位态，如：RIGHTY　右手；LEFTY　左手；ABOVE　上肘；ELOW　下肘。

5）赋值指令。

HERE（loc）　把当前位置赋给定位变量

SET（trans1）=（trans2）　把变量2的值赋给变量1

程序示例：将物体从位置Ⅰ（PICK 位置）搬运至位置Ⅱ（PLACE 位置）

EDIT　DEMO	启动编辑状态
PROGRAM　DEMO	VAL 响应
1　？OPEN	下一步手张开
2　？APPRO PICK 50	运动至距 PICK 位置 50mm 处
3　？SPEED　30	下一步降至30%满速
4　？MOVE　PICK	运动至 PICK 位置
5　？CLOSE I	闭合手
6　？DEPART　70	沿闭合手方向后退70mm
7　？APPROS PLACE　75	沿直线运动至距离 PLACE 位置75mm 处
8　？SPEED　20	下一步降至20%满速
9　？MOVES　PLACE	沿直线运动至 PLACE 位置
10　？OPEN I	在下一步之前手张开
11　？DEPART 50	自 PLACE 位置后退50mm
12　？E	退出编译状态返回监控状态

2. 监控指令

监控指令共六种：

1）定义位置、姿态：POINT、DPOINT。

2）程序编辑。

3）列表指令。

4）存储指令。

5）控制程序指令。ABORT、DO。

6）系统状态控制。

7.2.2 SIGLA 语言

SIGLA 是 20 世纪 70 年代后期意大利 OLIVETTI 公司研制的一种简单的非文本型语言，用于对直角坐标式的 SIGMA 型装配机器人做数字控制。

SIGLA 类语言有多个指令字，它的主要特点是为用户提供定义机器人任务的能力。在 SIGMA 型机器人上，装配任务常由若干子任务组成。为了完成对于任务的描述及将子任务进行相应的组合，SIGLA 设计了 32 个指令定义字。要求这些指令定义字能够：① 描述各种子任务；② 将各子任务组合起来成为可执行的任务。

7.2.3 IML 语言

IML（Interactive Manipulator Language）语言是日本九州大学开发的一种对话性好、简单易学、面向应用的机器人语言。它和 VAL 等语言一样，是一种着眼于末端执行器教作进行编程的动作级语言。

用户可以使用 IML 语言给出机器人的工作点、操作路线，或给出目标物体的位姿，直接操纵机器人。除此之外，IML 语言还有如下一些特征：

1）描述往返操作可以不用循环语句。

2）可以直接在工作坐标系内使用。

3）能把要示教的轨迹（末端执行器位姿矢量的变化）定义成指令，加入语言中。所示教的数据还可以用力控制方式再现出来。

7.2.4 AL 语言

AL 语言是 1974 年由美国斯坦福大学开发的功能比较完善的动作级机器人语言，它还兼有对象级语言的某些特征，适合于装配作业的描述。

AL 语言原设计用于具有传感器反馈的多台机器人并行或协同控制的编程。它具有 ALGOL 和 PASCAL 语言的特点，可以编译成机器语言在实时控制机上执行；还具有实时编程语言的同步操作、条件操作的等结构；还支持现场建模。

完整的 AL 系统硬件应包括：后台计算机、控制计算机和多台在线微型计算机。

7.2.5 安川工业机器人用语言

由安川株式会社开发的专门针对安川工业机器人使用的一种语言，编程较简单，属于动作级编程中的终端实行器编程。

需要通过机器人在每一点时六个轴的坐标进行描述，来控制机器人的运动位姿。而对于点与点之间的运动采用插补方式，插补的形式较简单，分为直线插补、圆弧插补和抛物线插补三种。

7.2.6 机器人语言的有关问题

1. 实际模型和内部模型的误差

机器人语言系统的一个特点是在计算机中建立起机器人环境模型，因此要做到内部模型和实际模型完全一致是非常困难的。两个模型间的差异，常会导致机器人工作时不能到位，以及发生碰撞等问题。

2. 程序前后衔接的敏感性

在机器人语言编程时，单独调试能可靠工作的小程序段，放在大程序中执行时往往失效。这是由于机器人语言编程时，受机器人的位姿和运动速度的影响比较大。机器人程序对初始条件、程序的前后语句有很大的依赖性。

在调试机器人程序时，比较稳妥的方法是让机器人缓慢地运动。这样可以在机器人运动出现失误（如碰撞）时，能够及时地停止运动，避免发生危险。因为机器人控制系统在高速情况下，会产生较大的伺服误差。

3. 误差的探测与校正

在实际环境条件下，当物体因为某种原因没有精确地处在规定的位置上，就会使一些运动失效。因此，必须对这些误差进行探测和校正。为了检测误差，机器人程序必须包括一些直观的测试。通常，只对最有可能失效的语句进行直观的检查。一旦检测出误差，就要对误差进行校正。误差校正可以依靠编程来实现，或者依靠用户进行人工干预，也可以两者结合进行综合校正。

7.3 机器人离线编程

机器人编程技术正在迅速发展，已成为机器人技术向智能化发展的关键技术之一。尤其令人注目的是机器人离线编程（Off-Line Programming）系统。表 7-2 给出示教编程与离线编程的比较。

表 7-2 两种机器人编程的比较

示教编程	离线编程
需要实际机器人系统和工作环境	需要机器人系统和工作环境的图形模型
编程时机器人停止工作	编程不影响机器人工作
在实际系统中实验程序	通过仿真实验程序
编程的质量取决于编程者的经验	可用 CAD 方法，进行最佳轨迹规划
很难实现复杂的机器人运动轨迹	可实现复杂运动轨迹的编程

7.3.1 机器人离线编程的特点和主要内容

早期的机器人主要应用于大批量生产，如自动线上的点焊、喷涂等，因而编程所花费的时间相对比较少，示教编程可以满足这些机器人作业的要求。随着机器人应用范围的扩大和所完成任务复杂程度的提高，在中小批量生产中，用示教方式编程就很难满足要求。

机器人离线编程系统是机器人编程语言的拓广。它利用计算机图形学的成果，建立起机器人及其工作环境的三维几何模型；然后对机器人所要完成的任务进行离线规划和编程，并对编程结果进行动态图形仿真；最后将满足要求的编程结果传到机器人控制柜，使机器人完成指定的作业任务。

1. 离线编程的优点

1）可减少机器人非工作时间，当对下一个任务进行编程时，机器人仍可在生产线上工作。

2）使编程者远离危险的工作环境。

3）使用范围广，可以对各种机器人进行编程。

4）便于和 CAD/CAM 系统结合，做到 CAD/CAM/机器人一体化。

5）可使用高级计算机编程语言对复杂任务进行编程。

6）便于修改机器人程序。

离线编程系统可看作动作级和对象级语言图形方式的延伸，是把动作级和对象级语言发展到任务级语言所必须经过的阶段。从这点来看：离线编程系统是研制任务级编程系统一个很重要的基础。它对于提高机器人的使用效率和工作质量，提高机器人的柔性和机器人的应用水平都有重要的意义。

工业机器人离线编程系统的一个重要特点是能够和 CAD/CAM 建立联系，能够利用 CAD、数据库的数据。

对于一个简单的机器人作业，几乎可以直接利用 CAD 对零件的描述来实现编程。

2. 离线编程系统的主要内容

设计离线编程系统应考虑以下几方面的内容：

1）机器人工作过程的知识。

2）机器人和工作环境三维实体模型。

3）机器人几何学、运动学和动力学知识。

4）基于图形显示和可进行机器人运动图形仿真的软件系统。

5）轨迹规划和检查算法。

6）传感器的接口和仿真。

7）通信功能。

8）用户接口。提供有效的人机界面，便于人工干预和进行系统的操作。

7.3.2 机器人离线编程系统的基本组成

机器人离线编程系统组成结构图如图 7-2 所示。

机器人离线编程系统主要由用户接口、机器人系统三维几何建模、运动学计算、轨迹规划、动力学仿真、并行操作、传感器仿真、通信接口和误差校正 9 部分组成。

1. 用户接口

离线编程系统的一个关键问题是能否方便地产生出机器人编程系统的环境，便于人机交互。工业机器人一般提供两个用户接口：一个用于示教编程；另一个用于语言编程。示教编程可以用示教盒直接编制机器人程序。语言编程则是用机器人语言编制程序，使机器人完成给定的任务。目前，这两种方式已广泛地应用于工业机器人。图 7-3 所示为离线编程系统框图。

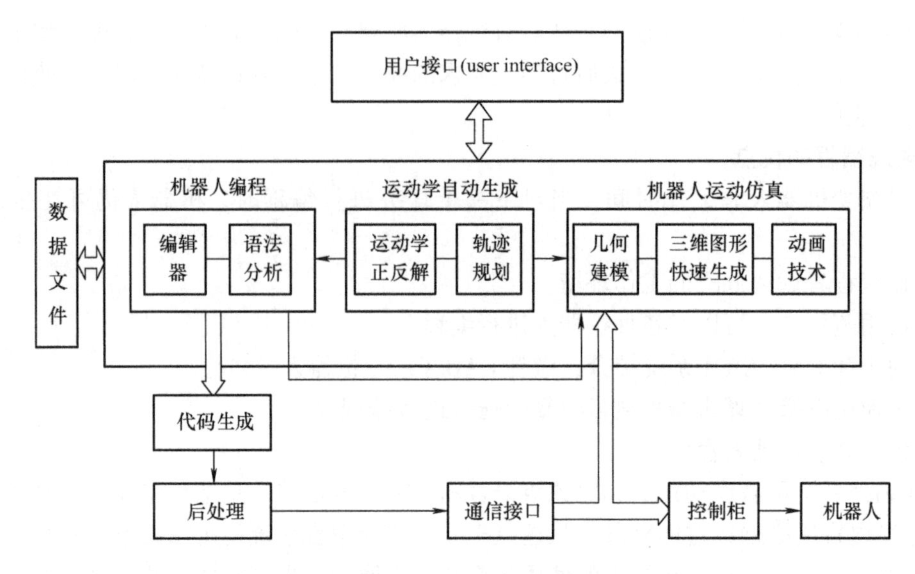

图 7-2　机器人离线编程系统组成结构图

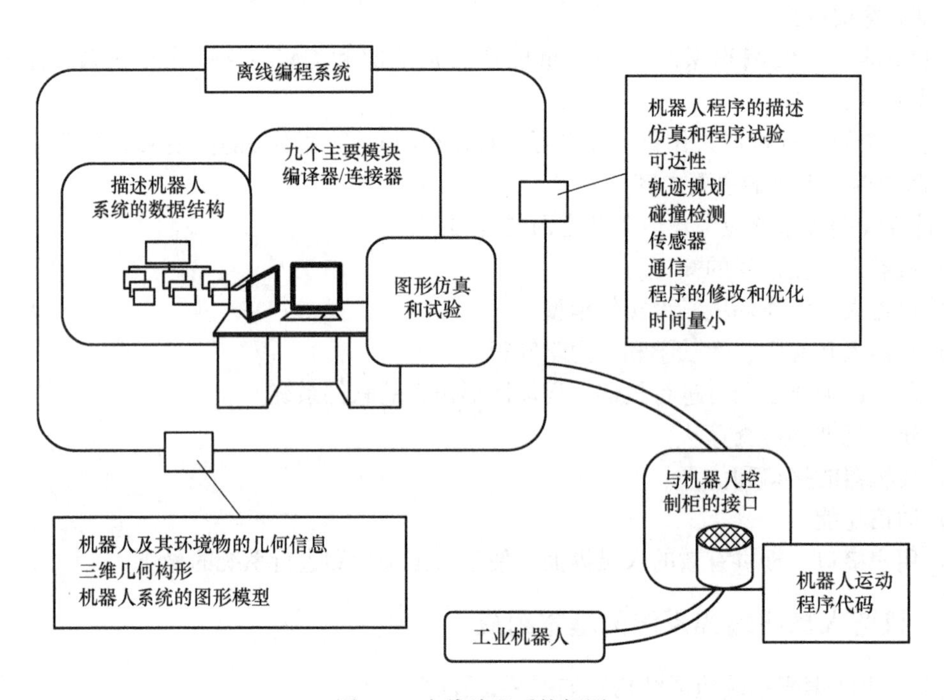

图 7-3　离线编程系统框图

作为机器人语言的发展，离线编程系统把机器人语言作为用户接口的一部分，用机器人语言对机器人运动程序进行修改和编辑。用户接口的语言部分具有机器人语言类似的功能，因此在离线编程系统中需要仔细设计。

另外，用户接口的一个重要部分是对机器人系统进行图形编辑。为便于操作，用户接口一般设计成交互式。一个好的用户接口，可帮助用户方便地进行整个系统的构型和编程操作。

2. 机器人系统三维几何建模

目前用于机器人系统的构型主要有以下三种方式：① 结构立体几何表示；② 扫描变换

表示；③ 边界表示。

机器人离线编程系统的核心技术是机器人及其工作单元的图形描述。构造工作单元中的机器人、夹具、零件和工具的三维几何模型，最好采用零件和工具的 CAD 模型，直接从 CAD 系统获得，使 CAD 数据共享。正因为从设计到制造的这种 CAD 集成越来越急需，所以离线编程系统应包括 CAD 构型子系统或把离线编程系统本身作为 CAD 系统的一部分。若把离线编程系统作为单独的系统，则必须具有适当的接口来实现构型与外部 CAD 系统的转换。

3. 运动学计算

运动学计算分运动学正解和运动学反解两部分。正解是给出机器人运动参数和关节变量，计算机器人末端位姿；反解则是由给定的末端位姿计算相应的关节变量值。在离线编程系统中，应具有自动生成运动学正解和反解的功能。

4. 轨迹规划

离线编程系统除了对机器人静态位置进行运动学计算外，还应该对机器人在工作空间的运动轨迹进行仿真。由于不同的机器人厂家所采用的轨迹规划算法差别很大，因此离线编程系统应对机器人控制柜中所采用的算法进行仿真。

机器人的运动轨迹分为两种类型：自由移动（仅由初始状态和目标状态定义）和依赖于轨迹的约束运动。约束运动受到路径约束，受到运动学和动力学约束，而自由移动没有约束条件。

轨迹规划器采用轨迹规划算法，如关节空间的插补、笛卡儿空间的插补计算等。同时，为了发挥离线编程系统的优点，轨迹规划器还应具备可达空间的计算、碰撞的检测等功能。

5. 动力学仿真

当机器人跟踪期望的运动轨迹时，若所产生的误差在允许范围内，则离线编程系统可以只从运动学的角度进行轨迹规划，而不考虑机器人的动力学特性。但是，若机器人工作在高速和重负载的情况下，则必须考虑动力学特性，以防止产生比较大的误差。

快速有效地建立动力学模型是机器人实时控制及仿真的主要任务之一。从计算机软件设计的观点看，动力学模型的建立可分为三类：数字法、符号法和解析（数字–符号）法。

6. 并行操作

离线编程系统应能对多个装置进行仿真。并行操作是在同一时刻对多个装置工作进行仿真的技术。进行并行操作以提供对不同装置工作过程进行仿真的环境。

在执行过程中，首先对每一装置分配并联和串联存储器。若可以分配几个不同处理器共一个并联存储器，则可使用并行处理；否则应该在各存储器中交换执行情况，并控制各工作装置的运动程序的执行时间。由于一些装置与其他装置是串联工作的，并且并联工作装置也可能以不同的采样周期工作，因此常需使用装置检查器，以便对各运动装置工作进行仿真。

7. 传感器仿真

在离线编程系统中，对传感器进行构型以及能对装有传感器的机器人的误差校正进行仿真是很重要的。传感器主要分局部的和全局的两类。局部传感器有力觉、触觉和接近觉等传感器。全局传感器有视觉等传感器。传感器功能可以通过几何图形仿真获取信息。

传感器的仿真主要涉及几何模型间干涉（相交）检验问题。

8. 通信接口

在离线编程系统中，通信接口起着连接软件系统和机器人控制柜的桥梁作用。利用通信接口，可以把仿真系统所生成的机器人运动程序转换成机器人控制柜可以接收的代码。

离线编程系统实用化的一个主要问题是缺乏标准的通信接口。标准通信接口的功能是可以将机器人仿真程序转化成各种机器人控制柜可接收的格式。为了解决这个问题，一种办法是选择一种较为通用的机器人语言，然后通过对该语言加工（后置处理），使其转换成机器人控制柜可接收的语言。

另外一种办法是将离线编程的结果转换成机器人可接收的代码，这种方法需要一种翻译系统，以快速生成机器人运动程序代码。

9. 误差校正

离线编程系统中的仿真模型（理想模型）和实际机器人模型存在误差，产生误差的原因很多。

目前误差校正的方法主要有两种：一是用基准点方法，即在工作空间内选择一些基准点(一般不少于三点)，这些基准点具有比较高的位置度，由离线编程系统规划使机器人运动到这些基准点，通过两者之间的差异形成误差补偿函数；二是利用传感器（力觉或视觉等）形成反馈，在离线编程系统所提供机器人位置的基础上，局部精确定位靠传感器来完成。第一种方法主要用于精度要求不太高的场合（如喷涂）。第二种方法用于较高精度的场合（如装配）。

习　题

7-1　机器人语言操作系统包括哪三个基本操作状态？

7-2　机器人语言有很多分类方法，根据作业描述水平的高低，通常可分为哪些？分别是什么？

7-3　VAL 编程语言的主要特点是什么？

第8章

机器人焊接应用

目前机器人已广泛地应用于汽车、机械加工、电子及塑料制品等工业领域中，随着科学与技术的发展，机器人的应用领域也随之不断扩大。现在工业机器人的应用已经扩大到军事、核能、采矿、冶金、石油、航空航天、食品、服务、农林业、畜牧业等领域中。

在工业生产中，弧焊机器人、点焊机器人、装配机器人、喷涂机器人及搬运机器人等被大量采用。由于机器人对生产环境和作业要求具有很强的适应性，用来完成不同生产作业的工业机器人的种类越来越多（例如抛光机器人、去毛刺机器人、激光切割机器人等），工业将实现高度自动化。机器人将成为人类社会生产活动的“主劳力”，人类将从繁重、重复单调的、有害健康和危险的生产劳动中解放出来。

机器人将成为人类探索与开发宇宙、海洋和地下未知世界的有力工具。各种舱内作业机器人、舱外作业机器人、空间自由飞行机器人、登陆星球探测车和作业车等被送上天空，去开发与利用空间、去发现与利用外界星球的物质资源。水下机器人将用于海底探索与开发、海洋资源开发与利用、水下作业与救生。

在未来战争中，机器人将发挥重要作用。军用机器人可以是一个武器系统，如机器人坦克、自主式地面车辆、扫雷机器人等，也可以是武器装备上的一个系统或装置。将来可能出现机器人部队或兵团，在未来战争中将出现机器人对机器人的战斗。

机器人将用于提高人民健康水平与生活水准、丰富人民文化生活。服务机器人已经进入家庭，从事清洁卫生、园艺、饮食、打扫卫生、家庭护理与服务等作业。在医院，机器人可以从事手术、化验、运输、康复及病人护理等作业。在商业和旅游中的导购机器人、旅游机器人和表演机器人都得到了发展。智能机器人玩具和智能机器人宠物种类不断增多。

按应用领域，机器人大致可以分为工业机器人、军用机器人、水下机器人、空间机器人、服务机器人、农业机器人、仿人机器人7大类。

本章主要介绍工业机器人的应用情况，工业机器人是指在工业环境中应用的机器人，是一种能进行自动控制的、可重复编程的、多功能的、多自由度的、多用途的操作机，用来完成各种作业。因此，工业机器人也被称为“铁领工人”。目前，工业机器人是技术上最成熟、应用最广泛的工业机器人。喷涂机器人、弧焊机器人、点焊机器人、装配机器人是工业中最常用的机器人类型。

8.1　新一代自动焊接的手段

工业机器人作为现代制造技术发展的重要标志之一和新兴技术产业，已为世人所认同。并正对现代高技术产业各领域以至人们的生活产生了重要影响。从1962年美国推出世界上第一台 Unimate 型和 Versatra 型工业机器人以来，根据国际机器人协会截止到 1996 年底的统计，先后已有 84 万台，现有大约 68 万台工业机器人服役于世界各国的工业界。预计到 2000 年，工业机器人总数将超过 95 万台。我国工业机器人的发展起步较晚，但从 20 世纪 80 年代以来进展较快，1985 年研制成功华字型弧焊机器人，1987 年研制成功上海 1 号、2 号弧焊机器人，1987 年又研制成功华字型点焊机器人，都已初步商品化，可小批量生产。1989 年，以国产机器人为主的汽车焊接生产线的投入生产，标志着我国工业机器人实用阶段的开始。

焊接机器人是应用最广泛的一类工业机器人，在各国机器人应用比例中占总数的 40% ~60% 。我国目前大约有 600 台以上的点焊、弧焊机器人用于实际生产。采用机器人焊接是焊接自动化的革命性进步，它突破了传统的焊接刚性自动化方式，开拓了一种柔性自动化新方式。刚性自动化焊接设备一般都是专用的，通常用于中、大批量焊接产品的自动化生产，因而在中、小批量产品焊接生产中，焊条电弧焊仍是主要焊接方式，焊接机器人使小批量产品的自动化焊接生产成为可能。就目前的示教再现型焊接机器人而言，焊接机器人完成一项焊接任务，只需人给它做一次示教，它即可精确地再现示教的每一步操作，如要机器人去做另一项工作，无须改变任何硬件，只要对它再做一次示教即可。因此，在一条焊接机器人生产线上，可同时自动生产若干种焊件。焊接机器人的主要优点如下：

1）易于实现焊接产品质量的稳定和提高，保证其均一性。

2）提高生产率，可 24h 连续生产。

3）改善工人劳动条件，可在有害环境下长期工作。

4）降低对工人操作技术难度的要求。

5）缩短产品改型换代的准备周期，减少相应的设备投资。

6）可实现小批量产品焊接自动化。

7）为焊接柔性生产线提供技术基础。

8.2 点焊机器人

8.2.1 点焊机器人概述

点焊机器人的典型应用领域是汽车工业。一般装配每台汽车车体需要完成 3000 ~ 4000 个焊点，而其中的 60% 是由点焊机器人完成的。在有些大批量汽车生产线上，服役的点焊机器人台数甚至高达 150 台。汽车工业引入点焊机器人已取得了下述明显效益：改善多品种混流生产的柔性；提高焊接质量；提高生产率；把工人从恶劣的作业环境中解放出来。今天，点焊机器人已经成为汽车生产行业的支柱。

最初，点焊机器人只用于增强焊点作业（往已拼接好的工件上增加焊点）。后来，为了保样，点焊机器人逐渐被要求具有更全的作业性能。具体来说有：安装面积小，工作空间大；快速完成小节距的多点定位（例如每 0.3 ~ 0.4s 移动 30 ~ 50mm 节距后定位）；定位精度高（ ±0.25mm），以确保焊接质量；持重大（300 ~ 1000N），以便携带内装变压器的焊钳；示教简单，节省工时；安全可靠性好。表 8-1 列举了生产现场使用的点焊机器人的分类、特点和用途。在驱动形式方面，由于电伺服技术的迅速发展，液压伺服在机器人中的应用逐渐减少，甚至大型机器人也在朝电动机驱动方向过渡。随着微电子技术的发展，机器人技术在性能、小型化、可靠性以及维修等方面日新月异。在机型方面，尽管主流仍是多用途的大型6轴垂直多关节机器人，但是出于机器人加工单元的需要，一些汽车制造厂家也进行开发立体配置3~5轴小型专用机器人的尝试。

表8-1　点焊机器人的分类、特点和用途

分类	特点	用途
垂直多关节型（落地式）	工作空间/安装面积之比大，持重为1000N左右，有时还可以附加整机移动自由度	主要用于增强焊点作业
垂直多关节型（悬挂式）	工作空间均在机器人的下方	车体的拼接作业
直角坐标型	多数为3、4、5轴，价格便宜	适合于连续直线焊缝
定位焊接用机器人（单向加压）	能承受500kg加压反力的高刚度机器人。有些机器人本身带加压作业功能	车身底板的定位焊

典型点焊机器人的规格，以持重1000N、最高速度4m/s的6轴垂直多关节点焊机器人为例。由于实用中几乎全部用来完成间隔为30~50mm的打点作业，运动中很少能达到最高速度，因此改善最短时间内频繁短节距起、制动的性能是本机追求的重点。为了提高加速度和减速度，在设计中注意了减轻手臂的重量，增加驱动系统的输出转矩。同时，为了缩短滞后时间，得到高的静态定位精度，采用低惯性、高刚度减速器和高功率的无刷伺服电动机。由于在控制回路中，采取了加前馈环节和状态观测器等措施，因此控制性能得到大大改善，50mm短距离移动的定位时间被缩短到0.4s以内。一般关节式点焊机器人本体的技术指标见表8-2。

表8-2　点焊机器人主要技术指标

结构		全关节型	
自由度		6轴	
驱动		直流伺服电动机	
运动范围	腰转	范围±135°	最大速度50°/s
	大臂转	前50°，后30°	45°/s
	小臂转	下40°，上20°	40°/s
	腕摆	±90°	±80°/s
	腕转	±90°	±80°/s
	腕捻	±170°	±80°/s
最大负荷		65kg	
重复精度		±1mm	
控制系统		计算伺服控制，6轴同时控制	
轨迹控制系统		PTP及CP	
运动控制		直线插补	
示教系统		示教再现	
内存容量		1280步	
环境要求		温度0~45℃ 湿度20%~90%RH	
电源要求		AC220V，50Hz	

8.2.2 点焊机器人及其系统的基本构成

1. 点焊机器人的结构形式

点焊机器人虽然有多种结构形式，但大体上都可以分为3大组成部分，即机器人本体、点焊焊接系统及控制系统，如图8-1所示。目前应用较广的点焊机器人，其本体形式为直角坐标简易型及全关节型。前者可具有1～3个自由度，焊件及焊点位置受到限制；后者具有5～6个自由度，分DC伺服和AC伺服两种形式，能在可到达的工作区间内任意调整焊钳姿态，以适应多种形式结构的焊接。点焊机器人控制系统由本体控制部分及焊接控制部分组成。

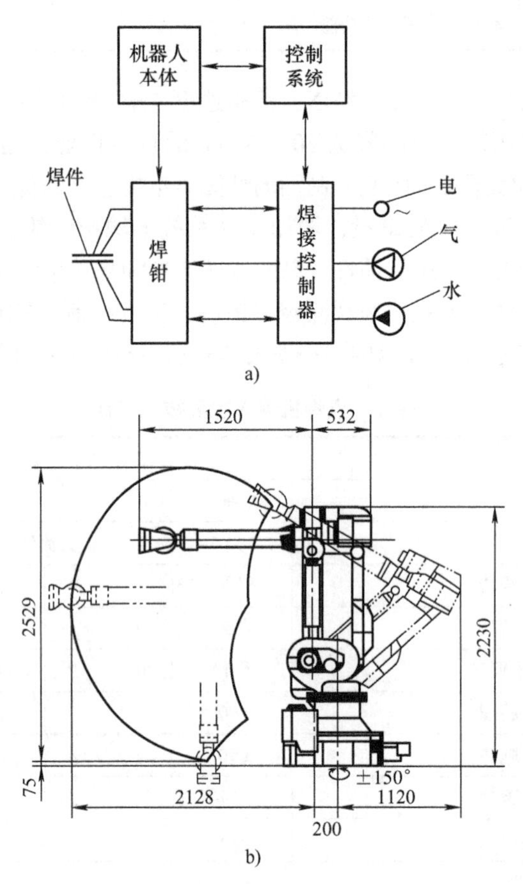

图8-1　典型点焊机器人焊接系统和主机简图
a）点焊机器人焊接系统　b）典型点焊机器人主机简图

2. 点焊机器人焊接系统

焊接系统主要由焊接控制器、焊钳（含阻焊变压器）及水、电、气等辅助部分组成。焊接系统原理如图8-2所示。

（1）点焊机器人焊钳　点焊机器人焊钳从用途上可分为C形和X形两种。C形焊钳用于点焊垂直及近于垂直倾斜位置的焊缝。X形焊钳则主要用于点焊水平及近于水平倾斜位置的焊缝。从阻焊变压器与焊钳的结构关系上可将焊钳分为分离式、内藏式和一体式3种

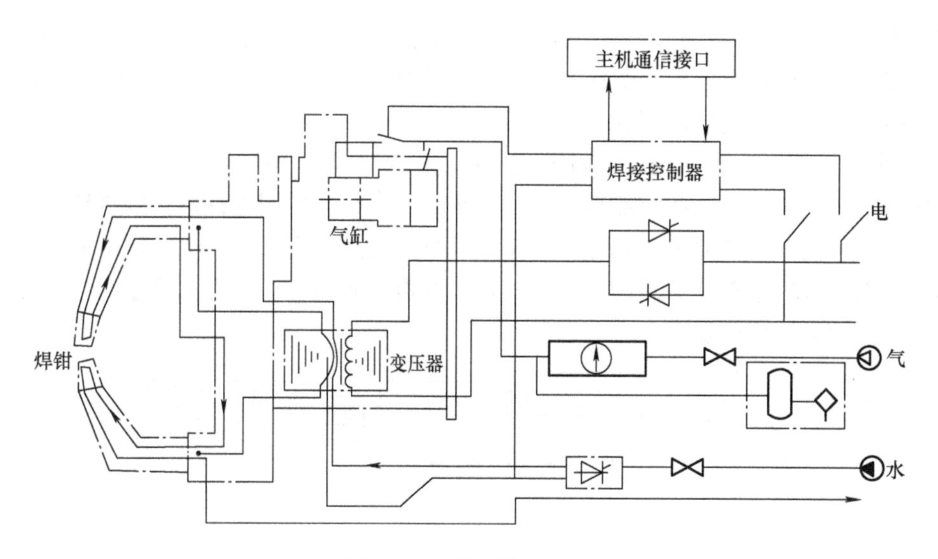

图 8-2　焊接系统原理图

形式。

1）分离式焊钳。该焊钳的特点是阻焊变压器与钳体相分离，钳体安装在机器人手臂上，而焊接变压器悬挂在机器人的上方，可在轨道上沿着机器人手腕移动的方向移动，两者之间用二次电缆相连，如图 8-3 所示。其优点是减小了机器人的负载，运动速度高，价格便宜。

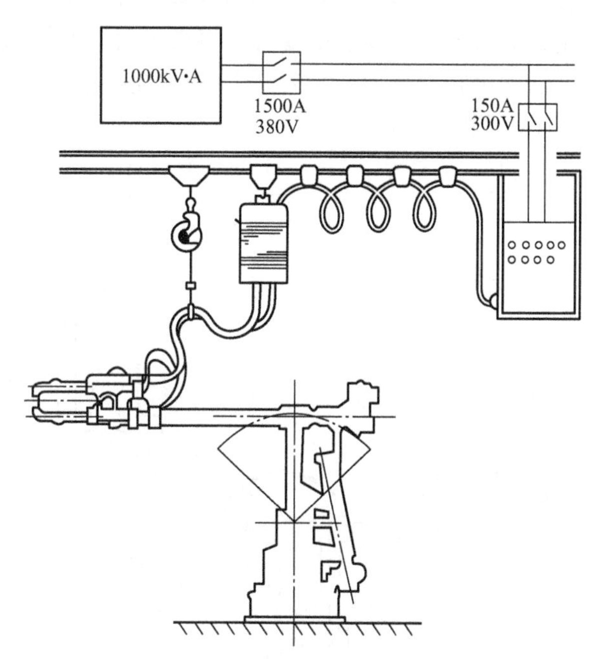

图 8-3　分离式焊钳点焊机器人

分离式焊钳的主要缺点是需要大容量的焊接变压器，电力损耗较大，能源利用率低。此外，粗大的二次电缆在焊钳上引起的拉伸力和扭转力作用于机器人的手臂上，限制了点焊工作区间与焊接位置的选择。分离式焊钳可采用普通的悬挂式焊钳及阻焊变压器。但二次电缆需要特殊制造，一般将两条导线做在一起，中间用绝缘层分开，每条导线还要做成空心的，以便通水冷却。此外，电缆还要有一定的柔性。

2）内藏式焊钳。这种结构是将阻焊变压器安放到机器人手臂内，使其尽可能地接近钳体，变压器的二次电缆可以在内部移动，如图 8-4 所示。当采用这种形式的焊钳时，必须同机器人本体统一设计，如 Cartesian 机器人就采用这种结构形式。另外，极坐标或球面坐标的点焊机器人也可以采取这种结构。其优点是二次电缆较短，变压器的容量可以减小，但是使机器人本体的设计变得复杂。

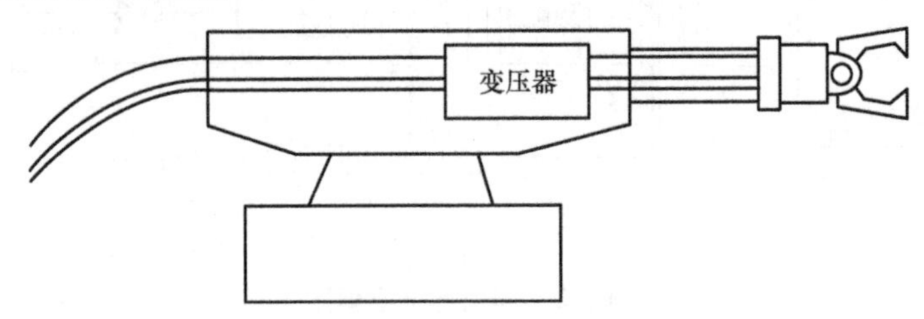

图 8-4　内藏式焊钳点焊机器人

3）一体式焊钳。所谓一体式就是将阻焊变压器和钳体安装在一起，然后共同固定在机器人手臂末端的法兰盘上，如图 8-5 所示。其主要优点是省掉了粗大的二次电缆及悬挂变压器的工作架，直接将焊接变压器的输出端连到焊钳的上下机臂上，另一个优点是节省能量。例如，输出电流 12000A，分离式焊钳需 75kV·A 的变压器，而一体式焊钳只需 25kV·A。一体式焊钳的缺点是焊钳重量显著增大，体积也变大，要求机器人本体的承载能力大于 60kg。此外，焊钳重量在机器人活动手腕上产生惯性力易于引起过载，这就要求在设计时，尽量减小焊钳重心与机器人手臂轴线间的距离。

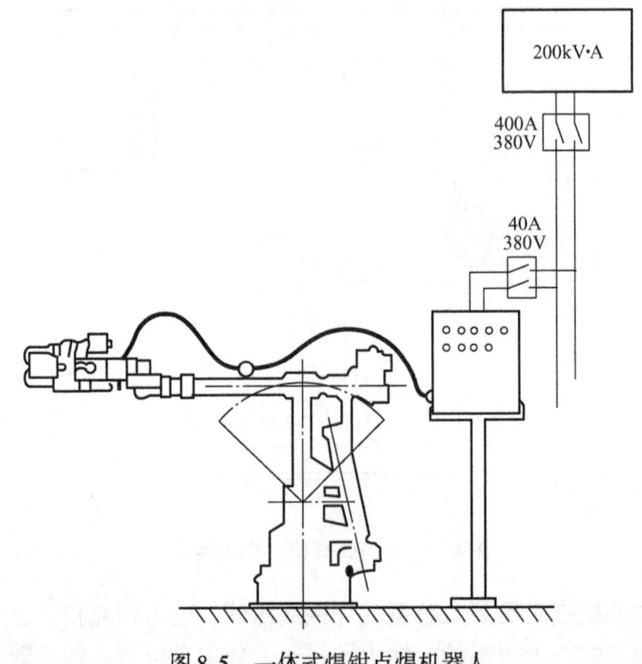

图 8-5　一体式焊钳点焊机器人

阻焊变压器的设计是一体式焊钳的主要问题。由于变压器被限制在焊钳的小空间里，因此外形尺寸及重量都必须比一般的小，二次线圈还要通水冷却。目前，采用真空浇注工艺，已制造出了小型集成阻焊变压器。例如 30kV · A 的变压器，体积为 325mm × 135mm × 125mm，重量只有 18kg。

4）逆变式焊钳。这是电阻焊机发展的一个新方向。目前，国外已经将装有逆变式焊钳的点焊机器人用于汽车装焊生产线上，我国对此正在进行研究。

（2）焊接控制器。控制器由 Z80 CPU、EPROM 及部分外围接口芯片组成最小控制系统，它可以根据预定的焊接监控程序，完成点焊时的焊接参数输入、点焊程序控制、焊接电流控制及焊接系统故障自诊断，并实现与本体计算机及手控示教盒的通信联系。常用的点焊控制器主要有 3 种结构形式。

1）中央结构型。它将焊接控制部分作为一个模块与机器人本体控制部分共同安排在一个控制柜内，由主计算机统一管理并为焊接模块提供数据，焊接过程控制由焊接模块完成。这种结构的优点是设备集成度高，便于统一管理。

2）分散结构型。分散结构型是焊接控制器与机器人本体控制柜分开，两者采用应答式通信联系。主计算机给出焊接信号后，焊接过程由焊接控制器自行控制，焊接结束后给主机发出结束信号，以便主机控制机器人移位，其焊接循环如图 8-6 所示。这种结构的优点是调试灵活，焊接系统可单独使用，但需要一定距离的通信，集成度不如中央结构型高。

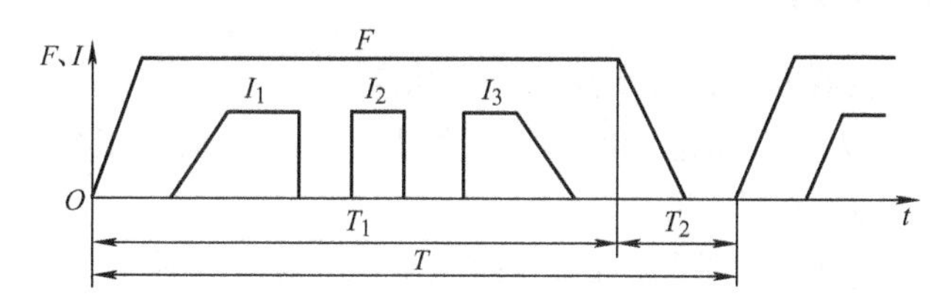

图 8-6　点焊机器人焊接循环

T_1—焊接控制器控制　T_2—机器人主控计算机控制　T—焊接周期　F—电级压力　I—焊接电流

焊接控制器与本体及示教盒的联系信号主要有焊钳大小行程、焊接电流增减、焊接时间增减、焊接开始及结束、焊接系统故障等。

3）群控系统。群控就是将多台点焊机器人焊机（或普通焊机）与群控计算机相连，以便对同时通电的数台焊机进行控制，实现部分焊机的焊接电流分时交错，限制电网瞬时负载，稳定电网电压，保证焊点质量。群控系统的出现可以使车间供电变压器容量大大下降。此外，当某台机器人（或点焊机）出现故障时，群控系统启动备用的点焊机器人或对剩余的机器人重新分配工作，以保证焊接生产的正常进行。为了适应群控的需要，点焊机器人焊接系统都应增加“焊接请求”及“焊接允许”信号，并与群控计算机相连。

（3）新型点焊机器人系统　点焊机器人与 CAD 系统的通信功能变得重要起来，这种 CAD 系统主要用来离线示教。图 8-7 所示为含 CAD 及焊接数据库系统的新型点焊机器人系统基本构成。

（4）点焊机器人对焊接系统的要求

1）应采用具有浮动加压装置的专用焊钳，也可对普通焊钳进行改装。焊钳重量要轻，可具有长、短两种行程，以便于快速焊接及修整、更换电极、跨越障碍等。

2）一体式焊钳的重心应设计在固定法兰盘的轴线上。

3）焊接控制系统应能对阻焊变压器过热、晶闸管过热、晶闸管短路断路、气网失压、电网电压超限、粘电极等故障进行自诊断及自保护，除通知本体停机外，还应显示故障种类。

4）分散结构型控制系统应具有通信联系接口。能识别机器人本体及手控盒的各种信号，并做出相应的反应。

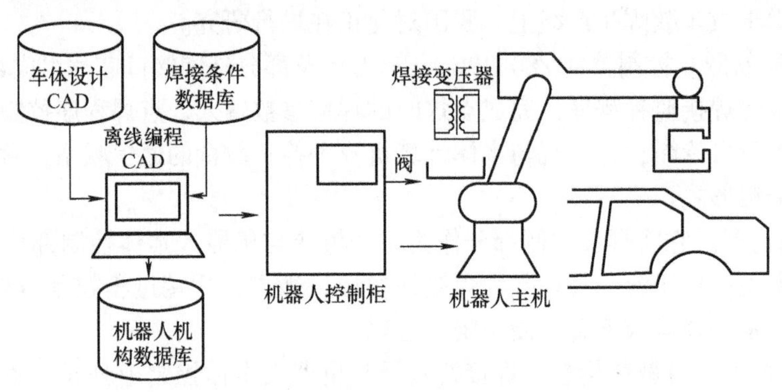

图 8-7　含 CAD 系统的点焊机器人系统

8.2.3　点焊机器人的选择

在选用或引进点焊机器人时，必须注意以下几点：

1）必须使点焊机器人实际可达到的工作空间大于焊接所需的工作空间。焊接所需的工作空间由焊点位置及焊点数量确定。

2）点焊速度与生产线速度必须匹配。首先由生产线速度及待焊点数确定单点工作时间，而机器人的单点焊接时间（含加压、通电、维持、移位等）必须小于此值，即点焊速度应大于或等于生产线的生产速度。

3）按工件形状、种类、焊缝位置选用焊钳。垂直及近于垂直的焊缝选 C 形焊钳，水平及水平倾斜的焊缝选用 K 形焊钳。

4）应选内存容量大、示教功能全、控制精度高的点焊机器人。

5）需采用多台机器人时，应研究是否采用多种型号，并与多点焊机及简易直角坐标机器人并用等问题。当机器人间隔较小时，应注意动作顺序的安排，可通过机器人群控或相互间联锁作用避免干涉。

根据上面的条件，再从经济效益、社会效益方面进行论证，方可以决定是否采用机器人及所需的台数、种类等。

8.3　弧焊机器人

8.3.1　弧焊机器人概述

1）弧焊机器人的应用范围。弧焊机器人的应用范围很广，除汽车行业之外，在通用机械、金属结构等许多行业中都有应用。这是因为弧焊工艺早已在诸多行业中得到普及的缘故。弧焊机器人应是包括各种焊接附属装置在内的焊接系统，而不只是一台以规划的速度和姿态携带焊枪移动的单机。图8-8所示为弧焊机器人系统的基本组成。图8-9所示为适合机器人应用的弧焊方法。

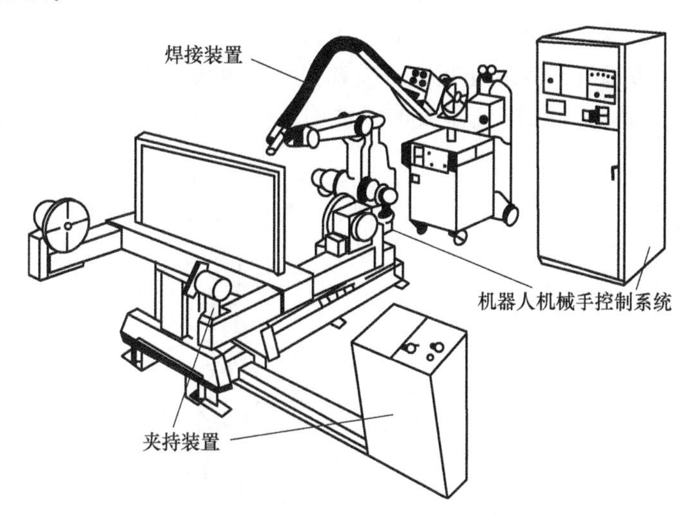

图8-8　弧焊机器人系统的基本组成

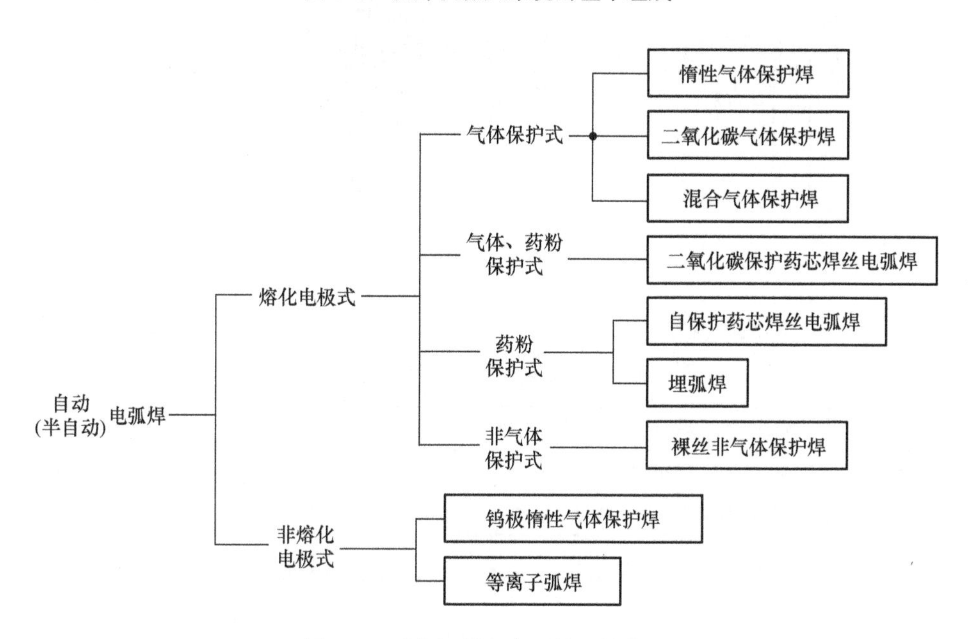

图8-9　适合机器人应用的弧焊方法

2）弧焊机器人的作业性能。在弧焊作业中，要求焊枪跟踪工件的焊道运动，并不断填充金属形成焊缝。因此，运动过程中，速度的稳定性和轨迹精度是两项重要的指标。一般情况下，焊接速度取5～50mm/s、轨迹精度为±(0.2～0.5)mm。由于焊枪的姿态对焊缝质量也有一定影响，因此希望在跟踪焊道的同时，焊枪姿态的可调范围尽量大。作业时，为了得到优质焊缝，往往需要在动作的示教以及焊接条件（电流、电压、速度）的设定上花费大量的劳力和时间。所以，除了上述性能方面的要求外，如何使机器人便于操作也是一个重要课题。

3）弧焊机器人的分类。从机构形式划分，既有直角坐标型的弧焊机器人，又有关节型的弧焊机器人。对于小型、简单的焊接作业，机器人有4、5轴即可以胜任了，对于复杂工件的焊接，采用6轴机器人对调整焊枪的姿态比较方便。对于特大型工件焊接作业，为加大工作空间，有时把关节型机器人悬挂起来，或者安装在运载小车上使用。

4）规格。举一个典型的弧焊机器人加以说明。图8-10所示为典型弧焊机器人的主机简图。

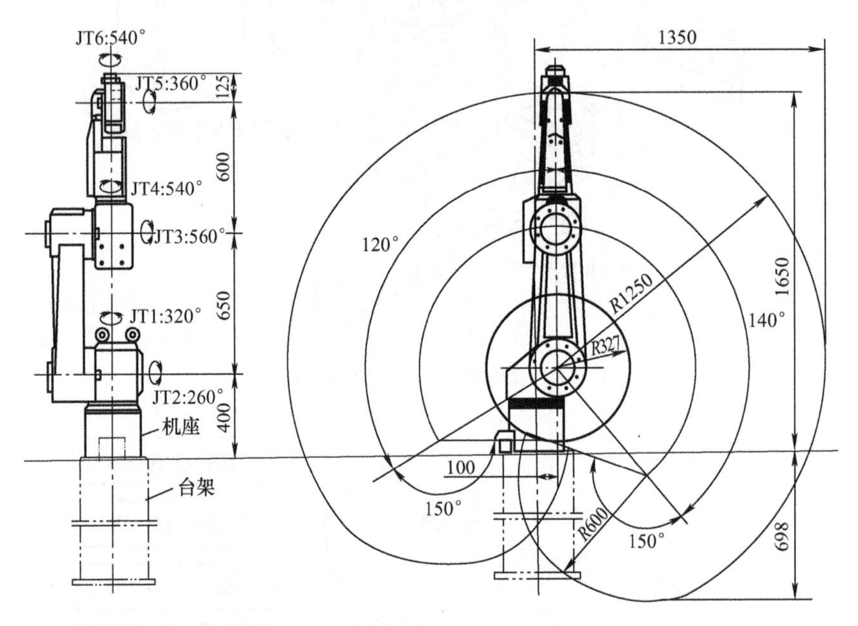

图8-10　典型弧焊机器人的主机简图

典型弧焊机器人的规格见表8-3。

表8-3　典型弧焊机器人的规格

持重	5kg，承受焊枪所必须的负荷能力
重复位置精度	±0.1mm，高精度
可控轴数	6轴同时控制，便于焊枪姿态调整
动作方式	各轴单独插补、直线插补、圆弧插补、焊枪端部等速控制（直线、圆弧插补）
速度控制	进给6～1500m，焊接速度1～50mm/s，调速范围广（从极低速到高速均可调）
焊接功能	焊接电流、电压的选定，允许在焊接中途改变焊接条件，断弧、黏丝保护功能，焊接抖动功能（软件）
存储功能	IC存储器，128kW
辅助功能	定时功能、外部输入输出接口
应用功能	程序编辑、外部条件判断、异常检查、传感器接口

8.3.2 弧焊机器人系统的构成

弧焊机器人可以被应用在所有电弧焊、切割技术范围及类似的工艺方法中。最常用的应用范围是结构钢和 Cr－Ni 钢的熔化极活性气体保护焊（二氧化碳气体保护焊、MAG 焊），铝及特殊合金熔化极惰性气体保护焊（MIG），CrNi 钢和铝的加冷丝和不加冷丝的钨极惰性气体保护焊（TIG）及埋弧焊。除气割、等离子弧切割及等离子弧喷涂外，还实现了在激光切割上的应用。

图 8-8 所示是一套完整的弧焊机器人系统，它包括机器人机械手、控制系统、焊接装置、夹持装置。夹持装置上有两组可以轮番进入机器人工作范围的旋转工作台。

（1）弧焊机器人基本结构　弧焊用的工业机器人通常有 5 个以上自由度，具有 6 个自由度的机器人可以保证焊枪的任意空间轨迹和姿态。图 8-10 所示为典型弧焊机器人的主机简图。点至点方式移动速度可达 60m/min 以上，其轨迹重复精度可达到 ±0.2mm，它们可以通过示教再现方式或通过编程方式工作。

弧焊机器人应具有直线的及环形内插法摆动的功能。如图 8-11 所示的 6 种摆动方式，为满足焊接工艺要求，机器人的负荷为 5kg。

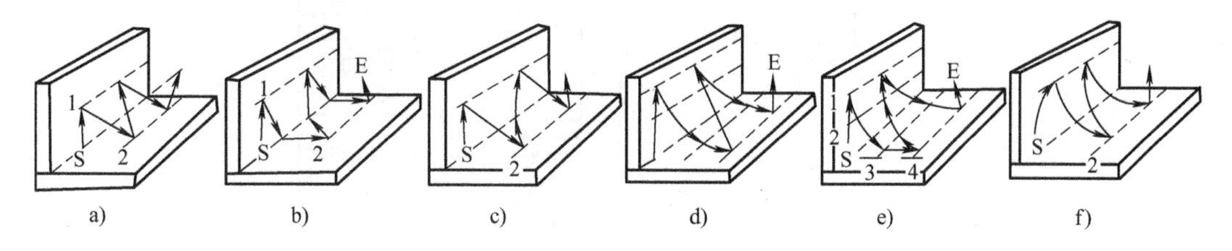

图 8-11　弧焊机器人的 6 种摆动方式

a）直线单摆　b）L 形　c）三角形　d）U 形　e）台形　f）高速圆弧摆动

弧焊机器人的控制系统不仅要保证机器人的精确运动，还要具有可扩充性，以控制周边设备，确保焊接工艺的实施。图 8-12 所示是一台典型的弧焊机器人控制系统的计算机硬件框图。控制计算机由 8086 CPU 做管理用中央处理器单元，8087 协处理器进行运动轨迹计算，每 4 个电动机由 1 个 8086 CPU 进行伺服控制。通过串行 I/O 接口与上一级管理计算机通信。采用数字量 I/O 和模拟量 I/O 控制焊接电源和周边设备。该计算机系统具有传感器信息处理的专用 CPU（8085），微型计算机具有 384KB 的 ROM 和 64KB 的 RAM 及 512K 磁泡存储器。示教盒与总线采用 DMA 方式（直接存储器访问方式）交换信息，并有公用内存 64KB。

（2）弧焊机器人周边设备　弧焊机器人只是焊接机器人系统的一部分，还应有行走机构及小型和大型移动门架，通过这些机构来扩大工业机器人的工作范围（图 8-13）；还具有各种用于接收、固定及定位工件的转胎（图 8-14）、定位装置及夹具。

在最常见的结构中，工业机器人固定于基座上（图 8-8），工件转胎则安装于其工作范围内。为了更经济地使用工业机器人，至少应有两个工位轮番进行焊接。这些周边设备的技术指标均应适应弧焊机器人的要求，即确保工件上的焊缝的到位精度达到 ±0.2mm。以往的周边设备都达不到机器人的要求。为了适应弧焊机器人的发展，新型的周边设备由专门的工厂进行生产。

鉴于工业机器人本身及转胎的基本构件已经实现标准化，所以用于每种工件装夹、夹紧、定位及固定的工具必须重新设计。这种工具既有简单的、用手动夹紧杠杆操作的设备，

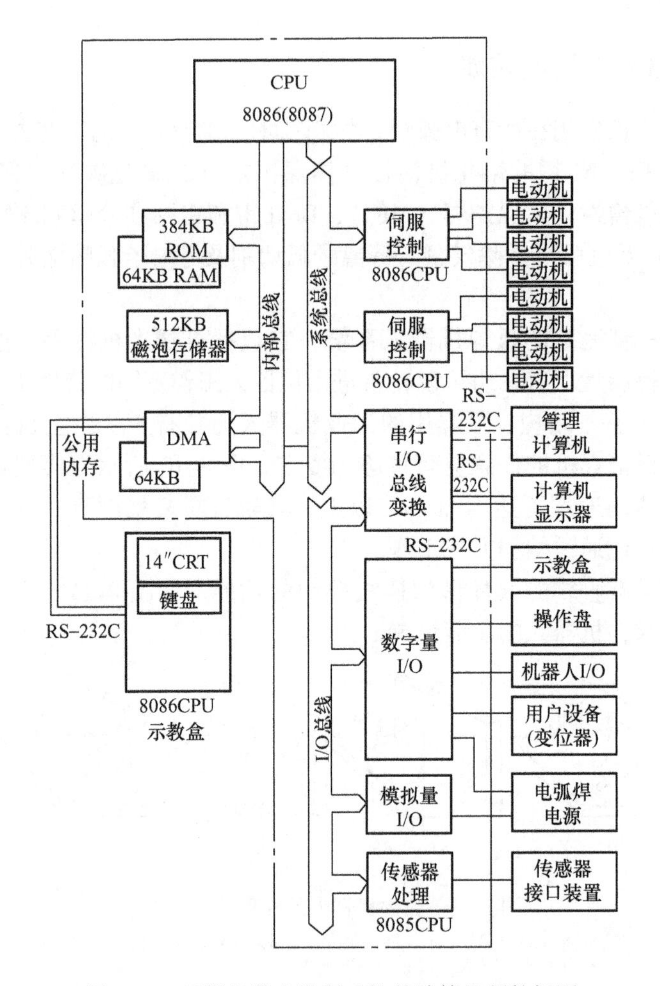

图 8-12　弧焊机器人控制系统的计算机硬件框图

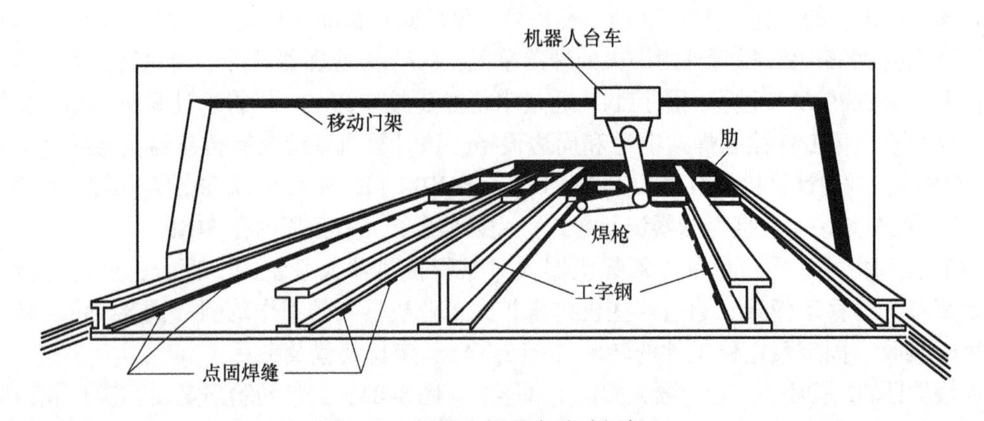

图 8-13　机器人倒置在移动门架上

又有极复杂的全自动液压或气动夹紧系统。必须特别注意工件上焊缝的可接近性。根据转胎及工具的复杂性，机器人控制与外围设备之间的信号交换是相当不同的，这一信号交换对于工作的安全性有很大意义。

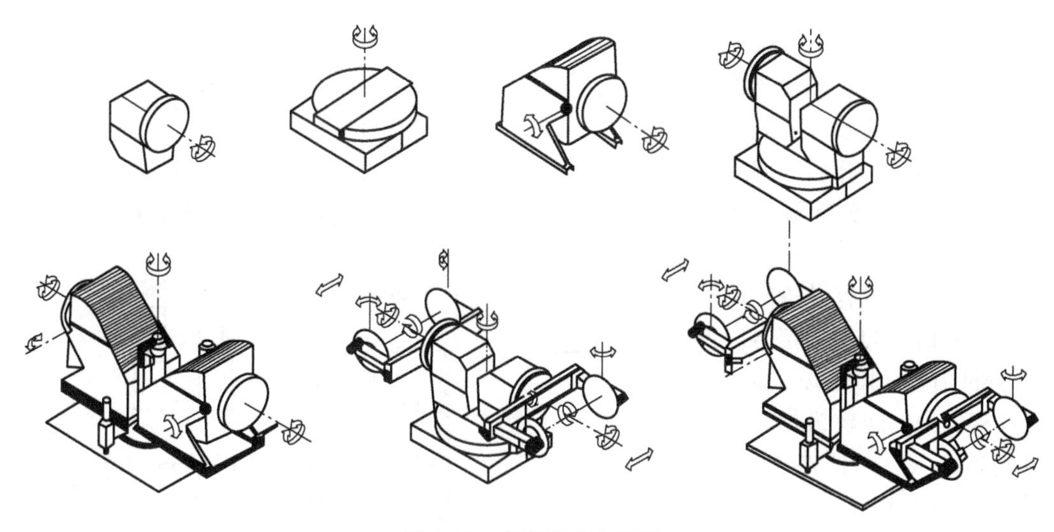

图 8-14　各种机器人转胎

（3）焊接设备　用于工业机器人的焊接电源及送丝设备，由于参数选择，必须由机器人控制器直接控制。为此，一般至少通过2个给定电压达到上述目的。对于复杂过程，如脉冲电弧焊或填丝钨极惰性气体保护焊，可能需要2～5个给定电压。电源在其功率和接通持续时间上必须与自动过程相符合，必须安全地引燃，并无故障地工作，使用最多的焊接电源是晶闸管整流电源。近年的晶体管脉冲电源对于工业机器人电弧焊具有特殊的意义。这种晶体管脉冲电源无论是模拟的或脉冲式的，通过其脉冲频率的无级调节，在结构钢、Cr－Ni钢及铝焊接时，都能保证实现接近无飞溅的焊接。与采用普通电源相比，可以使用更大直径的焊丝，其熔敷效率更高。有很多焊接设备制造厂为工业机器人设计了专用焊接电源，采用微型计算机控制，以便与工业机器人控制系统交换信号。送丝系统必须保证恒定送丝，送丝系统应设计成具有足够的功率，并能调节送丝速度。为了机器人的自由移动，必须采用软管，但软管应尽量短。在工业机器人电弧焊时，由于焊接持续时间长，经常采用水冷式焊枪，焊枪与机器人末端的连接处应便于更换，并需有柔性的环节或制动保护环节，防止示教和焊接时与工件或周围物件碰撞影响机器人的寿命。图8-15所示为焊枪与机器人连接的一个例子。在装夹焊枪时，应注意焊枪伸出的焊丝端部的位置应符合机器人使用说明书中所规定的位置，否则示教再现后焊枪的位姿将产生偏差。

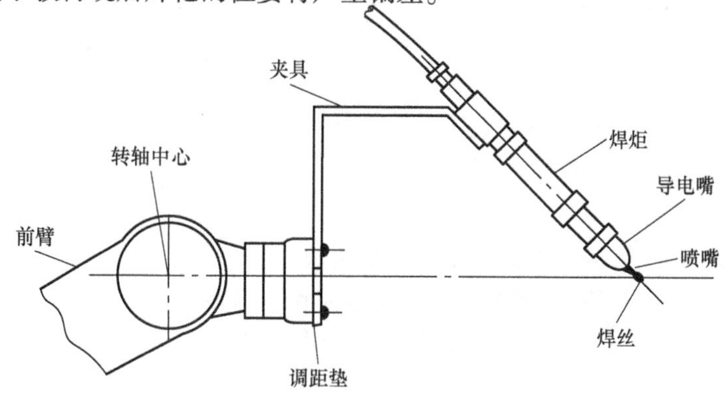

图 8-15　焊枪与机器人连接实例

(4) 控制系统与外围设备的连接　工业控制系统不仅要控制机器人机械手的运动，还需控制外围设备的动作、开启、切断及安全防护。图 8-16 所示是典型的控制框图。

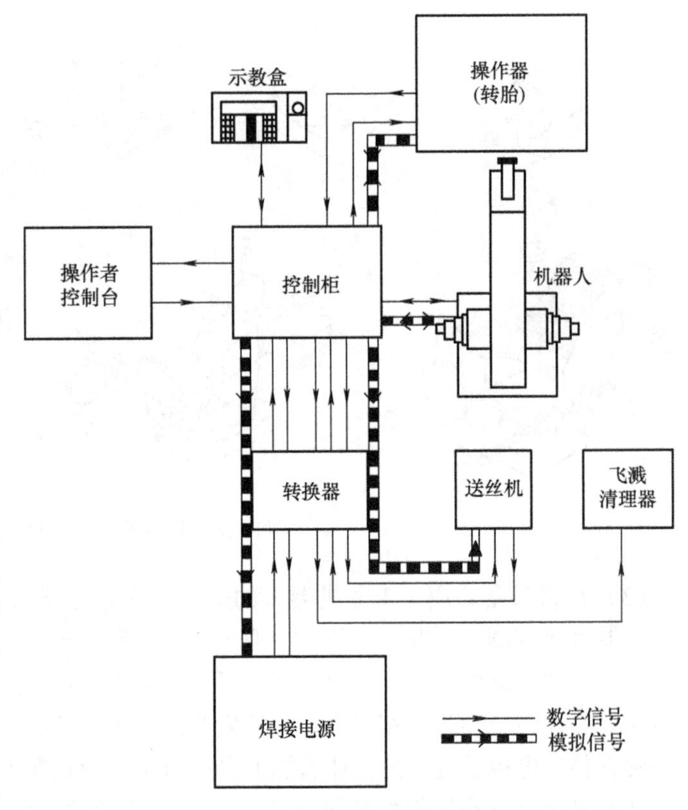

图 8-16　典型的控制框图

控制系统与所有设备的通信信号有数字信号和模拟信号。控制柜与外围设备用模拟信号联系的有焊接电源、送丝机构及操作机（包括夹具、变位器等）。这些设备需通过控制系统预置参数，通常是通过数模转换器给定基准电压，控制器与焊接电源和送丝机构电源一般都需有电量隔离环节。控制系统对操作机电动机的伺服控制与对机器人伺服控制电动机的要求相仿，通常采用双伺服环，以确保工件焊缝到位精度与机器人到位精度相等。数字信号负责各设备的启动、停止、安全及状态检测。

8.3.3　弧焊机器人的操作与安全

(1) 弧焊机器人的操作　工业机器人普遍采用示教方式工作，即通过示教盒的操作键引导到起始点，然后用按键确定位置，运动方式（直线或圆弧插补）、摆动方式、焊枪姿态以及各种焊接参数，也可通过示教盒确定周边设备的运动速度等。焊接工艺操作包括引弧、施焊熄弧、填充弧坑等，也通过示教盒给定。示教完毕后，机器人控制系统进入程序编辑状态，焊接程序生成后即可进行实际焊接。图 8-17 所示是焊接操作的一个实例。

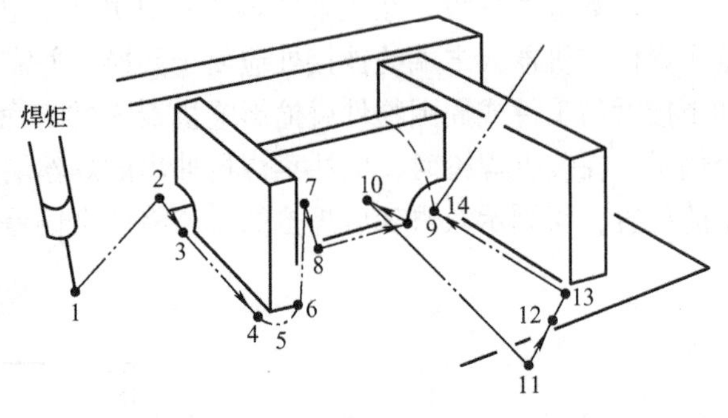

图 8-17　焊接操作

1）F = 2500;　　以 TV = 2500cm/min 的速度到达起始点。

2）SEASA = H1，L1 = 0;　　根据 H1 给出起始点 L2 = 0，F = 100。

3）ARCONF = 35，V = 30;　　在给定条件下，开始焊接 I-280，TF = 0.5，SENSTON = H1 并跟踪焊缝。

4）SENSTON = HI；　　给出焊缝结束位置。

5）CORN = ＊CHFOIAI；　　执行角焊缝程序，CHFOIAI。

6）F = 300，DW = 1.5；　　1.5s 后焊接速度为 300cm/min。

7）F = 100；　　以 v = 100cm/min，并保持到下一示教点。

8）ARCON，DBASE = ＊DHFL09；　　开始以数据库＊DHFL09 的数据焊接。

9）arcoff，vC = 20，ic = 180；　　在要求条件下，结束焊接 TC = 1.5，F = 200。

10）F = 1000；　　以 v = 1000cm/min 的速度运动。

11）Dw = 1，OUTB = 2；　　1s 后，在#2 点发出 1 个脉冲。

12）F = 100；　　以 v = 100cm/min 的速度运动。

13）MULTON = ＊M；　　执行多层焊程序 M。

14）MULTOFF，F = 200；　　结束多层焊。

（2）弧焊机器人的安全　安全设备对于工业机器人工位是必不可少的。工业机器人应在一个被隔开的空间内工作，用门或光栅保护。机器人的工作区通过电及机械方法加以限制。从安全观点出发，危险常出现在下面几种情况：

1）在示教时。这时，示教人员为了更好地观察，必须进到机器人及工件近旁。在此种工作方式下，限制机器人的最高移动速度和急停按键，会提高安全性。

2）在维护及保养时。此时，维护人员必须靠近机器人及其周围设备工作及检测操作。

3）在突然出现故障后观察故障时。因此，机器人操作人员及维修人员必须经过特别严格的培训。

8.4　机器人焊接智能化技术

一般工业现场应用的弧焊机器人大都是示教再现型的。这种焊接机器人对示教条件以外的焊接过程动态变化、焊接变形和随机因素干扰等不具有适应能力。随着焊接产品的高质量、多品种、小批量等要求增加，以及应用现场的各种复杂变化，需要对本体机器人焊接系统进行二次开发。通常包括给焊接机器人配置适当的传感器，柔性周边设备及相应软件功能，如焊缝跟踪传感、焊接过程传感与实时控制、焊接变位机构以及焊接任务的离线规划与仿真软件等。这些功能大大扩展了基本示教再现焊接机器人的功能。从某种意义上讲，这样的焊接机器人系统已具有一定的智能行为，不过其智能程度的高低由所配置的传感器、控制器及软硬件所决定。目前，这种焊接机器人智能化系统已成发展趋势，现将相关的智能化技术简要介绍如下。

8.4.1　机器人焊接智能化系统技术组成

机器人焊接智能化系统是建立在智能反馈控制理论基础之上，涉及众多学科综合技术交叉的先进制造系统。除了不同的焊接工艺要求不同的焊接机器人实现技术与相关设备之外，现行机器人焊接智能化系统可从宏观上划分为如图 8-18 所示的组成部分。

图 8-18 中机器人焊接智能化系统涉及如下几个主要技术基础：

1）机器人焊接任务规划软件系统设计技术。

2）焊接环境、焊缝位置及走向以及焊接动态过程的智能传感技术。

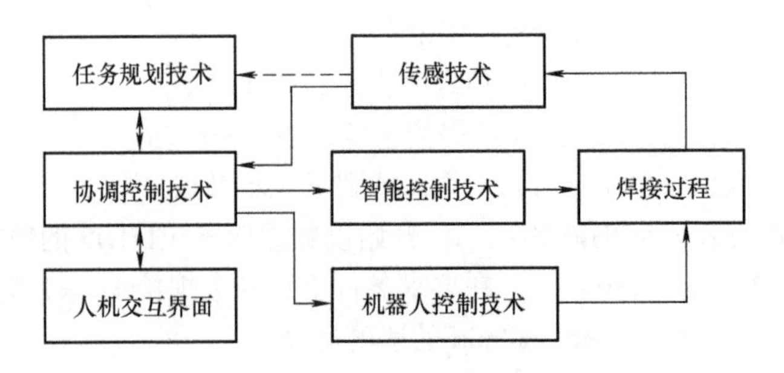

图 8-18 机器人焊接智能化系统技术组成

3）机器人运动轨迹控制实现技术。

4）焊接动态过程的实时智能控制器设计。

5）机器人焊接智能化复杂系统的控制与优化管理技术。

8.4.2 机器人焊接任务规划软件设计技术

机器人焊接任务职能规划系统的基本任务是在一定的焊接工作区内，自动生成从初始状态到目标状态的机器人动作序列、可达的焊枪运动轨迹和最佳的焊枪姿态，以及与之相匹配的焊接参数和控制程序，并能实现对焊接规划过程的自动仿真与优化。

机器人焊接任务规划可归结为人工智能领域的问题求解技术，其包含焊接路径规划和焊接参数规划两部分。由于焊接工艺及任务的多样性与复杂性，在实际施焊前，对机器人焊接的路径和焊接参数方案进行计算机软件规划（即 CAD 仿真设计研究）是十分必要的。这一方面可以大幅度节省实际示教对生产线的占用时间，提高焊接机器人的利用率，另一方面还可以实现机器人运动过程的焊前模拟，保证生产过程的有效性和安全性。

机器人焊接路径规划的含义主要是指对机器人末端焊枪轨迹的规划。焊枪轨迹的生成是将一条焊缝的焊接任务进行划分后，得到的一个关于焊枪运动的子任务，可用焊枪轨迹序列 $\{Ph_i\}$（$i=1,2,\cdots,n$）来表示。通过选择和调整机器人各运动关节，得到一组合适的相容关节解序列 $J=\{A_1,A_2,\cdots,A_n\}$，在满足关节空间的限制和约束条件下，提高机器人的空间可达性和运动平稳性，完成焊缝上的焊枪轨迹序列。

机器人焊接参数规划主要是指对焊接工艺过程中各种质量控制参数的设计与确定。焊接参数规划的基础是参数规划模型的建立，由于焊接过程的复杂性和不确定性，目前应用和研究较多的模型结构主要是基于神经网络理论、模糊推理理论及专家系统理论等。根据该模型的结构和输入输出关系，由预先获取的焊缝特征点数据可以生成参数规划模型所要求的输入参数和目标参数，通过规划器后即可得到施焊时相应的焊接参数。

机器人焊接路径规划不同于一般移动机器人的路径规划。它的特点在于对焊缝空间连续曲线轨迹、焊枪运动的无碰焊接路径以及焊枪姿态的综合设计与优化。由于焊接参数规划通常需要根据不同的工艺要求、不同的焊缝空间位置以及相异的工件材质和形状做相应的调整，而焊接路径规划和参数规划又具有一定的相互联系，因此对它们进行联合规划研究具有实际的意义。对焊接质量来讲，焊枪的姿态路径和焊接参数是一个紧密耦合的统一整体。一方面在机器人路径规划中的焊枪姿态决定了施焊时的行走角和工作角，机器人末端执行器的运动速度也决定了焊接速度，而行走角、工作角、焊接速度等都是焊接参数的重要内容；另一方面，从焊接工艺和焊接质量控制角度讲，焊接速度、焊枪行走角等参数的调整必须在机器人运动路径规划中得以实现。而从焊缝成形的规划模型来看，焊接电流、电弧电压、焊枪运动速度、焊接行走角4个量又必须有机地配合，才能较好地实现对焊缝成形的控制。因此，焊接路径和焊接参数是一个有机的统一整体，必须进行焊接路径和焊接参数的联合规划。

根据焊缝成形的规划模型以及弧焊机器人焊接程序的结构，可以构造联合规划系统的结构，如图8-19所示。规划系统各部分的意义及工作流程简述如下：

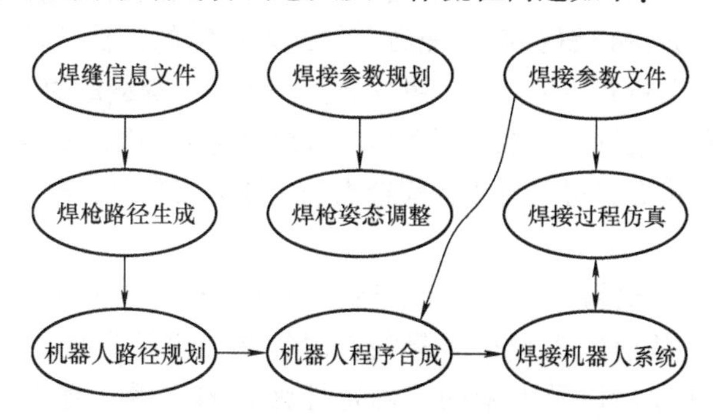

图8-19　机器人焊接路径和焊接参数联合规划图

1）焊缝信息数据为规划系统提供了一个规划对象，它是一种数据结构，描述了焊缝的空间位置和接头形式，以及焊缝成形的尺寸要求。

2）参数规划器是从焊接工艺上进行的参数规划，规划器模型输出焊接参数文件和机器人焊枪姿态调整数据。

3）姿态调整数据文件结合焊缝位置信息数据文件，生成焊枪运行轨迹（包括运行速度），然后通过焊接路径规划器。

4）路径规划器是一种人工智能状态的搜索模型，通过设计相应的启发函数和罚函数，结合机器人逆运动学解算方法，在机器人关节空间搜索和规划出一条运动路径。该规划器主要是为了提高机器人的运动灵活性和可达性，实现对各种复杂的空间焊缝以及闭合焊缝的路径规划。

5）路径规划器能输出满足关节相容性的笛卡儿坐标运动程序和关节坐标运动程序。

6）机器人综合程序将焊接参数文件和焊接路径规划程序结合在一起，自动生成实际的焊接机器人系统的可执行程序，从而实现对焊接路径和焊接参数的联合规划，并达到相应的焊缝成形质量目标。

8.4.3　机器人焊接传感技术

人工智能标志之一是能够感知外部世界并依据感知信息而采取适应性行为。要使机器人焊接系统具有一定的智能，研究机器人对焊接环境、焊缝位置及走向以及焊接动态过程的智能传感技术是十分必要的。机器人具备对焊接环境的感知功能可利用计算机视觉技术实现，将对焊件整体或局部环境的视觉模型作为规划焊接任务、无碰路径及焊接参数的依据。这里需要建立三维视觉硬件系统，以及实现图像理解、物体分割、识别算法软件等技术。

视觉焊缝跟踪传感器是焊接机器人传感系统的核心和基础之一。为了获取焊缝接头的三维轮廓并克服焊接过程中弧光的干扰，机器人焊缝跟踪识别技术一般是采用激光、结构光等主动视觉的方法，从而正确导引机器人焊枪终端沿实际焊缝完成期望的轨迹运动。由于采用的主动光源的能量大都比电弧光的能量小，一般将这种传感器放在焊枪的前端，以避开弧光直射的干扰。主动光源一般为单光面或多光面的激光域扫描的激光束扫描处理，稳定、简单、实用性好。

结构光视觉是主动视觉焊缝跟踪的另一种形式，相应的传感器主要有两部分组成：一个是投影器，用它的辐射能量形成一个投影光面；另一个是光电位置探测器件，常采用面阵CCD摄像机。它们以一定的位置关系装配后，并配以一定的算法，便构成了结构光视觉传感器，它能感知投影面上所有可视点的三维信息。一条空间焊缝的轨迹可看成是由一系列离散点构成的，其密集程度根据控制的需要而定，焊缝坐标系的原点便建立在这些点上，传感器每次测得一个焊缝点位姿并可获得未知焊缝点的位姿启发信息，导引机器人焊枪完成整个光滑连续焊缝的跟踪。

焊接动态过程的实时检测技术主要指在焊接过程中对熔池尺寸、熔透、成形及电弧行为等参数的在线检测，从而实现焊接质量的实时控制。由于焊接过程的弧光干扰、复杂的物理化学反应、强非线性以及大量的不确定性因素的作用，使得对焊接过程可靠而实用的检测成为瞩目的难题。长期以来，已有众多学者探索过用多种途径及技术手段检测尝试，在一定条件下取得了成功，各种不同的检测手段、信息处理方法以及不同的传感原理、技术实现手段，实质上是要求综合技术的提高。从熔池动态变化和熔透特征检测来看，目前认为计算机视觉技术、温度场测量、熔池激励振荡、电弧传感等方法用于实时控制的效果较好。

8.4.4 焊接动态过程智能控制技术

焊接动态过程是一个多因素影响的复杂过程，尤其是在弧焊动态过程中对焊接熔池尺寸(即熔宽、熔深、熔透及成形等焊接质量）的实时控制问题。由于被控对象的强非线性、多变量耦合、材料的物理化学变化的复杂性，以及大量随机干扰和不确定因素的存在，使得有效地实时控制焊接质量成为焊接界多年来瞩目的难题。也是实现焊接机器人智能化系统不可逾越的关键问题。

由于经典及现代控制理论所能提供的控制器设计方法是基于被控对象的精确数学模型建模的，而焊接动态过程不可能给出这种可控的数学模型，因此对焊接过程也难于应用这些理论方法设计有效的控制器。

近年来，随着模拟人类智能行为的模糊逻辑、人工神经网络、专家系统等智能控制理论方法的出现，使得有可能采用新思路来设计模拟焊工操作行为的智能控制器，以期解决焊接质量实时控制的难题。目前，已有一些学者将模糊逻辑、人工神经网络、专家推理等人工智能技术综合运用于机器人系统焊接动态过程控制。

针对实际的焊接动态过程控制对象，智能控制器的设计需要许多技巧性的工作，尤其在控制器的实时自适应与自学习算法研究及其系统实现尚有许多问题，而且对不同的焊接工艺、不同的检测手段都将导致不同的智能控制器设计方法。焊接动态过程智能控制器与焊接机器人系统设计结合起来，将使机器人焊接智能化技术有实质性的提高。

8.4.5 机器人焊接智能化集成系统

对于以焊接机器人为主体的包括焊接任务规划、各种传感系统、机器人轨迹控制以及焊接质量智能控制器组成的复杂系统，要求有相应的系统优化设计结构与系统管理技术。从系统控制领域的发展分类来看，可将机器人焊接智能化系统归结为一个复杂系统的控制问题。这一问题在近年的系统科学的发展研究中已有确定的学术地位，已有相当的学者进行这一方向的研究。目前，对这种复杂系统的分析研究主要集中在系统中存在的各种不同性质的信息流的共同作用，系统的结构设计优化及整个系统的管理技术方面。随着机器人焊接智能化控制系统向实用化发展，对其系统的整体设计、优化管理也将有更高的要求，这方面研究工作的重要性将进一步明确。

下面给出一个典型的以弧焊机器人为中心的智能化焊接系统的技术构成，如图8-20所示。综上所述，在焊接机器人技术的现阶段，发展与焊接工艺相关设备的智能化系统是适宜的。这种系统可以作为一个焊接产品柔性加工单元（WFMC）相对独立，也可以作为复合柔性制造系统（FMS）的子单元存在，技术上具有灵活的适应性。另外，研究这种机器人智能化焊接系统作为向更高目标——制造具有高度自主能力的智能焊接机器人的一个技术过渡也是不可缺少的。

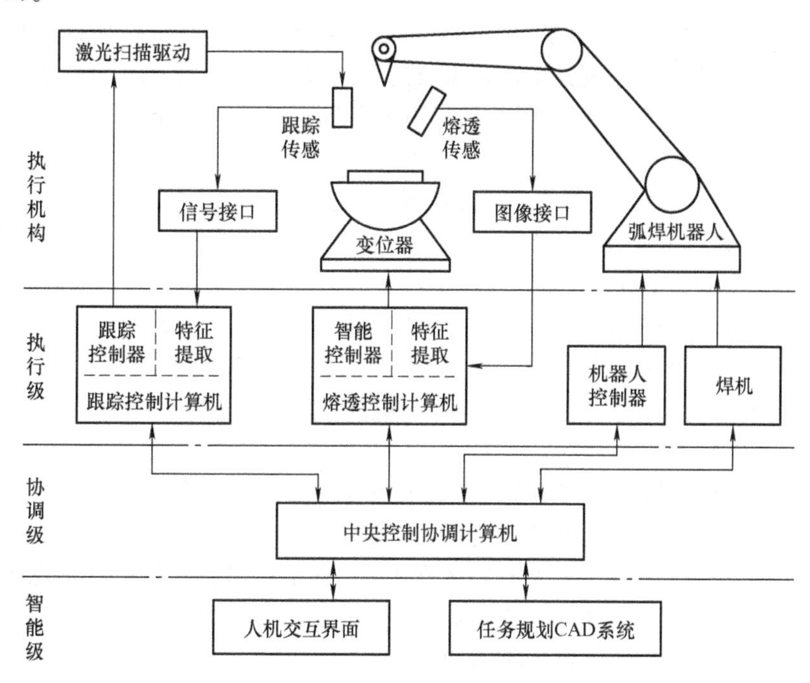

图8-20 弧焊机器人焊接智能化焊接系统

8.5 焊接机器人主要技术指标

选择和购买焊接机器人时，全面和确切地了解其性能指标十分重要。使用机器人时，掌握其主要技术指标更是正确使用的前提。各厂家在其机器人产品说明书上所列的技术指标往往比较简单，有些性能指标要根据实用的需要在谈判和考察中深入了解。

焊接机器人的主要技术指标可分为两大部分，即机器人的通用指标和焊接机器人的专门指标。

1. 焊接机器人通用技术指标

1）自由度数。这是反映机器人灵活性的重要指标。一般来说，有3个自由度数就可以达到机器人工作空间任何一点，但焊接不仅要达到空间某位置，还要保证焊枪（割炬或焊钳）的空间姿态。因此，对弧焊和切割机器人至少需要5个自由度，点焊机器人需要6个自由度。

2）负载指机器人末端能承受的额定载荷。焊枪及其电缆、割炬及气管、焊钳及电缆、冷却水管等都属负载。因此，弧焊和切割机器人的负载能力为6~10kg，点焊机器人如使用一体式变压器和焊钳一体式焊钳，其负载能力应为60~90kg，若用分离式焊钳，其负载能力应为40~50kg。

3）工作空间。厂家所给出的工作空间是机器人未装任何末端执行器情况下的最大可达空间，用图形来表示。应特别注意的是：在装上焊枪（或焊钳）等后，又需要保证焊枪姿态。实际的可焊接空间，会比厂家给出的小一层，需要认真地用比例作图法或模型法进行核算，以判断是否满足实际需要。

4）最大速度。这在生产中是影响生产效率的重要指标。产品说明书给出的是在各轴联动情况下，机器人手腕末端所能达到的最大线速度。由于焊接要求的速度较低，最大速度只影响焊枪（或焊钳）的到位、空行程和结束返回时间。一般情况下，焊接机器人、切割机器人要视不同的切割方法而定。

5）点到点重复精度。这是机器人性能的最重要指标之一。对点焊机器人，从工艺要求出发，其精度应达到焊钳电极直径的1/2以下，即1~2mm。对弧焊机器人，则应小于焊丝直径的1/2，即0.2~0.4mm。

6）轨迹重复精度。这项指标对弧焊机器人和切割机器人十分重要，但各机器人厂家都不给出这项指标，因为测量比较复杂。但各机器人厂家内部都做这项测量，应坚持索要其精度数据。对弧焊和切割机器人，其轨迹重复精度应小于焊丝直径或割炬切孔直径的1/2，一般需要达到0.3~0.5mm。

7）用户内存容量指机器人控制器内主计算机存储器的容量大小。这反映了机器人能存储示教程序的长度，它关系到能加工工件的复杂程度，即示教点的最大数量。一般用能存储机器人指令的系数和存储总字节（Byte）数来表示，也有用最多示教点数来表示。

8）插补功能。对弧焊、切割和点焊机器人，都应具有直线插补和圆弧插补功能。

9）语言转换功能。各厂机器人都有自己的专用语言，但其屏幕显示可由多种语言显示。例如ASEA机器人可以选择英、德、法、意大利、西班牙、瑞士等国语言显示。这对方便本国工人操作十分有用。我国国产机器人可用中文显示。

10）自诊断功能。机器人应具有对主要元器件、主要功能模块进行自动检查、故障报警、故障部位显示等功能。这对保证机器人快速维修和进行保障非常重要。因此，自诊断功能是机器人的重要功能，也是评价机器人完善程度的主要指标之一。现在世界上名牌工业机器人都有30~50个自诊断功能项，用指定代码和指示灯方式向使用者显示其诊断结果及报警。

11）自保护及安全保障功能。机器人有自保护及安全保障功能，主要有驱动系统过热自断电保护、动作超限位自断电保护等。它可防止机器人伤人或损伤周边设备。在机器人的工作部位装有各类触觉或接近觉传感器，并能使机器人自动停止工作。

2. 焊接机器人专用技术指标

1）可以适用的焊接或切割方法。这对弧焊机器人尤为重要。这实质上反映了机器人控制和驱动系统抗干扰的能力。现在一般弧焊机器人只采用熔化极气体保护焊方法，因为这些焊接方法不需采用高频引弧起焊。机器人控制和驱动系统没有特殊的抗干扰措施，能采用钨极氩弧焊的弧焊机器人是近几年的新产品，它有一套特殊的抗干扰措施。这一点在选用机器人时要加以注意。

2）摆动功能。这对弧焊机器人甚为重要，它关系到弧焊机器人的工艺性能。现在弧焊机器人的摆动功能差别很大，有的机器人只有固定的几种摆动方式，有的机器人只能在 xy 平面内任意设定摆动方式和参数。最佳的选择是能在空间（x,y,z）范围内任意设定摆动方式和参数。

3）焊接户点示教功能。这是一种在焊接示教时十分有用的功能，即在焊接示教时，先示教焊缝上某一点的位置，然后调整其焊枪或焊钳姿态。在调整姿态时，原示教点的位置完全不变。实际是机器人能自动补偿由于调整姿态所引起的户点位置的变化，确保户点坐标，以方便示教操作者。

4）焊接工艺故障自检和自处理功能。这是指常见的焊接工艺故障，如弧焊的粘丝、断丝、点焊的粘电极等。这些故障发生后，若不及时采取措施，则会发生损坏机器人或报废工件等大事故。因此，机器人必须具有检出这类故障并实时自动停车报警的功能。

5）引弧和收弧功能。为确保焊接质量，需要改变参数。在机器人焊接中，在示教时应能设定和修改，这是弧焊机器人必不可少的功能。

习　　题

8-1　焊接机器人是应用最广泛的一类工业机器人，其优点有哪些？

8-2　现行机器人焊接智能化系统的组成部分有哪些？

参 考 文 献

[1] 张涛．机器人引论［M］．2 版．北京：机械工业出版社，2017.
[2] 李云江．机器人概论［M］．北京：机械工业出版社，2011.
[3] 蔡自兴．机器人学基础［M］．2 版．北京：机械工业出版社，2015.
[4] JOHN. J. CAI. 机器人学导论［M］．负超，王伟，译．北京：机械工业出版社，2018.
[5] 韩建海．工业机器人［M］．3 版．武汉：华中科技大学出版社，2015.
[6] 张玫，邱钊鹏，诸刚．机器人技术［M］．2 版．北京：机械工业出版社，2016.
[7] 邢美峰．工业机器人操作与编程［M］．北京：电子工业出版社，2016.
[8] 董春利．机器人应用技术［M］．北京：机械工业出版社，2015.